2018版安徽省建设工程计价依据

安徽省安装工程计价定额

（第六册）

自动化控制仪表安装工程

主编部门：安徽省建设工程造价管理总站

批准部门：安徽省住房和城乡建设厅

施行日期：２０１８年１月１日

U0224277

中国建材工业出版社

图书在版编目（CIP）数据

安徽省安装工程计价定额．第六册，自动化控制仪表安装工程/安徽省建设工程造价管理总站编．—北京：中国建材工业出版社，2018.1（2018.1重印）

（2018版安徽省建设工程计价依据）

ISBN 978－7－5160－2071－5

Ⅰ．①安… Ⅱ．①安… Ⅲ．①建筑安装—工程造价—安徽②自动化仪表—设备安装—工程造价—安徽 Ⅳ．①TU723.34

中国版本图书馆 CIP 数据核字（2017）第 264865 号

安徽省安装工程计价定额（第六册）自动化控制仪表安装工程

安徽省建设工程造价管理总站　编

出版发行：中国建材工业出版社

地　　址：北京市海淀区三里河路1号

邮　　编：100044

经　　销：全国各地新华书店

印　　刷：北京鑫正大印刷有限公司

开　　本：787mm×1092mm　　1/16

印　　张：26.25

字　　数：640千字

版　　次：2018年1月第1版

印　　次：2018年1月第2次

定　　价：130.00元

本社网址：www.jccbs.com　　微信公众号：zgjcgycbs

本书如出现印装质量问题，由我社市场营销部负责调换。联系电话：(010)88386906

安徽省住房和城乡建设厅发布

建标〔2017〕191 号

安徽省住房和城乡建设厅关于发布 2018 版安徽省
建设工程计价依据的通知

各市住房城乡建设委（城乡建设委、城乡规划建设委），广德、宿松县住房城乡建设委（局），省直有关单位：

为适应安徽省建筑市场发展需要，规范建设工程造价计价行为，合理确定工程造价，根据国家有关规范、标准，结合我省实际，我厅组织编制了 2018版安徽省建设工程计价依据（以下简称 2018 版计价依据），现予以发布，并将有关事项通知如下：

一、2018 版计价依据包括：《安徽省建设工程工程量清单计价办法》《安徽省建设工程费用定额》《安徽省建设工程施工机械台班费用编制规则》《安徽省建设工程计价定额（共用册)》《安徽省建筑工程计价定额》《安徽省装饰装修工程计价定额》《安徽省安装工程计价定额》《安徽省市政工程计价定额》《安徽省园林绿化工程计价定额》《安徽省仿古建筑工程计价定额》。

二、2018 版计价依据自 2018 年 1 月 1 日起施行。凡 2018 年 1 月 1 日前已签订施工合同的工程，其计价依据仍按原合同执行。

三、原省建设厅建定〔2005〕101 号、建定〔2005〕102 号、建定〔2008〕259 号文件发布的计价依据，自 2018 年 1 月 1 日起同时废止。

四、2018 版计价依据由安徽省建设工程造价管理总站负责管理与解释。在执行过程中，如有问题和意见，请及时向安徽省建设工程造价管理总站反馈。

安徽省住房和城乡建设厅

2017 年 9 月 26 日

编制委员会

总　说　明

一、《安徽省安装工程计价定额》以下简称"本安装定额"，是依据国家现行有关工程建设标准、规范及相关定额，并结合近几年我省出现的新工艺、新技术、新材料的应用情况，及安装工程设计与施工特点编制的。

二、本安装定额共分为十一册，包括：

第一册　机械设备安装工程

第二册　热力设备安装工程

第三册　静置设备与工艺金属结构制作安装工程（上、下）

第四册　电气设备安装工程

第五册　建筑智能化工程

第六册　自动化控制仪表安装工程

第七册　通风空调工程

第八册　工业管道工程

第九册　消防工程

第十册　给排水、采暖、燃气工程

第十一册　刷油、防腐蚀、绝热工程

三、本安装定额适用于我省境内工业与民用建筑的新建、扩建、改建工程中的给排水、采暖、燃气、通风空调、消防、电气照明、通信、智能化系统等设备、管线的安装工程和一般机械设备工程。

四、本安装定额的作用

1．是编审设计概算、最高投标限价、施工图预算的依据；

2．是调解处理工程造价纠纷的依据；

3．是工程成本评审，工程造价鉴定的依据；

4．是施工企业编制企业定额、投标报价、拨付工程价款、竣工结算的参考依据。

五、本安装定额是按照正常的施工条件，大多数施工企业采用的施工方法、机械化装备程度、合理的施工工期、施工工艺、劳动组织编制的，反映当前社会平均消耗量水平。

六、本安装定额中人工工日以"综合工日"表示，不分工种、技术等级。内容包括：基本用工、辅助用工、超运距用工及人工幅度差。

七、本安装定额中的材料：

1．本安装定额中的材料包括主要材料、辅助材料和其他材料。

2．本安装定额中的材料消耗量包括净用量和损耗量。损耗量包括：从工地仓库、现场集中堆放地点或现场加工地点至操作或安装地点的现场运输损耗、施工操作损耗、施工现场堆放损耗。凡能计量的材料、成品、半成品均逐一列出消耗量，难以计量的材料以"其他材料费占材料费"百分比形式表示。

3．本安装定额中消耗量用括号"（　）"表示的为该子目的未计价材料用量，基价中不包括其价格。

八、本安装定额中的机械及仪器仪表：

1．本安装定额的机械台班及仪器仪表消耗量是按正常合理的配备、施工工效测算确定的，已包括幅度差。

2．本安装定额中仅列主要施工机械及仪器仪表消耗量。凡单位价值2000元以内，使用年限在一年以内，不构成固定资产的施工机械及仪器仪表，定额中未列消耗量，企业管理费中考虑其使用费，其燃料动力消耗在材料费中计取。难以计量的机械台班是以"其他机械费占机械费"百分比形式表示。

九、本安装定额关于水平和垂直运输：

1．设备：包括自安装现场指定堆放地点运至安装地点的水平和垂直运输。

2．材料、成品、半成品：包括自施工单位现场仓库或现场指定堆放地点运至安装地点的水平和垂直运输。

3．垂直运输基准面：室内以室内地平面为基准面，室外以安装现场地平面为基准面。

十、本安装定额未考虑施工与生产同时进行、有害身体健康的环境中施工时降效增加费，实际发生时另行计算。

十一、本安装定额中凡注有"××以内"或"××以下"者，均包括"××"本身；凡注有"××以外"或"××以上"者，则不包括"××"本身。

十二、本安装定额授权安徽省建设工程造价总站负责解释和管理。

十三、著作权所有，未经授权，严禁使用本书内容及数据制作各类出版物和软件，违者必究。

册说明

一、第六册《自动化控制仪表安装工程》以下简称"本册定额"，适用于工业自动化仪表，不适用于建筑智能化。内容包括过程检测仪表，过程控制仪表，机械量监控装置，过程分析及环境监测装置，安全、视频及控制系统，工业计算机安装与试验，仪表管路敷设、伴热及脱脂，自动化线路、通信设备，仪表盘、箱、柜、附件安装与制作，仪表附件安装制作等工程。

二、本册定额编制的主要技术依据有：

1. 《自动化仪表工程施工及质量验收规范》GB 50093-2013；

2. 《石油化工可燃气体和有毒气体检测报警设计规范》GB 50493-2009；

3. 《全国统一安装工程基础定额》GJD-209-2006；

4. 《自控安装图册》HG/T 21581-2012；

5. 《石油化工仪表接地设计规范》SHT 3081-2003。

三、本册定额不包括下列内容：

1. 本册定额施工内容只限单体试车阶段，不包括无负荷和负荷试车，不包括单体和局部试运转所需水、电、蒸汽、气体、油（脂）、燃料等，以及化学清洗和油清洗及蒸汽吹扫等。

2. 电气配管、支架制作与安装、接地系统、供电电源、UPS 等执行第四册《电气设备安装工程》相应项目。

3. 管道上安装流量计、调节阀、电磁阀、节流装置、取源部件等，及在管道上开孔焊接部件，管道切断、法兰焊接、短管加拆等执行第八册《工业管道工程》相应项目。

4. 仪表设备与管路的保温保冷、防护层的安装及保温保冷层、防护层的防水、防腐工作，执行第十二册《刷油、防腐蚀、绝热工程》相应项目。

四、下列费用可按系数分别计取：

1. 脚手架搭拆费按定额人工费的 5%，其费用中人工费占 35%。

2. 垂直运输：

（1）垂直运距取定为±20m 以内。垂直运距超过±20m 的子目，其安装人工、机械（不含校验仪器仪表）乘以系数 1.06。

（2）施工高度以平台、楼平面为基准，施工超高降效在±6m 以内已进入定额。超过部分（±6m）工程量人工乘以系数 1.05。施工降效仅限于现场安装部分，控制室安装不计算。

五、有关说明：

1. 本册定额人工内容包括基本用工、规定范围内的超运距用工、操作高度降效、配合单体试运转、辅助用工和人工幅度差。

2. 材料消耗包括用于工程上的主要材料（主材）、实体辅助材料和非实体消耗材料、校验材料和其他材料，所列材料包括施工损耗。

3. 校验材料费指仪表在校验和试验过程中所发生的费用，包括零星消耗品、摊销材料费。摊销材料包括供水、供电、供气及管线、阀门、法兰、加工配件及一些附件。

4. 机械台班和仪器使用台班按大多数施工企业的机械化程度和装备综合取定，如实际情况与定额不一致，不得调整。

目　录

第一章　过程检测仪表

第二章　过程控制仪表

第三章 机械量监控装置

第四章 过程分析及环境监测装置

第五章 安全、视频及控制系统

第六章 工业计算机安装与试验

第七章 仪表管路敷设、伴热及脱脂

第八章 自动化线路、通信

第九章 仪表盘、箱、柜及附件安装

第十章 仪表附件安装制作

第一章 过程检测仪表

说　　明

一、本章内容包括温度仪表，压力仪表，差压、流量仪表，物位检测仪表，显示记录仪表的安装试验调试等。

二、本章包括以下工作内容：

技术机具准备，设备领取、搬运、清理、清洗；取源部件的保管、提供、清洗；仪表安装、仪表接头安装、校接线、挂位号牌、单体试验、配合单机试运转、安装试验记录整理；盘装仪表的盘修孔。此外还包括如下内容：

1. 温度仪表：

（1）压力式温度计安装、温包安装、毛细管敷设固定、信号整定值和报警试验、变送器安装试验。

（2）油罐平均温度计安装方式采用横插浮动式，包括安装容器内部浮动附件和远传变送器模块盒。

（3）热点探测预警系统的陶瓷插件、夹具（固定卡）、压板等附件安装，随机自带感温电缆、补偿导线安装敷设固定。

（4）带电接点温度计、温度开关整定值和报警试验。

（5）光纤温度计输出4～20mm信号和报警试验。

2. 物位仪表：

（1）浮标液位计：浮标架组装、钢丝绳、浮标、滑轮及台架安装。

（2）贮罐液体称重仪：称重模块（包括称重传感器、负荷传递装置和安装连接件）、钟罩安装、称重显示仪安装、导压管安装试压。

（3）重锤探测料位计：执行器、传感器、磁力启动器、滑轮及滑轮支架安装、重锤、钢丝绳支持件安装。

（4）可编程雷达液位计分为带导波管和不带导波管两种形式。整套包括导波管、天线、罐底压力传感器、温度传感器安装及温压补偿系统安装、检查、接线。

（5）钢带液位计：变送器安装、平衡锤、保护罩、浮子、钢带、导向管、保护套管安装、调整，试漏。

（6）磁浮子翻板液位计：包括导轨、通管组件、浮子、翻板指示装置（或标尺架及标尺安装），变送器或传感器安装。

（7）光导液位计浮标、信号码带、连接钢带、导向滑轮、平衡锤和光导转换器，罐顶直接安装。

（8）多功能磁致伸缩液位计采用直插入安装方式，包括密封的磁致伸缩传感器、电子转换器、磁浮子、保护管整套安装。

（9）伺服式物位计整套由浮子、钢丝、伺服电机、传动机构、编码器／编程器等组成。

3．差压、流量仪表：

（1）配合在工艺管道上安装流量计、成套流量计转换、放大、远传、变送部分安装试验及附件安装。

（2）涡街流量计整套包括漩涡发生体、漩涡检出器、转换器及流量计本体配合安装与试验；旋进式漩涡流量计整套包括传感器和转换器安装试验。

（3）节流装置：检查椭圆度、同心度、流体流向、正负室位置确定、环室孔板清洗、配合一次安装、配合管道吹扫及吹扫后环室清洗和孔板安装。

（4）孔板阀整套安装包括上下两个阀体和中间一个滑板阀，配合管道安装。

（5）光电流速式流量计的光传感器、光电旋浆式测杆、配套的流速仪整套安装。

（6）质量流量计包括检测元件和转换器安装。

（7）明渠流量计其他专业共同安装、试验。

4．放射性仪表：放射源模拟安装、配合安装放射源及保护管安装、试压、闪烁计数器安装、安全防护。

5．本章过程检测仪表除特别标明之外，均带报警或远传功能，并具有智能功能。

三、本章不包括以下工作内容：

1．支架、支座制作与安装。

2．设备开孔、工业管道切断、开孔、法兰焊接、短管制作与安装及焊接。

3．取源部件安装。

4．流量计校验装置的准备、流量发生装置的配置、设施及水源准备。随机自带校验仪器仪表的台班费。

5．明渠流量计只包括仪表本身安装，不包括堰、槽开挖，为测量所用的挡板、静水井、安装用支架，保护（接线）箱、盒等安装。

6．放射源保管、安装、存放的措施费用。

工程量计算规则

一、本章仪表以"台件"计算工程量，但与仪表成套的元件、部件是仪表的一部分，如放大器、过滤器等不能分开另计工程量或重复计算工程量。

二、取源部件配合安装执行本册有关项目，如需自行安装执行本定额第八册《工业管道工程》相应项目。

三、仪表在工业设备和管道上的安装孔和一次部件安装，按预留和安装完好考虑，并已合格，定额包括部件提供、清洗、保管工作，不能另行计算工程量。

四、过程检测仪表安装试验工程量计算不再区分智能和非智能。压力式温度计如带变送器，另外计算工程量。

五、光纤温度计选用接触式安装方式，采用螺纹插座固定，非接触式光纤温度计可执行辐射式比色高温计定额。辐射温度计如带辅助装置，区分轻型或重型另行计算工程量。

六、表面、铠装、多点多对式热电偶（阻）按安装方式不同区分，表面热电偶按每套的支数计算，设备表面热点探测报警按每套有多少探测点计算，铠装热电偶（阻）按每支的长度计算，多点多对按每组有几支温度计计算。

七、热点探测预警随机成套的接线箱、温度变送器另行计算。

八、流量计安装分为在线流量计和直插法安装流量计。在线安装流量计和节流装置安装用法兰、法兰螺栓和法兰垫片由管道配置，仪表配合管道专业安装；采用直插法安装的流量计由仪表专业安装，法兰螺栓和垫片由仪表专业提供，预留孔和法兰焊接由管道专业完成。微型流量计用于精细工程，包括安装和试验。

九、流量计只对转换变送部分调试，不做流量产生、输送校准及标定。

十、节流装置以"台"或"块"为计量单位。限流孔板安装按同规格节流装置定额乘以系数 0.3，按"块"计算工程量。

十一、明渠流量计用于给排水渠、废水污水排放管渠，是水流在非满管道流动状态下的流量仪表，以"组"作为计量单位。明渠流量计安装和试验需要其他人员配合，或共同安装试验，试验在现场进行。安装明渠流量计所用的堰、槽开挖，挡板、静水井、安装用支架，保护（接线）箱、盒等安装应另计。

十二、钢带液位计、贮罐液位称重仪、重锤探测料位计、浮标液位计现场安装以"套／台"为计量单位，包括导向管、滑轮、浮子、钢带、钢丝绳、钟罩或台架等，不得分开另行计算。

十三、浮筒液位按安装方式分为外浮筒和内浮筒，如带变送器，另外计算工程量。

十四、双色磁翻板浮子液位计现场安装，如果带变送远传，另计算远传变送器。

十五、伺服式液位计是一种多功效仪表，既能够测量液位也能够测量界面、密度和罐底等参数，按"台"计算工程量。伺服式液位计安装包括微伺服电动机、浮子、细钢丝、磁鼓、磁铁、电磁传感器等。

十六、放射性仪表包括模拟安装放射源、配合有关专业施工人员安装放射源和试验、安全防护，按"套"计算工程量。放射性仪表安装特殊措施费，按施工组织设计另行计算。

十七、流量或液位仪表如自带现场指示显示仪表，不得另计显示仪表安装与试验。

十八、仪表设备支架、支座安装与制作执行本套定额第四册《电气设备安装工程》金属铁构件制作与安装。

十九、随机自带校验用专用仪器仪表，按建设单位无偿提供给施工单位使用考虑。

二十、本章项目中已包括安装、调试，配合单机械运转的工作内容，不应另行计算。

一、温度仪表

工作内容：清理、表计试验、安装、固定、挂牌、取源部件保管、提供、清洗、配合单体试运转。

计量单位：支

定　额　编　号			A6-1-1	A6-1-2	A6-1-3
项　目　名　称			膨胀式温度计		
			工业液体温度计	双金属温度计	电接点双金属温度计
基　　　　价（元）			11.86	15.94	43.36
其中	人　工　费（元）		9.24	10.36	34.72
	材　料　费（元）		2.25	5.11	5.52
	机　械　费（元）		0.37	0.47	3.12
名　　称	单位	单价（元）	消　　耗　　量		
人工 综合工日	工日	140.00	0.066	0.074	0.248
材料 插座 带丝堵	套	—	(1.000)	(1.000)	(1.000)
法兰垫片	个	0.17	—	1.000	1.000
六角螺栓 M12×20～100	套	0.60	—	4.000	4.000
位号牌	个	2.14	1.000	1.000	1.000
细白布	m	3.08	—	0.050	0.050
校验材料费	元	1.00	—	—	0.390
其他材料费占材料费	%	—	5.000	5.000	5.000
机械 标准铂电阻温度计	台班	14.38	—	0.001	0.022
电动综合校验台	台班	16.58	—	—	0.022
对讲机(一对)	台班	4.19	—	—	0.034
干体式温度校验仪	台班	82.35	—	0.001	0.022
铭牌打印机	台班	31.01	0.012	0.012	0.012
手持式万用表	台班	4.07	—	—	0.028

工作内容：清理、表计试验、安装、固定、挂牌、取源部件保管、提供、清洗、配合单体试运转。

计量单位：支

定 额 编 号				A6-1-4	A6-1-5	A6-1-6
项 目 名 称				温度开关	温度控制器	接触式 光纤温度计
基 价（元）				34.98	27.69	36.89
其 中	人 工 费（元）			29.96	24.78	33.04
	材 料 费（元）			2.52	0.27	2.52
	机 械 费（元）			2.50	2.64	1.33
名 称		单位	单价(元)	消	耗	量
人 工	综合工日	工日	140.00	0.214	0.177	0.236
材 料	插座 带丝堵	套	—	(1.000)	—	(1.000)
	位号牌	个	2.14	1.000	—	1.000
	校验材料费	元	1.00	0.258	0.258	0.260
	其他材料费占材料费	%	—	5.000	5.000	5.000
机 械	标准铂电阻温度计	台班	14.38	0.017	0.021	—
	电动综合校验台	台班	16.58	0.017	0.022	—
	对讲机(一对)	台班	4.19	0.026	0.032	0.023
	多功能校准仪	台班	34.03	—	—	0.023
	干体式温度校验仪	台班	82.35	0.017	0.021	—
	铭牌打印机	台班	31.01	0.012	—	0.012
	手持式万用表	台班	4.07	0.022	0.026	0.019

工作内容：清理、表计试验、安装、固定、挂牌、取源部件保管、提供、清洗、配合单体试运转。

计量单位：支

定　额　编　号			A6-1-7	A6-1-8
项　目　名　称			辐射温度计	
			在线红外线温度计	光电比色温度计
基　　　　价（元）			29.11	28.00
其中	人　工　费（元）		24.08	23.24
	材　料　费（元）		3.78	3.64
	机　械　费（元）		1.25	1.12
名　　　称	单位	单价（元）	消　　耗　　量	
人工 综合工日	工日	140.00	0.172	0.166
材料 六角螺栓 M12×20～100	套	0.60	2.000	2.000
位号牌	个	2.14	1.000	1.000
校验材料费	元	1.00	0.260	0.130
其他材料费占材料费	%	—	5.000	5.000
机械 对讲机（一对）	台班	4.19	0.021	0.018
多功能校准仪	台班	34.03	0.021	0.018
铭牌打印机	台班	31.01	0.012	0.012
手持式万用表	台班	4.07	0.018	0.015

工作内容：清理、表计试验、安装、固定、挂牌、取源部件保管、提供、清洗、配合单体试运转。

计量单位：支

定 额 编 号			A6-1-9	A6-1-10
项 目 名 称			辐射温度计	
			轻型辅助装置	重型辅助装置
基 价（元）			67.66	101.78
其中	人 工 费（元）		56.42	89.46
	材 料 费（元）		10.87	11.95
	机 械 费（元）		0.37	0.37
名 称	单位	单价(元)	消 耗 量	
人工 综合工日	工日	140.00	0.403	0.639
材料 半圆头镀锌螺栓 M2～5×15～50	套	0.09	—	4.000
电	kW·h	0.68	0.500	0.600
接地线 5.5～16mm²	m	4.27	1.000	1.000
六角螺栓 M12×20～100	套	0.60	4.000	4.000
棉纱头	kg	6.00	0.200	0.300
位号牌	个	2.14	1.000	1.000
其他材料费占材料费	%	—	5.000	5.000
机械 铭牌打印机	台班	31.01	0.012	0.012

工作内容：清理、表计试验、安装、固定、挂牌、取源部件保管、提供、清洗。　　　　　　计量单位：支

定　额　编　号				A6-1-11	A6-1-12	A6-1-13	A6-1-14
项　目　名　称				压力式温度计(毛细管长m以下)			
				2	5	8	12
基　　　　　价（元）				58.55	81.13	100.64	126.87
其中	人　工　费（元）			49.14	68.74	87.36	112.84
	材　料　费（元）			8.46	10.78	11.47	11.83
	机　械　费（元）			0.95	1.61	1.81	2.20
名　　称		单位	单价（元）	消　　耗　　量			
人工	综合工日	工日	140.00	0.351	0.491	0.624	0.806
材料	插座 带丝堵	套	—	(1.000)	(1.000)	(1.000)	(1.000)
	半圆头镀锌螺栓 M2～5×15～50	套	0.09	2.000	2.000	2.000	2.000
	法兰垫片	个	0.17	1.000	1.000	1.000	1.000
	固定卡子 1.5×32	个	1.88	1.000	1.000	1.000	1.000
	六角螺栓 M12×20～100	套	0.60	4.000	4.000	4.000	4.000
	尼龙扎带(综合)	根	0.07	2.000	3.000	4.000	7.000
	清洁剂 500mL	瓶	8.66	0.100	0.100	0.150	0.150
	位号牌	个	2.14	1.000	2.000	2.000	2.000
	细白布	m	3.08	0.050	0.050	0.100	0.100
	校验材料费	元	1.00	0.130	0.130	0.130	0.260
	其他材料费占材料费	%	—	5.000	5.000	5.000	5.000
机械	标准铂电阻温度计	台班	14.38	0.006	0.009	0.011	0.015
	干体式温度校验仪	台班	82.35	0.006	0.009	0.011	0.015
	铭牌打印机	台班	31.01	0.012	0.024	0.024	0.024

11

工作内容：清理、表计试验、安装、固定、挂牌、取源部件保管、提供、清洗。　　　　　　　　　　计量单位：支

定　额　编　号			A6-1-15	A6-1-16	A6-1-17
项　目　名　称			压力式温度计(毛细管长m以下)		
			15	20	20m以上每增1m
基　　　　价（元）			148.08	182.32	4.24
其中	人　工　费（元）		131.32	162.68	4.20
	材　料　费（元）		12.52	14.95	0.04
	机　械　费（元）		4.24	4.69	—
名　　　　称	单位	单价（元）	消　　耗　　量		
人工	综合工日	工日	140.00	0.938	1.162	0.030

名　　　　称	单位	单价（元）			
插座 带丝堵	套	—	(1.000)	(1.000)	—
半圆头镀锌螺栓 M2～5×15～50	套	0.09	2.000	2.000	—
法兰垫片	个	0.17	1.000	1.000	—
固定卡子 1.5×32	个	1.88	1.000	2.000	—
六角螺栓 M12×20～100	套	0.60	4.000	4.000	—
尼龙扎带(综合)	根	0.07	8.000	12.000	0.500
清洁剂 500mL	瓶	8.66	0.200	0.200	—
位号牌	个	2.14	2.000	2.000	—
细白布	m	3.08	0.150	0.200	—
校验材料费	元	1.00	0.260	0.260	—
其他材料费占材料费	%	—	5.000	5.000	5.000
标准铂电阻温度计	台班	14.38	0.017	0.021	—
电动综合校验台	台班	16.58	0.017	0.021	—
干体式温度校验仪	台班	82.35	0.036	0.040	—
铭牌打印机	台班	31.01	0.024	0.024	—

12

工作内容：清理、表计试验、安装、固定、挂牌、取源部件保管、提供、清洗。　　　　　　计量单位：支

定　额　编　号				A6-1-18	A6-1-19
项　目　名　称				压力式温度变送器/控制器/控制开关	
				电远传变送	气远传变送
基　　　　　价（元）				**50.87**	**63.74**
其中	人　工　费（元）			39.76	40.60
	材　料　费（元）			3.06	21.01
	机　械　费（元）			8.05	2.13
名　　称		单位	单价（元）	消　耗　量	
人工	综合工日	工日	140.00	0.284	0.290
材料	位号牌	个	2.14	1.000	1.000
	校验材料费	元	1.00	0.772	0.772
	仪表接头	套	8.55	—	2.000
	其他材料费占材料费	%	—	5.000	5.000
机械	标准铂电阻温度计	台班	14.38	0.051	0.039
	电动综合校验台	台班	16.58	0.057	0.039
	对讲机(一对)	台班	4.19	0.029	0.026
	干体式温度校验仪	台班	82.35	0.070	—
	铭牌打印机	台班	31.01	0.012	0.012
	气动综合校验台	台班	8.46	—	0.052
	手持式万用表	台班	4.07	0.029	

工作内容：清理、表计试验、安装、固定、挂牌、取源部件保管、提供、清洗、配合单体试运转。

计量单位：支

定 额 编 号				A6-1-20	A6-1-21	A6-1-22
项 目 名 称				热电偶(阻)		
				普通式	耐磨式	吹气式
基 价（元）				29.03	32.41	75.10
其中	人 工 费（元）			22.82	26.04	49.56
	材 料 费（元）			5.08	5.24	23.41
	机 械 费（元）			1.13	1.13	2.13
名 称		单位	单价（元）	消 耗 量		
人工	综合工日	工日	140.00	0.163	0.186	0.354
材料	插座 带丝堵	套	—	(1.000)	(1.000)	(1.000)
	法兰垫片	个	0.17	1.000	1.000	1.000
	聚四氟乙烯生料带	m	0.13	—	—	0.400
	六角螺栓 M12×20～100	套	0.60	4.000	4.000	4.000
	位号牌	个	2.14	1.000	1.000	1.000
	细白布	m	3.08	—	0.050	0.100
	校验材料费	元	1.00	0.129	0.129	0.129
	仪表接头	套	8.55	—	—	2.000
	其他材料费占材料费	%	—	5.000	5.000	5.000
机械	对讲机(一对)	台班	4.19	0.003	0.003	0.007
	多功能校验仪	台班	237.59	0.003	0.003	0.007
	铭牌打印机	台班	31.01	0.012	0.012	0.012
	手持式万用表	台班	4.07	0.008	0.009	0.017

14

工作内容：清理、表计试验、安装、固定、挂牌、取源部件保管、提供、清洗、配合单体试运转。

定　额　编　号			A6-1-23	A6-1-24
项　目　名　称			热电偶(阻)	
			油罐平均温度计	室内固定式
基　　　价　（元）			165.79	26.34
其中	人　工　费（元）		155.68	22.12
	材　料　费（元）		5.70	3.09
	机　械　费（元）		4.41	1.13
名　　　称	单位	单价(元)	消　　耗　　量	
人工	综合工日	工日	140.00	1.112	0.158
材料	插座 带丝堵	套	—	—	(1.000)
	附件	套	—	(3.000)	—
	法兰垫片	个	0.17	1.000	—
	六角螺栓 M12×20～100	套	0.60	4.000	—
	塑料膨胀螺栓	个	0.26	—	2.000
	位号牌	个	2.14	1.000	1.000
	细白布	m	3.08	0.150	0.050
	校验材料费	元	1.00	0.258	0.129
	其他材料费占材料费	%	—	5.000	5.000
机械	对讲机(一对)	台班	4.19	0.016	0.003
	多功能校验仪	台班	237.59	0.016	0.003
	铭牌打印机	台班	31.01	0.012	0.012
	手持式万用表	台班	4.07	0.041	0.007

工作内容：清理、表计试验、安装、固定、挂牌、取源部件保管、提供、清洗、配合单体试运转。

计量单位：支/组

定 额 编 号			A6-1-25	A6-1-26	A6-1-27
项 目 名 称			热电偶(阻)		
			多点多对式(支/组以下)		
			双支	3	6
基 价（元）			40.85	52.36	91.05
其中	人 工 费（元）		36.68	47.88	85.26
	材 料 费（元）		2.54	2.58	2.64
	机 械 费（元）		1.63	1.90	3.15
名 称	单位	单价(元)	消 耗 量		
人工 综合工日	工日	140.00	0.262	0.342	0.609
材料 插座 带丝堵	套	—	(1.000)	(1.000)	(1.000)
位号牌	个	2.14	1.000	1.000	1.000
细白布	m	3.08	0.050	0.060	0.080
校验材料费	元	1.00	0.129	0.129	0.129
其他材料费占材料费	%	—	5.000	5.000	5.000
机械 对讲机(一对)	台班	4.19	0.006	0.008	0.013
多功能校验仪	台班	237.59	0.005	0.006	0.011
铭牌打印机	台班	31.01	0.012	0.012	0.012
手持式万用表	台班	4.07	0.012	0.016	0.027

工作内容：清理、表计试验、安装、固定、挂牌、取源部件保管、提供、清洗、配合单体试运转。

计量单位：支/组

定　额　编　号			A6-1-28	A6-1-29	A6-1-30
项　目　名　称			热电偶(阻)		
			多点多对式(支/组以下)		
			9	12	每增1支
基　　　　价（元）			132.97	180.48	11.77
其中	人　工　费（元）		125.72	172.20	11.48
	材　料　费（元）		2.84	2.84	0.03
	机　械　费（元）		4.41	5.44	0.26
名　　　称	单位	单价(元)	消　　耗　　量		
人工 综合工日	工日	140.00	0.898	1.230	0.082
材料 插座 带丝堵	套	—	(1.000)	(1.000)	—
位号牌	个	2.14	1.000	1.000	—
细白布	m	3.08	0.100	0.100	0.010
校验材料费	元	1.00	0.258	0.258	—
其他材料费占材料费	%	—	5.000	5.000	5.000
机械 对讲机(一对)	台班	4.19	0.019	0.025	0.002
多功能校验仪	台班	237.59	0.016	0.020	0.001
铭牌打印机	台班	31.01	0.012	0.012	—
手持式万用表	台班	4.07	0.039	0.051	0.004

工作内容：清理、表计试验、安装、固定、挂牌、取源部件保管、提供、清洗、配合单体试运转。

计量单位：支

定　额　编　号			A6-1-31	A6-1-32	A6-1-33	A6-1-34
项　目　名　称			铠装热电偶(阻)			
			（长度m以下）			
			2	5	10	15
基　　　　价（元）			30.71	45.05	63.94	79.87
其中	人　工　费（元）		23.24	35.98	52.36	65.80
	材　料　费（元）		6.69	8.14	10.38	12.60
	机　械　费（元）		0.78	0.93	1.20	1.47
名　　　称	单位	单价(元)	消　　耗　　量			
人工	综合工日	工日	140.00	0.166	0.257	0.374	0.470

	名　　称	单位	单价(元)				
材料	插座 带丝堵	套	—	(1.000)	(1.000)	(1.000)	(1.000)
	半圆头镀锌螺栓 M2～5×15～50	套	0.09	4.000	8.000	14.000	20.000
	镀锌管卡子 3×15	个	0.51	2.000	4.000	7.000	10.000
	法兰垫片	个	0.17	1.000	1.000	1.000	1.000
	六角螺栓 M12×20～100	套	0.60	4.000	4.000	4.000	4.000
	位号牌	个	2.14	1.000	1.000	1.000	1.000
	细白布	m	3.08	0.050	0.050	0.070	0.085
	校验材料费	元	1.00	0.129	0.129	0.129	0.129
	其他材料费占材料费	%	—	5.000	5.000	5.000	5.000
机械	对讲机(一对)	台班	4.19	0.003	0.004	0.006	0.008
	多功能信号校验仪	台班	123.21	0.003	0.004	0.006	0.008
	铭牌打印机	台班	31.01	0.012	0.012	0.012	0.012
	手持式万用表	台班	4.07	0.007	0.011	0.016	0.020

工作内容：清理、表计试验、安装、固定、挂牌、取源部件保管、提供、清洗、配合单体试运转。

计量单位：支

定　额　编　号				A6-1-35	A6-1-36	A6-1-37	A6-1-38
项　目　名　称				铠装热电偶(阻)			
				（长度m以下）			
				20	30	50	50m以上每增1m
基　　　　价　（元）				109.16	149.38	219.77	5.23
其中	人　工　费（元）			91.00	125.44	183.26	4.62
	材　料　费（元）			16.27	21.64	33.39	0.61
	机　械　费（元）			1.89	2.30	3.12	—
名　　称		单位	单价（元）	消　　耗　　量			
人工	综合工日	工日	140.00	0.650	0.896	1.309	0.033
材料	插座 带丝堵	套	—	(1.000)	(1.000)	(1.000)	—
	半圆头镀锌螺栓 M2～5×15～50	套	0.09	30.000	44.000	76.000	1.600
	镀锌管卡子 3×15	个	0.51	15.000	22.000	38.000	0.800
	法兰垫片	个	0.17	1.000	1.000	1.000	—
	六角螺栓 M12×20～100	套	0.60	4.000	4.000	4.000	—
	位号牌	个	2.14	1.000	1.000	1.000	—
	细白布	m	3.08	0.100	0.150	0.200	0.010
	校验材料费	元	1.00	0.129	0.258	0.258	—
	其他材料费占材料费	%	—	5.000	5.000	5.000	5.000
机械	对讲机（一对）	台班	4.19	0.011	0.014	0.020	—
	多功能信号校验仪	台班	123.21	0.011	0.014	0.020	—
	铭牌打印机	台班	31.01	0.012	0.012	0.012	—
	手持式万用表	台班	4.07	0.028	0.035	0.050	—

工作内容：清理、本体及附件安装、焊接支撑点、固定、清理、挂牌、配合单体试运转。

定　额　编　号				A6-1-39	A6-1-40
项　目　名　称				表面温度计（支/套以下）	
				1	6
基　　　价（元）				24.06	243.29
其中	人　工　费（元）			20.44	222.04
	材　料　费（元）			2.73	14.65
	机　械　费（元）			0.89	6.60
名　　　称		单位	单价（元）	消　　耗　　量	
人工	综合工日	工日	140.00	0.146	1.586
材料	附件	套	—	—	(6.000)
	塑料胶带	m	0.60	0.300	0.700
	位号牌	个	2.14	1.000	6.000
	细白布	m	3.08	0.050	0.100
	校验材料费	元	1.00	0.129	0.386
	其他材料费占材料费	%	—	5.000	5.000
机械	对讲机（一对）	台班	4.19	0.003	0.023
	多功能校验仪	台班	237.59	0.002	0.017
	铭牌打印机	台班	31.01	0.012	0.072
	手持式万用表	台班	4.07	0.007	0.057

工作内容：清理、本体及附件安装、焊接支撑点、固定、清理、挂牌、配合单体试运转。

计量单位：支/套

定　额　编　号			A6-1-41	A6-1-42	A6-1-43
项　目　名　称			设备表面热点探测预警(点/套以下)		
			12	24	36
基　　　　　价（元）			824.65	2048.25	2534.63
其中	人　工　费（元）		694.68	1765.40	2143.26
	材　料　费（元）		77.31	156.37	233.53
	机　械　费（元）		52.66	126.48	157.84
名　　　称		单位	单价（元）	消　　耗　　量	
人工	综合工日	工日	140.00	4.962	12.610	15.309
材料	附件	套	—	(12.000)	(24.000)	(36.000)
	感温探测器补偿导线	m	—	(576.000)	(1152.000)	(1728.000)
	不锈钢六角螺栓	个	0.09	50.000	100.000	150.000
	低碳钢焊条	kg	6.84	0.330	0.605	0.778
	电	kW·h	0.68	1.000	3.000	5.000
	接线铜端子头	个	0.30	48.000	96.000	144.000
	耐高温铝箔玻璃纤维带 50m/卷	卷	4.70	4.752	9.504	14.256
	尼龙扎带(综合)	根	0.07	24.000	48.000	72.000
	砂轮片 Φ100	片	1.71	0.020	0.030	0.060
	塑料胶带	m	0.60	1.000	3.000	4.000
	位号牌	个	2.14	12.000	24.000	36.000
	细白布	m	3.08	0.100	0.200	0.500
	校验材料费	元	1.00	1.159	3.090	3.862
	其他材料费占材料费	%	—	5.000	5.000	5.000
机械	对讲机(一对)	台班	4.19	0.737	1.901	2.320
	多功能校验仪	台班	237.59	0.125	0.323	0.394
	铭牌打印机	台班	31.01	0.148	0.270	0.377
	手持式万用表	台班	4.07	0.209	0.538	0.657
	直流弧焊机 20kV·A	台班	71.43	0.202	0.437	0.562

工作内容：清理、本体及附件安装、焊接支撑点、固定、清理、挂牌、配合单体试运转。

计量单位：支/套

定 额 编 号			A6-1-44	A6-1-45
项 目 名 称			设备表面热点探测预警(点/套以下)	
			48	60
基 价（元）			3402.36	4297.91
其中	人 工 费（元）		2878.96	3644.20
	材 料 费（元）		311.10	391.47
	机 械 费（元）		212.30	262.24
名 称	单位	单价（元）	消 耗 量	
人工	综合工日	工日	140.00	20.564	26.030
材料	附件	套	—	(48.000)	(60.000)
	感温探测器补偿导线	m	—	(2304.000)	(2880.000)
	不锈钢六角螺栓	个	0.09	180.000	250.000
	低碳钢焊条	kg	6.84	1.037	1.296
	电	kW·h	0.68	8.000	10.000
	接线铜端子头	个	0.30	192.000	240.000
	耐高温铝箔玻璃纤维带 50m/卷	卷	4.70	19.008	23.760
	尼龙扎带（综合）	根	0.07	96.000	120.000
	砂轮片 Φ100	片	1.71	0.070	0.080
	塑料胶带	m	0.60	4.500	5.000
	位号牌	个	2.14	48.000	60.000
	细白布	m	3.08	1.000	1.500
	校验材料费	元	1.00	5.278	6.437
	其他材料费占材料费	%	—	5.000	5.000
机械	对讲机（一对）	台班	4.19	3.159	3.901
	多功能校验仪	台班	237.59	0.536	0.663
	铭牌打印机	台班	31.01	0.470	0.549
	手持式万用表	台班	4.07	0.894	1.104
	直流弧焊机 20kV·A	台班	71.43	0.749	0.936

二、压力仪表

工作内容：清理、表计试验、安装、固定、挂牌、取源部件保管、提供、清洗、配合单体试运转。

计量单位：台(块)

定 额 编 号				A6-1-46	A6-1-47	A6-1-48
项 目 名 称				压力表就地	压力表盘装	压力记录仪
基 价（元）				34.53	32.36	47.82
其中	人 工 费（元）			20.16	22.40	31.50
	材 料 费（元）			13.69	9.28	11.69
	机 械 费（元）			0.68	0.68	4.63
名 称		单位	单价（元）	消 耗 量		
人工	综合工日	工日	140.00	0.144	0.160	0.225
材料	取源部件	套	—	(1.000)	(1.000)	(1.000)
	半圆头镀锌螺栓 M2～5×15～50	套	0.09	2.000	—	—
	固定卡子 1.5×32	个	1.88	1.000	—	—
	位号牌	个	2.14	1.000	—	1.000
	细白布	m	3.08	0.010	0.010	0.020
	校验材料费	元	1.00	0.258	0.258	0.386
	仪表接头	套	8.55	1.000	1.000	1.000
	其他材料费占材料费	%	—	5.000	5.000	5.000
机械	便携式电动泵压力校验仪	台班	39.34	—	—	0.053
	标准压力发生器	台班	76.77	0.004	0.004	0.006
	电动综合校验台	台班	16.58	—	—	0.020
	精密交直流稳压电源	台班	64.84	—	—	0.020
	铭牌打印机	台班	31.01	0.012	0.012	0.012
	手持式万用表	台班	4.07	—	—	0.020

工作内容：清理、表计试验、安装、固定、挂牌、取源部件保管、提供、清洗、配合单体试运转。

计量单位：台(块)

定　额　编　号			A6-1-49	A6-1-50
项　目　名　称			远传指示压力表	
			电远传	气远传
基　　　价（元）			60.04	82.39
其中	人　工　费（元）		37.52	41.72
	材　料　费（元）		14.26	32.38
	机　械　费（元）		8.26	8.29
名　　称		单位	单价（元）	消　耗　量	
人工	综合工日	工日	140.00	0.268	0.298
材料	取源部件	套	—	(1.000)	(1.000)
	半圆头镀锌螺栓 M2～5×15～50	套	0.09	2.000	2.000
	固定卡子 1.5×32	个	1.88	1.000	1.000
	聚四氟乙烯生料带	m	0.13	—	0.200
	位号牌	个	2.14	1.000	1.000
	细白布	m	3.08	0.020	0.020
	校验材料费	元	1.00	0.772	0.901
	仪表接头	套	8.55	1.000	3.000
	其他材料费占材料费	%	—	5.000	5.000
机械	便携式电动泵压力校验仪	台班	39.34	0.097	0.106
	标准压力发生器	台班	76.77	0.011	0.012
	电动空气压缩机 0.6m³/min	台班	37.30	—	0.058
	电动综合校验台	台班	16.58	0.036	—
	对讲机（一对）	台班	4.19	0.036	0.040
	精密交直流稳压电源	台班	64.84	0.036	—
	铭牌打印机	台班	31.01	0.012	0.012
	气动综合校验台	台班	8.46	—	0.058
	手持式万用表	台班	4.07	0.036	

工作内容：清理、表计试验、安装、固定、挂牌、取源部件保管、提供、清洗、配合单体试运转。

计量单位：台(块)

定　额　编　号			A6-1-51	A6-1-52	A6-1-53
项　目　名　称			电接点压力表	膜盒微压计	压力开关
基　　　　价（元）			63.90	57.56	56.49
其中	人　工　费（元）		37.52	37.24	33.32
	材　料　费（元）		14.36	16.59	14.23
	机　械　费（元）		12.02	3.73	8.94
名　　　称	单位	单价（元）	消　　耗　　量		
人工 综合工日	工日	140.00	0.268	0.266	0.238
材料 取源部件	套	—	(1.000)	(1.000)	(1.000)
半圆头镀锌螺栓 M2～5×15～50	套	0.09	2.000	—	2.000
法兰垫片	个	0.17	—	1.000	—
固定卡子 1.5×32	个	1.88	1.000	1.000	1.000
六角螺栓 M12×20～100	套	0.60	—	4.000	—
位号牌	个	2.14	1.000	1.000	1.000
细白布	m	3.08	0.050	0.050	0.050
校验材料费	元	1.00	0.772	0.510	0.644
仪表接头	套	8.55	1.000	1.000	1.000
其他材料费占材料费	%	—	5.000	5.000	5.000
机械 便携式电动泵压力校验仪	台班	39.34	0.107	0.072	0.080
标准压力发生器	台班	76.77	0.011	—	0.008
对讲机(一对)	台班	4.19	0.040	—	0.030
多功能信号校验仪	台班	123.21	0.033	—	0.024
精密交直流稳压电源	台班	64.84	0.033	—	0.024
铭牌打印机	台班	31.01	0.012	0.012	0.012
气动综合校验台	台班	8.46	—	0.062	—
手持式万用表	台班	4.07	0.055	—	0.040

工作内容：清理、表计试验、安装、固定、挂牌、取源部件保管、提供、清洗、配合单体试运转。

计量单位：台(块)

定 额 编 号				A6-1-54	A6-1-55
项 目 名 称				光电编码压力表	隔膜压力表
基 价 （元）				**97.12**	**55.60**
其中	人 工 费 （元）			60.76	37.24
	材 料 费 （元）			15.04	14.62
	机 械 费 （元）			21.32	3.74
	名 称	单位	单价(元)	消 耗 量	
人工	综合工日	工日	140.00	0.434	0.266
材料	取源部件	套	—	(1.000)	(1.000)
	半圆头镀锌螺栓 M2～5×15～50	套	0.09	2.000	—
	法兰垫片	个	0.17	—	1.000
	固定卡子 1.5×32	个	1.88	1.000	—
	六角螺栓 M12×20～100	套	0.60	—	4.000
	位号牌	个	2.14	1.000	1.000
	细白布	m	3.08	0.050	0.050
	校验材料费	元	1.00	1.416	0.510
	仪表接头	套	8.55	1.000	1.000
	其他材料费占材料费	%	—	5.000	5.000
机械	便携式电动泵压力校验仪	台班	39.34	0.193	0.072
	标准压力发生器	台班	76.77	—	0.007
	电动综合校验台	台班	16.58	0.066	—
	对讲机(一对)	台班	4.19	0.072	—
	多功能信号校验仪	台班	123.21	0.060	—
	精密交直流稳压电源	台班	64.84	0.060	—
	铭牌打印机	台班	31.01	0.012	0.012
	手持式万用表	台班	4.07	0.100	—
	数字压力表	台班	4.51	0.060	

三、流量仪表

1.流量仪表

工作内容：清理、表计试验、安装、固定、挂牌、取源部件保管、提供、清洗、配合单体试运转。

计量单位：台

定 额 编 号			A6-1-56	A6-1-57	A6-1-58
项 目 名 称			金属转子流量计		
			玻璃式	气远传式	电远传式
基 价（元）			27.32	112.03	89.14
其中	人 工 费（元）		20.30	76.44	71.40
	材 料 费（元）		2.56	21.63	3.51
	机 械 费（元）		4.46	13.96	14.23
名 称	单位	单价（元）	消 耗 量		
人工	综合工日	工日	140.00	0.145	0.546	0.510
材料	聚四氟乙烯生料带	m	0.13	—	0.240	—
	棉纱头	kg	6.00	0.050	0.050	0.050
	位号牌	个	2.14	1.000	1.000	1.000
	校验材料费	元	1.00	—	1.030	0.901
	仪表接头	套	8.55	—	2.000	—
	其他材料费占材料费	%	—	5.000	5.000	5.000
机械	电动空气压缩机 0.6m³/min	台班	37.30	—	0.230	—
	对讲机(一对)	台班	4.19	—	0.070	0.065
	多功能信号校验仪	台班	123.21	—	—	0.073
	铭牌打印机	台班	31.01	0.012	0.012	0.012
	气动综合校验台	台班	8.46	—	0.074	—
	手持式万用表	台班	4.07	—	—	0.081
	载重汽车 4t	台班	408.97	0.010	0.010	0.010
	兆欧表	台班	5.76	—	—	0.030

工作内容：清理、表计试验、安装、固定、挂牌、取源部件保管、提供、清洗、配合单体试运转。

计量单位：台

定　额　编　号			A6-1-59	A6-1-60	A6-1-61	A6-1-62
项　目　名　称			椭圆齿轮流量计		电磁流量计	
			就地指示式	电远传式	在线式	插入式
基　　　价（元）			115.55	203.81	255.60	342.35
其中	人　工　费（元）		94.92	141.82	172.90	245.00
	材　料　费（元）		11.50	12.99	10.85	14.83
	机　械　费（元）		9.13	49.00	71.85	82.52
名　　称	单位	单价（元）	消　　耗　　量			
人工	综合工日	工日	140.00	0.678	1.013	1.235	1.750
材料	法兰垫片	个	0.17	—	—	—	1.000
	接地线 5.5～16mm²	m	4.27	1.000	1.000	1.000	1.000
	棉纱头	kg	6.00	0.200	0.200	0.050	0.200
	清洁剂 500mL	瓶	8.66	0.300	0.300	0.100	0.400
	位号牌	个	2.14	1.000	1.000	1.000	1.000
	细白布	m	3.08	0.200	0.200	0.100	0.100
	校验材料费	元	1.00	0.129	1.545	2.446	2.575
	其他材料费占材料费	%	—	5.000	5.000	5.000	5.000
机械	对讲机(一对)	台班	4.19	—	0.105	0.164	0.174
	多功能校验仪	台班	237.59	—	0.157	0.246	0.261
	接地电阻测试仪	台班	3.35	0.050	0.050	0.050	0.050
	铭牌打印机	台班	31.01	0.012	0.012	0.012	0.012
	手持式万用表	台班	4.07	—	0.131	0.205	0.218
	数字电压表	台班	5.77	—	0.105	0.164	0.174
	载重汽车 4t	台班	408.97	0.021	0.023	0.025	0.042
	兆欧表	台班	5.76	—	0.030	0.030	0.030

工作内容：清理、表计试验、安装、固定、挂牌、取源部件保管、提供、清洗、配合单体试运转。

计量单位：台

定　额　编　号			A6-1-63	A6-1-64	A6-1-65	A6-1-66
项　目　名　称			涡街	旋进漩涡	涡轮	楔式
			流量计			
基　　　　价（元）			269.51	317.39	276.35	313.83
其中	人　工　费（元）		177.94	213.78	188.58	209.86
	材　料　费（元）		11.16	11.43	14.11	32.43
	机　械　费（元）		80.41	92.18	73.66	71.54
名　　　称		单位	单价（元）	消　　耗　　量			
人工	综合工日	工日	140.00	1.271	1.527	1.347	1.499
材料	接地线 5.5～16mm²	m	4.27	1.000	1.000	1.000	1.000
	棉纱头	kg	6.00	0.100	0.100	0.200	0.300
	清洁剂 500mL	瓶	8.66	0.100	0.100	0.400	0.400
	位号牌	个	2.14	1.000	1.000	1.000	1.000
	细白布	m	3.08	0.100	0.100	0.100	0.100
	校验材料费	元	1.00	2.446	2.704	2.060	1.802
	仪表接头	套	8.55	—	—	—	2.000
	其他材料费占材料费	%	—	5.000	5.000	5.000	5.000
机械	对讲机（一对）	台班	4.19	0.253	0.283	0.210	0.184
	多功能校验仪	台班	237.59	0.253	0.283	0.210	0.184
	接地电阻测试仪	台班	3.35	0.050	0.050	0.050	0.050
	铭牌打印机	台班	31.01	0.012	0.012	0.012	0.012
	手持式万用表	台班	4.07	0.253	0.236	0.175	0.153
	数字电压表	台班	5.77	0.127	0.142	0.105	0.092
	载重汽车 4t	台班	408.97	0.041	0.052	0.051	0.062
	兆欧表	台班	5.76	0.030	0.030	0.030	—

工作内容：清理、表计试验、安装、固定、挂牌、取源部件保管、提供、清洗、配合单体试运转。

定 额 编 号			A6-1-67	A6-1-68	A6-1-69
项 目 名 称			内藏孔板流量计		
			就地积算型	电远传变送型	气远传变送型
基 价（元）			130.94	174.86	189.80
其中	人 工 费（元）		100.38	133.84	142.24
	材 料 费（元）		13.63	14.38	28.50
	机 械 费（元）		16.93	26.64	19.06
名 称	单位	单价（元）	消 耗 量		
人工 综合工日	工日	140.00	0.717	0.956	1.016
材料 接地线 5.5～16mm²	m	4.27	1.000	1.000	—
聚四氟乙烯生料带	m	0.13	—	—	0.400
棉纱头	kg	6.00	0.300	0.300	0.300
清洁剂 500mL	瓶	8.66	0.500	0.500	0.500
位号牌	个	2.14	1.000	1.000	1.000
细白布	m	3.08	0.100	—	0.100
校验材料费	元	1.00	0.129	1.159	1.416
仪表接头	套	8.55	—	—	2.000
其他材料费占材料费	%	—	5.000	5.000	5.000
机械 电动空气压缩机 0.6m³/min	台班	37.30	—	—	0.056
对讲机(一对)	台班	4.19	—	0.118	0.140
多功能信号校验仪	台班	123.21	0.013	0.079	—
铭牌打印机	台班	31.01	0.012	0.012	0.012
气动综合校验台	台班	8.46	—	—	0.056
手持式万用表	台班	4.07	0.016	0.098	—
数字电压表	台班	5.77	—	0.059	—
载重汽车 4t	台班	408.97	0.036	0.037	0.038
兆欧表	台班	5.76	0.030	0.030	—

工作内容：清理、表计试验、配合安装、固定、挂牌、取源部件保管、提供、清洗、配合单体试运转、核辐射仪表安全保护。

计量单位：台

定 额 编 号				A6-1-70	A6-1-71	A6-1-72
项 目 名 称				温压补偿蒸汽	振荡球	冲量式/圆盘
					流量计	
基 价 （元）				199.66	226.13	185.23
其中	人 工 费 （元）			152.60	156.94	142.52
	材 料 费 （元）			12.93	11.20	11.75
	机 械 费 （元）			34.13	57.99	30.96
	名 称	单位	单价（元）	消 耗 量		
人工	综合工日	工日	140.00	1.090	1.121	1.018
材料	接地线 5.5～16mm²	m	4.27	1.000	1.000	1.000
	棉纱头	kg	6.00	0.200	0.100	0.200
	清洁剂 500mL	瓶	8.66	0.300	—	0.200
	铜芯塑料绝缘电线 BV-1.5mm²	m	0.60	—	3.000	—
	位号牌	个	2.14	1.000	1.000	1.000
	细白布	m	3.08	0.100	0.100	0.100
	校验材料费	元	1.00	1.802	1.545	1.545
	其他材料费占材料费	%	—	5.000	5.000	5.000
机械	对讲机(一对)	台班	4.19	0.186	0.160	0.154
	多功能校验仪	台班	237.59	—	0.160	—
	多功能信号校验仪	台班	123.21	0.124	—	0.103
	接地电阻测试仪	台班	3.35	—	0.050	0.050
	铭牌打印机	台班	31.01	0.012	0.012	0.012
	手持式万用表	台班	4.07	0.155	0.133	0.128
	数字电压表	台班	5.77	0.093	0.080	0.077
	载重汽车 4t	台班	408.97	0.040	0.043	0.039
	兆欧表	台班	5.76	0.030	0.030	0.030

工作内容：清理、表计试验、配合安装、固定、挂牌、取源部件保管、提供、清洗、配合单体试运转、核辐射仪表安全保护。

计量单位：台

定 额 编 号			A6-1-73	A6-1-74
项 目 名 称			毕托管	均速管
			流量计	
基 价（元）			163.31	156.91
其中	人 工 费（元）		112.56	109.34
	材 料 费（元）		28.39	29.98
	机 械 费（元）		22.36	17.59
名 称	单位	单价（元）	消 耗 量	
人工 综合工日	工日	140.00	0.804	0.781
材料 插座 带丝堵	套	—	(1.000)	—
法兰垫片	个	0.17	1.000	2.000
接地线 5.5～16mm^2	m	4.27	1.000	1.000
棉纱头	kg	6.00	0.100	0.200
清洁剂 500mL	瓶	8.66	0.200	0.300
位号牌	个	2.14	1.000	1.000
校验材料费	元	1.00	1.030	0.901
仪表接头	套	8.55	2.000	2.000
其他材料费占材料费	%	—	5.000	5.000
机械 对讲机（一对）	台班	4.19	0.101	0.098
多功能信号校验仪	台班	123.21	0.067	0.065
接地电阻测试仪	台班	3.35	—	0.050
铭牌打印机	台班	31.01	0.012	0.012
手持式万用表	台班	4.07	0.084	0.065
数字电压表	台班	5.77	0.050	0.033
载重汽车 4t	台班	408.97	0.031	0.020

工作内容：清理、表计试验、配合安装、固定、挂牌、取源部件保管、提供、清洗、配合单体试运转、核辐射仪表安全保护。

计量单位：台

定　额　编　号			A6-1-75	A6-1-76	A6-1-77
项　目　名　称			靶式流量变送器		
			现场显示	带电变送传送	带气变送传送
基　　　价（元）			112.67	177.29	189.61
其中	人　工　费（元）		93.52	135.10	145.32
	材　料　费（元）		9.94	11.16	29.60
	机　械　费（元）		9.21	31.03	14.69
名　　称	单位	单价（元）	消　耗　量		
人工 综合工日	工日	140.00	0.668	0.965	1.038
材料 接地线 5.5～16mm²	m	4.27	1.000	1.000	1.000
聚四氟乙烯生料带	m	0.13	—	—	0.400
棉纱头	kg	6.00	0.200	0.200	0.200
清洁剂 500mL	瓶	8.66	0.200	0.200	0.200
位号牌	个	2.14	1.000	1.000	1.000
细白布	m	3.08	—	—	0.050
校验材料费	元	1.00	0.129	1.287	1.545
仪表接头	套	8.55			2.000
其他材料费占材料费	%	—	5.000	5.000	5.000
机械 电动空气压缩机 0.6m³/min	台班	37.30	—	—	0.066
对讲机（一对）	台班	4.19	—	0.133	0.159
多功能信号校验仪	台班	123.21	—	0.155	—
接地电阻测试仪	台班	3.35	0.050	0.050	—
铭牌打印机	台班	31.01	0.012	0.012	0.012
气动综合校验台	台班	8.46	—	—	0.066
手持式万用表	台班	4.07	0.020	0.089	—
数字电压表	台班	5.77	—	0.044	—
载重汽车 4t	台班	408.97	0.021	0.025	0.026

工作内容：清理、表计试验、配合安装、固定、挂牌、取源部件保管、提供、清洗、配合单体试运转、核
辐射仪表安全保护。

计量单位：台

定 额 编 号				A6-1-78	
项 目 名 称				核辐射流量计	
基 价（元）				613.11	
其中	人 工 费（元）			508.20	
	材 料 费（元）			13.99	
	机 械 费（元）			90.92	
名 称		单位	单价（元）	消 耗 量	
人工	综合工日	工日	140.00	3.630	
材料	接地线 5.5～16mm²	m	4.27	1.000	
	警告牌	个	3.52	1.000	
	位号牌	个	2.14	1.000	
	细白布	m	3.08	0.100	
	校验材料费	元	1.00	3.090	
	其他材料费占材料费	%	—	5.000	
机械	对讲机（一对）	台班	4.19	0.538	
	多功能校验仪	台班	237.59	0.323	
	接地电阻测试仪	台班	3.35	0.050	
	铭牌打印机	台班	31.01	0.024	
	手持式万用表	台班	4.07	0.152	
	载重汽车 4t	台班	408.97	0.025	
	兆欧表	台班	5.76	0.030	

工作内容：清理、表计试验、配合安装、固定、挂牌、取源部件保管、提供、清洗、配合单体试运转、核辐射仪表安全保护。

计量单位：台/组

定 额 编 号				A6-1-79	A6-1-80	A6-1-81	A6-1-82
项 目 名 称				平衡调整式流量计	质量流量计		
					在线式	热式	插入式
基 价（元）				202.90	245.60	249.54	293.70
其中	人 工 费（元）			154.70	172.76	175.42	214.48
	材 料 费（元）			12.93	13.02	12.29	15.72
	机 械 费（元）			35.27	59.82	61.83	63.50
名 称		单位	单价（元）	消 耗 量			
人工	综合工日	工日	140.00	1.105	1.234	1.253	1.532
材料	插座 带丝堵	套	—	—	—	—	(1.000)
	法兰垫片	个	0.17	—	—	—	1.000
	接地线 5.5～16mm²	m	4.27	1.000	1.000	1.000	1.000
	六角螺栓 M12×20～100	套	0.60	—	—	—	4.000
	棉纱头	kg	6.00	0.200	0.200	0.200	0.200
	清洁剂 500mL	瓶	8.66	0.300	0.200	—	0.200
	铜芯塑料绝缘电线 BV-1.5mm²	m	0.60	—	—	1.500	—
	位号牌	个	2.14	1.000	1.000	1.000	1.000
	细白布	m	3.08	0.100	0.200	0.200	0.200
	校验材料费	元	1.00	1.802	2.446	2.575	2.446
	其他材料费占材料费	%	—	5.000	5.000	5.000	5.000
机械	对讲机（一对）	台班	4.19	0.180	0.250	0.261	0.257
	多功能校验仪	台班	237.59	—	0.209	0.217	0.214
	多功能信号校验仪	台班	123.21	0.180	—	—	—
	接地电阻测试仪	台班	3.35	0.050	0.050	0.050	0.050
	铭牌打印机	台班	31.01	0.012	0.012	0.012	0.012
	手持式万用表	台班	4.07	0.101	0.145	0.152	0.145
	数字电压表	台班	5.77	0.060	0.109	0.114	0.109
	载重汽车 4t	台班	408.97	0.027	0.018	0.018	0.024

工作内容：清理、表计试验、配合安装、固定、挂牌、取源部件保管、提供、清洗、配合单体试运转、核辐射仪表安全保护。

计量单位：台/组

定 额 编 号				A6-1-83	A6-1-84	A6-1-85
项 目 名 称				明渠流量计(组)		
				堰槽式	电磁式	流速-水位法
基 价 （元）				521.89	455.63	549.75
其中	人 工 费 （元）			415.24	370.58	414.82
	材 料 费 （元）			26.83	13.67	22.76
	机 械 费 （元）			79.82	71.38	112.17
名 称		单位	单价(元)	消 耗 量		
人工	综合工日	工日	140.00	2.966	2.647	2.963
材料	插座 带丝堵	套	—	—	(1.000)	—
	法兰垫片	个	0.17	1.000	—	1.000
	接地线 5.5～16mm²	m	4.27	1.000	1.000	2.000
	六角螺栓 M12×20～100	套	0.60	4.000		8.000
	棉纱头	kg	6.00	0.200	0.030	—
	清洁剂 500mL	瓶	8.66	0.300	0.300	—
	位号牌	个	2.14	1.000	1.000	2.000
	细白布	m	3.08	0.200	0.200	0.300
	校验材料费	元	1.00	3.605	3.219	2.961
	仪表接头	套	8.55	1.000	—	—
	其他材料费占材料费	%	—	5.000	5.000	5.000
机械	对讲机(一对)	台班	4.19	0.404	0.364	0.340
	多功能校验仪	台班	237.59	—	—	0.340
	多功能信号校验仪	台班	123.21	0.404	0.364	
	接地电阻测试仪	台班	3.35	0.050	0.050	0.050
	铭牌打印机	台班	31.01	0.012	0.012	0.012
	手持式万用表	台班	4.07	0.404	0.364	0.340
	数字电压表	台班	5.77	0.140	0.127	0.111
	载重汽车 4t	台班	408.97	0.062	0.054	0.067
	兆欧表	台班	5.76	—	0.030	—

工作内容：清理、表计试验、配合安装、固定、挂牌、取源部件保管、提供、清洗、配合单体试运转、核
辐射仪表安全保护。

计量单位：台

定　额　编　号			A6-1-86	A6-1-87	A6-1-88
项　目　名　称			电容式流量计	超声波流量计	光电流速测量仪
基　　　价（元）			174.63	188.14	249.10
其中	人　工　费（元）		113.26	132.72	181.44
	材　料　费（元）		11.83	12.69	11.47
	机　械　费（元）		49.54	42.73	56.19
名　　　称	单位	单价（元）	消　　耗　　量		
人工	综合工日	工日	140.00	0.809	0.948	1.296
材料	插座 带丝堵	套	—	(1.000)	—	—
	法兰垫片	个	0.17	1.000	1.000	—
	接地线 5.5～16mm²	m	4.27	1.000	1.000	1.000
	六角螺栓 M12×20～100	套	0.60	4.000	4.000	—
	棉纱头	kg	6.00	—	0.200	—
	铜芯塑料绝缘电线 BV-1.5mm²	m	0.60	—	—	1.000
	位号牌	个	2.14	1.000	1.000	1.000
	细白布	m	3.08	0.200	0.200	0.100
	校验材料费	元	1.00	1.674	1.287	3.605
	其他材料费占材料费	%	—	5.000	5.000	5.000
机械	对讲机(一对)	台班	4.19	0.185	0.149	0.156
	多功能校验仪	台班	237.59	0.185	0.149	0.187
	铭牌打印机	台班	31.01	0.012	0.012	0.012
	手持式万用表	台班	4.07	0.185	0.149	0.125
	载重汽车 4t	台班	408.97	0.009	0.014	0.025

工作内容：清理、表计试验、配合安装、固定、挂牌、取源部件保管、提供、清洗、配合单体试运转、核辐射仪表安全保护。

计量单位：台

定　额　编　号			A6-1-89	A6-1-90	A6-1-91	A6-1-92
项　目　名　称			锥管	弯管	刮板	微型
			流量计			
基　　　　价（元）			232.48	315.13	162.85	53.01
其中	人　工　费（元）		167.30	226.94	125.72	19.88
	材　料　费（元）		25.85	41.51	9.14	24.20
	机　械　费（元）		39.33	46.68	27.99	8.93
名　称	单位	单价（元）	消　耗　量			
人工	综合工日	工日	140.00	1.195	1.621	0.898	0.142
材料	接地线 5.5～16mm^2	m	4.27	—	—	1.000	1.000
	位号牌	个	2.14	1.000	1.000	1.000	1.000
	细白布	m	3.08	0.200	0.200	0.200	0.100
	校验材料费	元	1.00	4.763	2.575	1.674	0.386
	仪表接头	套	8.55	2.000	4.000	—	2.000
	其他材料费占材料费	%	—	5.000	5.000	5.000	—
机械	对讲机(一对)	台班	4.19	0.201	0.219	0.139	—
	多功能校验仪	台班	237.59	—	—	—	0.036
	多功能信号校验仪	台班	123.21	0.241	0.263	0.166	—
	铭牌打印机	台班	31.01	0.012	0.012	0.012	0.012
	手持式万用表	台班	4.07	0.161	0.175	0.111	—
	载重汽车 4t	台班	408.97	0.019	0.030	0.015	—

工作内容：清理、表计试验、配合安装、固定、挂牌、取源部件保管、提供、清洗、配合单体试运转、核辐射仪表安全保护。

计量单位：台

定额编号			A6-1-93	A6-1-94	A6-1-95
项目名称			差压接受仪表		
			就地指示或记录型	电远传型	气远传型
基价（元）			57.43	106.04	117.71
其中	人工费（元）		28.84	46.76	49.98
	材料费（元）		26.94	27.61	41.25
	机械费（元）		1.65	31.67	26.48
名称		单位	单价（元）	消耗量	
人工	综合工日	工日	140.00	0.206	0.334	0.357
材料	U型螺栓 M10×50	套	1.27	1.000	1.000	1.000
	接地线 5.5～16mm²	m	4.27	1.000	1.000	—
	聚四氟乙烯生料带	m	0.13	—	—	0.200
	位号牌	个	2.14	1.000	1.000	1.000
	细白布	m	3.08	0.200	0.200	0.200
	校验材料费	元	1.00	0.258	0.901	1.030
	仪表接头	套	8.55	2.000	2.000	4.000
	其他材料费占材料费	%	—	5.000	5.000	5.000
机械	电动空气压缩机 0.6m³/min	台班	37.30	—	—	0.670
	电动综合校验台	台班	16.58	0.030	0.042	—
	对讲机（一对）	台班	4.19	—	0.081	0.086
	多功能信号校验仪	台班	123.21		0.214	
	精密交直流稳压电源	台班	64.84	0.011	0.056	—
	铭牌打印机	台班	31.01	0.012	0.012	0.012
	气动综合校验台	台班	8.46	—	—	0.089
	手持式万用表	台班	4.07	0.016	0.065	—

工作内容：清理、表计试验、配合安装、固定、挂牌、取源部件保管、提供、清洗、配合单体试运转、核辐射仪表安全保护。

计量单位：台

定　额　编　号				A6-1-96	A6-1-97
项　目　名　称				多路流量仪	流量开关
基　　　价（元）				188.44	105.77
其中	人　工　费（元）			92.82	41.30
	材　料　费（元）			3.62	38.61
	机　械　费（元）			92.00	25.86
	名　　　称	单位	单价（元）	消　耗　量	
人工	综合工日	工日	140.00	0.663	0.295
材料	法兰垫片	个	0.17	—	2.000
	接地线 5.5～16mm²	m	4.27	—	1.000
	聚四氟乙烯生料带	m	0.13	—	1.700
	六角螺栓 M16	套	1.28	—	16.000
	位号牌	个	2.14	—	1.000
	细白布	m	3.08	0.200	—
	校验材料费	元	1.00	2.832	0.772
	仪表接头	套	8.55	—	1.000
	其他材料费占材料费	%	—	5.000	5.000
机械	标准差压发生器PASHEN	台班	26.87	—	0.040
	电动综合校验台	台班	16.58	—	0.185
	对讲机(一对)	台班	4.19	0.284	0.070
	多功能校验仪	台班	237.59	0.332	—
	多功能信号校验仪	台班	123.21	—	0.169
	精密交直流稳压电源	台班	64.84	0.172	—
	铭牌打印机	台班	31.01	—	0.012
	手持式万用表	台班	4.07	0.190	0.056

2. 节流装置

工作内容：清理、清洗、检查、配合安装、配合吹扫、吹扫后的二次清理和二次安装、挂牌。

计量单位：台(块)

定 额 编 号				A6-1-98	A6-1-99	A6-1-100	A6-1-101
项 目 名 称				节流装置(公称直径mm以内)			
				50	100	200	300
基 价（元）				34.05	39.98	45.05	50.67
其中	人 工 费（元）			30.66	36.26	41.02	46.06
	材 料 费（元）			3.02	3.35	3.66	4.24
	机 械 费（元）			0.37	0.37	0.37	0.37
名 称		单位	单价(元)	消 耗 量			
人工	综合工日	工日	140.00	0.219	0.259	0.293	0.329
材料	棉纱头	kg	6.00	0.050	0.060	0.080	0.100
	清洁剂 500mL	瓶	8.66	0.050	0.080	0.100	0.150
	位号牌	个	2.14	1.000	1.000	1.000	1.000
	其他材料费占材料费	%	—	5.000	5.000	5.000	5.000
机械	铭牌打印机	台班	31.01	0.012	0.012	0.012	0.012

工作内容：清理、清洗、检查、配合安装、配合吹扫、吹扫后的二次清理和二次安装、挂牌。

定 额 编 号			A6-1-102	A6-1-103	A6-1-104
项 目 名 称			节流装置(公称直径mm以内)		
			400	600	800
基 价（元）			63.76	102.43	187.58
其中	人 工 费（元）		54.60	92.96	151.34
	材 料 费（元）		4.70	5.01	8.51
	机 械 费（元）		4.46	4.46	27.73
名 称	单位	单价(元)	消 耗 量		
人工	综合工日	工日	140.00	0.390	0.664	1.081

	名 称	单位	单价(元)	消 耗 量		
材料	棉纱头	kg	6.00	0.130	0.150	0.200
	清洁剂 500mL	瓶	8.66	0.180	0.200	0.550
	位号牌	个	2.14	1.000	1.000	1.000
	其他材料费占材料费	%	—	5.000	5.000	5.000
机械	铭牌打印机	台班	31.01	0.012	0.012	0.012
	汽车式起重机 16t	台班	958.70	—	—	0.020
	载重汽车 4t	台班	408.97	0.010	0.010	0.020

工作内容：清理、清洗、检查、配合安装、配合吹扫、吹扫后的二次清理和二次安装、挂牌。

计量单位：台(块)

定 额 编 号				A6-1-105	A6-1-106	A6-1-107
项 目 名 称				节流装置(公称直径mm以内)		文丘里管(DN600mm以上)
				1000	1000以上	
基 价（元）				235.65	294.90	273.23
其中	人 工 费（元）			196.98	254.94	221.90
	材 料 费（元）			9.09	10.38	7.14
	机 械 费（元）			29.58	29.58	44.19
	名 称	单位	单价(元)	消 耗 量		
人工	综合工日	工日	140.00	1.407	1.821	1.585
材料	棉纱头	kg	6.00	0.220	0.280	0.200
	清洁剂 500mL	瓶	8.66	0.600	0.700	0.400
	位号牌	个	2.14	1.000	1.000	1.000
	其他材料费占材料费	%	—	5.000	5.000	5.000
机械	铭牌打印机	台班	31.01	0.012	0.012	0.012
	汽车式起重机 16t	台班	958.70	0.020	0.020	0.030
	载重汽车 8t	台班	501.85	0.020	0.020	0.030

工作内容：清理、清洗、检查、配合安装、配合吹扫、吹扫后的二次清理和二次安装、挂牌。

计量单位：台

定　额　编　号				A6-1-108	A6-1-109	A6-1-110	A6-1-111
项　目　名　称				插入式双文丘管(公称直径mm以内)			孔板阀
				500	2000	4000	
基　　　价（元）				199.91	359.45	482.08	348.24
其中	人　工　费（元）			125.16	193.34	236.04	103.74
	材　料　费（元）			5.92	7.14	7.77	6.23
	机　械　费（元）			68.83	158.97	238.27	238.27
名　　　称		单位	单价(元)	消　　耗　　量			
人工	综合工日	工日	140.00	0.894	1.381	1.686	0.741
材料	棉纱头	kg	6.00	0.150	0.200	0.300	0.200
	清洁剂 500mL	瓶	8.66	0.300	0.400	0.400	0.300
	位号牌	个	2.14	1.000	1.000	1.000	1.000
	其他材料费占材料费	%	—	5.000	5.000	5.000	5.000
机械	铭牌打印机	台班	31.01	0.012	0.012	0.012	0.012
	汽车式起重机 25t	台班	1084.16	0.040	0.100	0.150	0.150
	载重汽车 8t	台班	501.85	0.050	0.100	0.150	0.150

四、物位检测仪表

工作内容：设备清理、上接头、安装、挂牌。

计量单位：台

定　额　编　号				A6-1-112	A6-1-113	A6-1-114	A6-1-115
项　目　名　称				直读玻璃管(板)液位计管(板)长mm以下			
				500	1100	1700	1700以上
基　　　　价（元）				67.38	94.82	106.95	124.95
其中	人　工　费（元）			57.96	83.86	93.94	109.90
	材　料　费（元）			4.96	6.50	6.50	6.50
	机　械　费（元）			4.46	4.46	6.51	8.55
名　　称		单位	单价（元）	消　　耗　　量			
人工	综合工日	工日	140.00	0.414	0.599	0.671	0.785
材料	法兰垫片	个	0.17	1.000	1.000	1.000	1.000
	酒精	kg	6.40	0.100	0.100	0.100	0.100
	棉纱头	kg	6.00	0.100	0.200	0.200	0.200
	清洁剂 500mL	瓶	8.66	0.100	0.200	0.200	0.200
	位号牌	个	2.14	1.000	1.000	1.000	1.000
	细白布	m	3.08	0.100	0.100	0.100	0.100
	其他材料费占材料费	%	—	5.000	5.000	5.000	5.000
机械	铭牌打印机	台班	31.01	0.012	0.012	0.012	0.012
	载重汽车 4t	台班	408.97	0.010	0.010	0.015	0.020

工作内容：设备清理、上接头、安装、单体试验、挂牌、配合单体试运转。 计量单位：台

定 额 编 号				A6-1-116	A6-1-117	A6-1-118	A6-1-119
项 目 名 称				磁翻板浮子液位计现场就地安装 （测量范围m以下）			
				0.5	1	3	6
基 价（元）				92.23	127.29	172.64	237.03
其 中	人 工 费（元）			77.56	109.34	148.96	194.46
	材 料 费（元）			10.21	11.44	15.13	17.66
	机 械 费（元）			4.46	6.51	8.55	24.91
名 称		单位	单价（元）	消 耗 量			
人 工	综合工日	工日	140.00	0.554	0.781	1.064	1.389
材 料	法兰垫片	个	0.17	1.000	1.000	3.000	4.000
	接地线 5.5～16mm²	m	4.27	1.000	1.000	1.000	1.000
	酒精	kg	6.40	0.100	0.100	0.200	0.300
	六角螺栓 M12×20～100	套	0.60	—	—	4.000	4.000
	棉纱头	kg	6.00	0.200	0.200	0.200	0.250
	清洁剂 500mL	瓶	8.66	0.100	0.200	0.200	0.300
	位号牌	个	2.14	1.000	1.000	1.000	1.000
	细白布	m	3.08	0.100	0.200	0.200	0.300
	校验材料费	元	1.00	0.129	0.129	0.258	0.386
	其他材料费占材料费	%	—	5.000	5.000	5.000	5.000
机 械	铭牌打印机	台班	31.01	0.012	0.012	0.012	0.012
	载重汽车 4t	台班	408.97	0.010	0.015	0.020	0.060

工作内容：设备清理、上接头、安装、单体试验、挂牌、配合单体试运转。　　　　　　　　　　计量单位：台

定　额　编　号				A6-1-120	A6-1-121	A6-1-122	A6-1-123
项　目　名　称				磁翻板浮子液位计现场就地安装 （测量范围m以下）			
				10	16	16m以上 每增1m	远传 变送器
基　　　价（元）				307.78	382.33	12.18	127.19
其 中	人　工　费（元）			238.28	319.48	9.80	86.38
	材　料　费（元）			36.41	21.58	0.34	4.41
	机　械　费（元）			33.09	41.27	2.04	36.40
名　　称		单位	单价（元）	消　　耗　　量			
人 工	综合工日	工日	140.00	1.702	2.282	0.070	0.617
材 料	法兰垫片	个	0.17	5.000	6.000	—	—
	接地线 5.5～16mm²	m	4.27	1.000	1.000	—	—
	酒精	kg	6.40	0.350	0.400	—	—
	六角螺栓 M12×20～100	套	0.60	4.000	4.000	—	—
	棉纱头	kg	6.00	3.000	0.400	0.010	—
	清洁剂 500mL	瓶	8.66	0.400	0.500	0.030	—
	位号牌	个	2.14	1.000	1.000	—	1.000
	细白布	m	3.08	0.300	0.300	—	—
	校验材料费	元	1.00	0.386	0.510	—	2.060
	其他材料费占材料费	%	—	5.000	5.000	5.000	5.000
机 械	对讲机（一对）	台班	4.19	—	—	—	0.139
	多功能信号校验仪	台班	123.21	—	—	—	0.243
	铭牌打印机	台班	31.01	0.012	0.012	—	0.012
	手持式万用表	台班	4.07	—	—	—	0.347
	载重汽车 4t	台班	408.97	0.080	0.100	0.005	0.010

工作内容：设备清理、上接头、安装、单体试验、挂牌、配合单体试运转。 计量单位：台

	定 额 编 号			A6-1-124	A6-1-125
	项 目 名 称			浮标(子)液位计	浮球 液位控制器/液位开关
	基 价（元）			140.59	64.30
其 中	人 工 费（元）			116.62	49.56
	材 料 费（元）			16.21	7.84
	机 械 费（元）			7.76	6.90
	名 称	单位	单价(元)	消 耗 量	
人 工	综合工日	工日	140.00	0.833	0.354
材 料	法兰垫片	个	0.17	1.000	1.000
	接地线 5.5～16mm²	m	4.27	1.000	—
	六角螺栓 M12×20～100	套	0.60	8.000	6.000
	棉纱头	kg	6.00	0.200	—
	清洁剂 500mL	瓶	8.66	0.200	0.100
	位号牌	个	2.14	1.000	1.000
	细白布	m	3.08	0.200	0.100
	校验材料费	元	1.00	0.510	0.386
	其他材料费占材料费	%	—	5.000	5.000
机 械	对讲机(一对)	台班	4.19	0.058	0.039
	多功能信号校验仪	台班	123.21	0.058	0.039
	精密交直流稳压电源	台班	64.84	—	0.020
	铭牌打印机	台班	31.01	0.012	0.012
	手持式万用表	台班	4.07	—	0.065

工作内容：设备清理、上接头、安装、单体试验、挂牌、配合单体试运转。 计量单位：台

定 额 编 号			A6-1-126	A6-1-127
项 目 名 称			光电式液位开关	音叉物位开关
基 价（元）			100.09	79.94
其中	人 工 费（元）		69.86	60.06
	材 料 费（元）		12.57	12.81
	机 械 费（元）		17.66	7.07
名 称		单位	单价（元）	消 耗 量	
人工	综合工日	工日	140.00	0.499	0.429
材料	插座 带丝堵	套	—	(1.000)	—
	法兰垫片	个	0.17	1.000	1.000
	接地线 5.5～16mm²	m	4.27	1.000	1.000
	六角螺栓 M12×20～100	套	0.60	4.000	8.000
	清洁剂 500mL	瓶	8.66	0.200	—
	位号牌	个	2.14	1.000	1.000
	细白布	m	3.08	0.200	0.100
	校验材料费	元	1.00	0.644	0.510
	其他材料费占材料费	%	—	5.000	5.000
机械	对讲机(一对)	台班	4.19	0.060	0.058
	多功能校验仪	台班	237.59	0.070	—
	多功能信号校验仪	台班	123.21	—	0.046
	铭牌打印机	台班	31.01	0.012	0.012
	手持式万用表	台班	4.07	0.099	0.096
	数字电压表	台班	5.77	—	0.038
	兆欧表	台班	5.76	—	0.030

工作内容：设备清理、上接头、安装、单体试验、挂牌、配合单体试运转。 计量单位：台

定 额 编 号				A6-1-128	A6-1-129
项 目 名 称				可编程雷达液位计	
				带导波管	不带导波管
基 价（元）				493.55	374.50
其中	人 工 费（元）			361.76	255.78
	材 料 费（元）			18.05	17.91
	机 械 费（元）			113.74	100.81
名 称		单位	单价（元）	消 耗 量	
人工	综合工日	工日	140.00	2.584	1.827
材料	法兰垫片	个	0.17	1.000	1.000
	接地线 5.5～16mm²	m	4.27	1.000	1.000
	六角螺栓 M12×20～100	套	0.60	8.000	8.000
	清洁剂 500mL	瓶	8.66	0.200	0.200
	铜芯塑料绝缘电线 BV-1.5mm²	m	0.60	1.000	1.000
	位号牌	个	2.14	1.000	1.000
	细白布	m	3.08	0.250	0.250
	校验材料费	元	1.00	2.704	2.575
	其他材料费占材料费	%	—	5.000	5.000
机械	编程器	台班	3.19	0.321	0.302
	对讲机(一对)	台班	4.19	0.275	0.259
	多功能校验仪	台班	237.59	0.321	0.302
	接地电阻测试仪	台班	3.35	0.050	0.050
	铭牌打印机	台班	31.01	0.012	0.012
	手持式万用表	台班	4.07	0.458	0.431
	载重汽车 4t	台班	408.97	0.080	0.060
	兆欧表	台班	5.76	0.030	0.030

工作内容：设备清理、上接头、安装、单体试验、挂牌、配合单体试运转。 计量单位：台

定 额 编 号				A6-1-130	A6-1-131	A6-1-132
项 目 名 称				钢带液位计		
				现场指示积算	电变送远传	光电变送远传
基 价（元）				673.98	824.04	884.89
其中	人 工 费（元）			501.20	593.46	599.76
	材 料 费（元）			130.23	133.70	133.97
	机 械 费（元）			42.55	96.88	151.16
名 称	单位	单价（元）		消 耗 量		
人工	综合工日	工日	140.00	3.580	4.239	4.284
材料	电	kW•h	0.68	1.000	1.000	1.000
	镀锌钢管卡子 DN100	个	2.39	5.000	5.000	5.000
	钢管	m	4.67	20.000	20.000	20.000
	接地线 5.5～16mm²	m	4.27	1.000	1.000	1.000
	六角螺栓 M10×20～50	套	0.43	4.000	4.000	4.000
	六角螺栓 M6～8×20～50	套	0.09	12.000	12.000	12.000
	棉纱头	kg	6.00	0.300	0.300	0.300
	清洁剂 500mL	瓶	8.66	0.400	0.400	0.400
	铜芯塑料绝缘电线 BV-1.5mm²	m	0.60	—	1.000	1.000
	位号牌	个	2.14	2.000	2.000	2.000
	细白布	m	3.08	0.200	0.200	0.200
	校验材料费	元	1.00	0.772	3.476	3.734
	其他材料费占材料费	%	—	5.000	5.000	5.000
机械	对讲机（一对）	台班	4.19	—	0.355	0.379
	多功能校验仪	台班	237.59	—	—	0.442
	多功能信号校验仪	台班	123.21	—	0.414	—
	接地电阻测试仪	台班	3.35	0.050	0.050	0.050
	铭牌打印机	台班	31.01	0.024	0.024	0.024
	手持式万用表	台班	4.07	0.140	0.591	0.632
	载重汽车 4t	台班	408.97	0.100	0.100	0.100
	兆欧表	台班	5.76	0.030	0.030	0.030

工作内容：设备清理、上接头、安装、单体试验、挂牌、配合单体试运转。　　　　　　　　计量单位：台

定　额　编　号				A6-1-133	A6-1-134	A6-1-135	A6-1-136
项　目　名　称				浮筒液位计			
				现场指示		变送器	
				外浮筒	内浮筒	电动	气动
基　　　　　价（元）				223.24	160.26	90.63	107.14
其中	人　工　费（元）			179.90	121.10	65.24	68.74
	材　料　费（元）			10.25	6.07	2.25	19.75
	机　械　费（元）			33.09	33.09	23.14	18.65
名　　　称		单位	单价（元）	消　　耗　　量			
人工	综合工日	工日	140.00	1.285	0.865	0.466	0.491
材料	法兰垫片	个	0.17	4.000	1.000	—	—
	聚四氟乙烯生料带	m	0.13	—	—	—	0.300
	六角螺栓 M10×20～50	套	0.43	8.000	4.000	—	—
	棉纱头	kg	6.00	0.200	0.100	—	—
	清洁剂 500mL	瓶	8.66	0.200	0.100	—	—
	铜芯塑料绝缘电线 BV-1.5mm²	m	0.60	—	—	1.000	—
	位号牌	个	2.14	1.000	1.000	—	—
	细白布	m	3.08	0.100	0.050	—	—
	校验材料费	元	1.00	0.258	0.129	1.545	1.674
	仪表接头	套	8.55	—	—	—	2.000
	其他材料费占材料费	%	—	5.000	5.000	5.000	5.000
机械	便携式电动泵压力校验仪	台班	39.34	—	—	—	0.202
	电动空气压缩机 0.6m³/min	台班	37.30	—	—	—	0.158
	对讲机（一对）	台班	4.19	—	—	0.159	0.173
	多功能信号校验仪	台班	123.21	—	—	0.133	—
	铭牌打印机	台班	31.01	0.012	0.012	—	—
	手持式万用表	台班	4.07	—	—	0.265	—
	数字电压表	台班	5.77	—	—	0.159	—
	载重汽车 4t	台班	408.97	0.080	0.080	0.010	0.010

工作内容：设备清理、上接头、安装、单体试验、挂牌、配合单体试运转。 计量单位：台

定 额 编 号				A6-1-137	A6-1-138	A6-1-139
项 目 名 称				多功能 储罐液位计	阻旋式物位计 料位开关	重锤 探测物位计
基 价（元）				620.29	95.65	755.97
其 中	人 工 费（元）			447.02	70.84	533.68
	材 料 费（元）			13.52	9.98	18.43
	机 械 费（元）			159.75	14.83	203.86
名 称		单位	单价（元）	消 耗 量		
人 工	综合工日	工日	140.00	3.193	0.506	3.812
材 料	管材	m	—	—	—	(18.000)
	法兰垫片	个	0.17	1.000	1.000	1.000
	接地线 5.5～16mm²	m	4.27	1.000	—	1.000
	六角螺栓 M12×20～100	套	0.60	—	8.000	—
	棉纱头	kg	6.00	—	0.100	0.500
	清洁剂 500mL	瓶	8.66	0.200	0.100	0.300
	铜芯塑料绝缘电线 BV-1.5mm²	m	0.60	1.000	—	—
	位号牌	个	2.14	1.000	1.000	1.000
	细白布	m	3.08	0.200	0.050	0.200
	校验材料费	元	1.00	3.347	0.772	4.763
	其他材料费占材料费	%	—	5.000	5.000	5.000
机 械	对讲机(一对)	台班	4.19	0.339	0.076	0.492
	多功能校验仪	台班	237.59	0.395	—	0.574
	多功能信号校验仪	台班	123.21	—	0.076	—
	接地电阻测试仪	台班	3.35	0.050	—	—
	铭牌打印机	台班	31.01	0.012	0.012	0.012
	手持式万用表	台班	4.07	0.564	0.126	0.820
	数字电压表	台班	5.77	0.023	—	0.033
	载重汽车 4t	台班	408.97	0.150	0.010	0.150
	兆欧表	台班	5.76	0.030	0.030	0.030

工作内容：设备清理、上接头、安装、单体试验、挂牌、配合单体试运转。 计量单位：台

定　额　编　号			A6-1-140	A6-1-141	A6-1-142
项　目　名　称			贮罐液位称重仪	多功能磁致伸缩液位计	伺服式物位计
基　　　　价（元）			937.81	692.30	758.86
其中	人　工　费（元）		603.68	487.34	567.28
	材　料　费（元）		66.59	14.67	25.19
	机　械　费（元）		267.54	190.29	166.39
名　　　称	单位	单价（元）	消　　耗　　量		
人工 综合工日	工日	140.00	4.312	3.481	4.052
材料 管材	m	—	(20.700)	—	—
电	kW·h	0.68	—	—	1.000
法兰垫片	个	0.17	—	1.000	1.000
接地线 5.5～16mm²	m	4.27	1.000	1.000	1.000
六角螺栓 M12×20～100	套	0.60	—	—	8.000
棉纱头	kg	6.00	0.500	0.300	0.200
尼龙扎带（综合）	根	0.07	10.000	—	—
清洁剂 500mL	瓶	8.66	0.300	—	0.400
铜芯塑料绝缘电线 BV-1.5mm²	m	0.60	1.000	1.000	1.000
位号牌	个	2.14	1.000	1.000	2.000
细白布	m	3.08	0.300	0.200	0.300
校验材料费	元	1.00	6.437	4.377	3.605
仪表接头	套	8.55	5.000	—	—
其他材料费占材料费	%	—	5.000	5.000	5.000
机械 对讲机（一对）	台班	4.19	0.475	0.329	0.267
多功能校验仪	台班	237.59	0.763	0.529	0.429
铭牌打印机	台班	31.01	0.012	0.012	0.024
手持式万用表	台班	4.07	0.475	0.329	0.267
载重汽车 4t	台班	408.97	0.200	0.150	0.150
兆欧表	台班	5.76	0.030	0.030	0.030

工作内容：设备清理、上接头、安装、单体试验、挂牌、配合单体试运转。　　　　　　　　　　　　计量单位：台

定　额　编　号			A6-1-143	A6-1-144	A6-1-145	A6-1-146
项　目　名　称			电接触式液位计（电极）		光导电子液位计	射频导纳液位计/物位开关
			10只以下	10只以上		
基　　　　价（元）			205.36	339.44	658.45	190.21
其中	人　工　费（元）		192.78	322.98	503.86	129.08
	材　料　费（元）		11.09	14.22	16.24	14.16
	机　械　费（元）		1.49	2.24	138.35	46.97
名　　　　称	单位	单价（元）	消　　耗　　量			
人工 综合工日	工日	140.00	1.377	2.307	3.599	0.922
材料 取源部件	套	—	—	—	—	(1.000)
法兰垫片	个	0.17	—	—	1.000	1.000
接地线 5.5～16mm²	m	4.27	1.000	1.000	1.000	1.000
酒精	kg	6.40	0.100	0.400	—	—
绝缘钢纸板 0.5	kg	10.68	0.150	0.150	—	—
六角螺栓 M12×20～100	套	0.60	—	—	8.000	8.000
棉纱头	kg	6.00	—	—	0.100	0.100
铜芯塑料绝缘电线 BV-1.5mm²	m	0.60	1.000	1.000	1.000	1.000
位号牌	个	2.14	1.000	1.000	1.000	1.000
细白布	m	3.08	0.050	0.100	0.100	—
校验材料费	元	1.00	1.159	2.060	2.575	0.901
其他材料费占材料费	%	—	5.000	5.000	5.000	5.000
机械 对讲机（一对）	台班	4.19	0.088	0.150	0.196	0.067
多功能校验仪	台班	237.59	—	—	0.315	0.107
铭牌打印机	台班	31.01	0.012	0.012	0.012	0.012
手持式万用表	台班	4.07	0.141	0.262	0.196	0.067
载重汽车 4t	台班	408.97	—	—	0.150	0.050
兆欧表	台班	5.76	0.030	0.030	0.030	0.030

工作内容：设备清理、上接头、安装、单体试验、挂牌、配合单机试运转、放射性仪表安全保护。

计量单位：台

定　额　编　号			A6-1-147	A6-1-148	A6-1-149
项　目　名　称			电容式物位计/物位开关	电阻式物位计/信号器	超声波物位计/物位开关
基　　　价（元）			128.80	94.93	196.99
其中	人　工　费（元）		73.36	68.88	138.46
	材　料　费（元）		24.25	10.02	15.05
	机　械　费（元）		31.19	16.03	43.48
名　　　称	单位	单价(元)	消　耗　量		
人工 综合工日	工日	140.00	0.524	0.492	0.989
材料 取源部件	套	—	(1.000)		—
法兰垫片	个	0.17	1.000	1.000	1.000
接地线 5.5～16mm²	m	4.27	1.000	—	1.000
六角螺栓 M12×70	套	0.77	8.000	8.000	8.000
棉纱头	kg	6.00	0.100	0.050	—
位号牌	个	2.14	1.000	1.000	1.000
细白布	m	3.08	0.100	—	0.100
校验材料费	元	1.00	0.901	0.772	1.287
仪表接头	套	8.55	1.000		
其他材料费占材料费	%		5.000	5.000	5.000
机械 对讲机(一对)	台班	4.19	0.093	0.075	0.136
多功能校验仪	台班	237.59	0.108		0.158
多功能信号校验仪	台班	123.21	—	0.088	—
铭牌打印机	台班	31.01	0.012	0.012	0.012
手持式万用表	台班	4.07	0.124	0.100	0.181
载重汽车 4t	台班	408.97	0.010	0.010	0.010
兆欧表	台班	5.76	0.030	—	0.030

工作内容：设备清理、上接头、安装、单体试验、挂牌、配合单机试运转、放射性仪表安全保护。

计量单位：台

定　额　编　号			A6-1-150	A6-1-151	A6-1-152
项　目　名　称			放射性物位计	差压开关	吹气装置
基　　价（元）			755.47	91.03	102.36
其中	人　工　费（元）		561.68	61.74	63.42
	材　料　费（元）		22.05	21.19	38.57
	机　械　费（元）		171.74	8.10	0.37
名　　称	单位	单价（元）	消　　耗　　量		
人工	综合工日	工日	140.00	4.012	0.441	0.453
材料	取源部件	套	—	—	(1.000)	(1.000)
	接地线 5.5～16mm²	m	4.27	1.000	—	—
	警告牌	个	3.52	1.000	—	—
	聚四氟乙烯生料带	m	0.13	—	—	0.840
	棉纱头	kg	6.00	0.300	0.050	—
	位号牌	个	2.14	3.000	1.000	1.000
	细白布	m	3.08	0.200	—	0.050
	校验材料费	元	1.00	4.377	0.644	0.129
	仪表接头	套	8.55	—	2.000	4.000
	其他材料费占材料费	%	—	5.000	5.000	5.000
机械	便携式电动泵压力校验仪	台班	39.34	—	0.045	—
	标准差压发生器PASHEN	台班	26.87	—	0.028	—
	对讲机（一对）	台班	4.19	0.452	0.068	—
	多功能校验仪	台班	237.59	0.527	—	—
	多功能信号校验仪	台班	123.21	—	0.037	—
	铭牌打印机	台班	31.01	0.036	0.012	0.012
	手持式万用表	台班	4.07	0.603	0.090	—
	载重汽车 4t	台班	408.97	0.100	—	—
	兆欧表	台班	5.76	0.030	—	—

五、显示记录仪表

工作内容：安装、检查、校接线、单体试验、配合单机试运转。　　　　　　　　　　　　计量单位：台

定　额　编　号			A6-1-153	A6-1-154	A6-1-155
项　目　名　称			数字显示仪表		
			单点数显仪	数显调节仪	多屏幕数显仪
基　　　价　（元）			188.87	219.05	263.65
其中	人　工　费（元）		72.94	86.38	102.76
	材　料　费（元）		2.61	3.01	4.36
	机　械　费（元）		113.32	129.66	156.53
名　　　　称	单位	单价(元)	消　　耗　　　　量		
人工 综合工日	工日	140.00	0.521	0.617	0.734
材料 清洁布 250×250	块	2.56	0.200	0.300	0.600
铜芯塑料绝缘电线 BV-1.5mm²	m	0.60	0.500	0.500	0.500
校验材料费	元	1.00	1.674	1.802	2.317
其他材料费占材料费	%	—	5.000	5.000	5.000
机械 电动综合校验台	台班	16.58	0.071	0.078	0.096
对讲机(一对)	台班	4.19	0.086	0.094	0.115
多功能校验仪	台班	237.59	0.436	0.500	0.603
精密交直流稳压电源	台班	64.84	0.071	0.078	0.096
手持式万用表	台班	4.07	0.508	0.584	0.703
数字电压表	台班	5.77	0.264	0.303	0.365

工作内容：安装、检查、校接线、单体试验、配合单机试运转。　　　　　　　计量单位：台

定　额　编　号				A6-1-156	A6-1-157	A6-1-158
项　目　名　称				多功能、多通道、多笔记录仪	X～Y函数	多通道无纸
					记录仪	
基　　　价（元）				370.97	292.16	275.71
其中	人　工　费（元）			143.22	111.72	106.40
	材　料　费（元）			7.10	3.91	3.64
	机　械　费（元）			220.65	176.53	165.67
名　　　称		单位	单价（元）	消　　耗　　量		
人工	综合工日	工日	140.00	1.023	0.798	0.760
材料	酒精	kg	6.40	0.300	—	—
	清洁布 250×250	块	2.56	0.400	0.400	0.400
	铜芯塑料绝缘电线 BV-1.5mm²	m	0.60	1.000	—	—
	校验材料费	元	1.00	3.219	2.704	2.446
	其他材料费占材料费	%	—	5.000	5.000	5.000
机械	电动综合校验台	台班	16.58	0.138	0.114	0.105
	对讲机(一对)	台班	4.19	0.166	0.137	0.126
	多功能校验仪	台班	237.59	0.849	0.678	0.637
	精密交直流稳压电源	台班	64.84	0.138	0.114	0.105
	手持式万用表	台班	4.07	0.991	0.790	0.743
	数字电压表	台班	5.77	0.515	0.411	0.386

59

工作内容：安装、检查、校接线、单体试验、配合单机试运转。计量单位：台

定 额 编 号				A6-1-159	A6-1-160
项 目 名 称				电位差计/平衡电桥(指示、记录、报警)	
				单点	多点
基 价 （元）				115.79	150.18
其中	人 工 费 （元）			80.78	102.34
	材 料 费 （元）			3.10	6.48
	机 械 费 （元）			31.91	41.36
名 称		单位	单价(元)	消 耗 量	
人工	综合工日	工日	140.00	0.577	0.731
材料	酒精	kg	6.40	0.100	0.100
	清洁布 250×250	块	2.56	0.200	0.300
	校验材料费	元	1.00	1.802	4.763
	其他材料费占材料费	%	—	5.000	5.000
机械	电动综合校验台	台班	16.58	0.078	0.101
	对讲机(一对)	台班	4.19	0.189	0.245
	多功能信号校验仪	台班	123.21	0.189	0.245
	精密标准电阻箱	台班	4.15	0.052	0.068
	精密交直流稳压电源	台班	64.84	0.078	0.101
	手持式万用表	台班	4.07	0.221	0.286
	数字电压表	台班	5.77	0.063	0.082

工作内容：安装、检查、校接线、单体试验、配合单机试运转。 计量单位：台

定 额 编 号				A6-1-161	A6-1-162
项 目 名 称				电位差计/平衡电桥(指示、记录、报警)	
				带电动PID调节器	带气动调节器
基 价（元）				159.79	183.88
其中	人 工 费（元）			108.22	102.76
	材 料 费（元）			7.49	33.55
	机 械 费（元）			44.08	47.57
名 称		单位	单价（元）	消 耗 量	
人工	综合工日	工日	140.00	0.773	0.734
材料	酒精	kg	6.40	0.150	0.100
	清洁布 250×250	块	2.56	0.400	0.400
	校验材料费	元	1.00	5.150	4.635
	仪表接头	套	8.55	—	3.000
	其他材料费占材料费	%	—	5.000	5.000
机械	便携式电动泵压力校验仪	台班	39.34	—	0.165
	电动综合校验台	台班	16.58	0.108	0.099
	对讲机(一对)	台班	4.19	0.261	0.240
	多功能信号校验仪	台班	123.21	0.261	0.240
	精密标准电阻箱	台班	4.15	0.072	—
	精密交直流稳压电源	台班	64.84	0.108	0.099
	气动综合校验台	台班	8.46	—	0.099
	手持式万用表	台班	4.07	0.304	0.280
	数字电压表	台班	5.77	0.087	0.080

工作内容：安装、检查、校接线、单体试验、配合单机试运转。   计量单位：台

定　额　编　号				A6-1-163	A6-1-164
项　目　名　称				电位差计/平衡电桥(指示、记录、报警)	
				带顺序控制器	带模数转换装置
基　　　　价（元）				160.80	149.61
其中	人　工　费（元）			108.22	102.76
	材　料　费（元）			8.50	6.61
	机　械　费（元）			44.08	40.24
名　　称		单位	单价（元）	消　耗　　量	
人工	综合工日	工日	140.00	0.773	0.734
材料	酒精	kg	6.40	0.300	0.100
	清洁布 250×250	块	2.56	0.400	0.400
	校验材料费	元	1.00	5.150	4.635
	其他材料费占材料费	%	—	5.000	5.000
机械	电动综合校验台	台班	16.58	0.108	0.099
	对讲机(一对)	台班	4.19	0.261	0.240
	多功能信号校验仪	台班	123.21	0.261	0.240
	精密标准电阻箱	台班	4.15	0.072	—
	精密交直流稳压电源	台班	64.84	0.108	0.099
	手持式万用表	台班	4.07	0.304	0.280
	数字电压表	台班	5.77	0.087	0.080

工作内容：设备清理、检查、表计固定、校接线、单体试验、配合单机运转。 计量单位：台

定 额 编 号			A6-1-165	A6-1-166
项 目 名 称			单电双针指示仪	电单双针记录仪
基 价（元）			64.69	74.63
其中	人 工 费（元）		48.02	56.84
	材 料 费（元）		1.11	1.11
	机 械 费（元）		15.56	16.68
名 称	单位	单价（元）	消 耗 量	
人工 综合工日	工日	140.00	0.343	0.406
材料 细白布	m	3.08	0.050	0.050
校验材料费	元	1.00	0.901	0.901
其他材料费占材料费	%	—	5.000	5.000
机械 电动综合校验台	台班	16.58	0.040	0.042
对讲机(一对)	台班	4.19	0.045	0.048
多功能信号校验仪	台班	123.21	0.089	0.096
精密交直流稳压电源	台班	64.84	0.053	0.056
手持式万用表	台班	4.07	0.075	0.080

工作内容：设备清理、检查、表计固定、校接线、单体试验、配合单机运转。 计量单位：台

定 额 编 号				A6-1-167	A6-1-168
项 目 名 称				电单双针报警仪	电多点指示记录仪
基 价（元）				78.63	110.91
其中	人 工 费（元）			57.54	83.16
	材 料 费（元）			1.38	1.65
	机 械 费（元）			19.71	26.10
名 称		单位	单价（元）	消 耗 量	
人工	综合工日	工日	140.00	0.411	0.594
材料	细白布	m	3.08	0.050	0.050
	校验材料费	元	1.00	1.159	1.416
	其他材料费占材料费	%	—	5.000	5.000
机械	电动综合校验台	台班	16.58	0.050	0.066
	对讲机（一对）	台班	4.19	0.056	0.075
	多功能信号校验仪	台班	123.21	0.113	0.150
	精密交直流稳压电源	台班	64.84	0.067	0.088
	手持式万用表	台班	4.07	0.094	0.125

工作内容：设备清理、检查、表计固定、校接线、单体试验、配合单机运转。　　　　　　　　　　计量单位：台

定　额　编　号	A6-1-169
项　目　名　称	电积算器
基　　　价（元）	78.70

其中	人　工　费（元）	57.12
	材　料　费（元）	1.24
	机　械　费（元）	20.34

	名　　称	单位	单价（元）	消　耗　量
人工	综合工日	工日	140.00	0.408
材料	细白布	m	3.08	0.050
	校验材料费	元	1.00	1.030
	其他材料费占材料费	%	—	5.000
机械	电动综合校验台	台班	16.58	0.050
	对讲机(一对)	台班	4.19	0.056
	多功能信号校验仪	台班	123.21	0.111
	精密交直流稳压电源	台班	64.84	0.066
	手持式万用表	台班	4.07	0.093
	数字频率计	台班	18.84	0.050

工作内容：清理、检查、记录、接线、安装、接头安装、单体试验、配合单机运转。　　　计量单位：台

定　额　编　号			A6-1-170	A6-1-171
项　目　名　称			气动积算器	气动指示记录仪
基　　　价（元）			91.78	99.67
其中	人　工　费（元）		66.36	71.54
	材　料　费（元）		20.00	20.54
	机　械　费（元）		5.42	7.59
名　　称	单位	单价（元）	消　耗　量	
人工	综合工日	工日	140.00	0.474	0.511
材料	聚四氟乙烯生料带	m	0.13	0.150	0.150
	清洁布 250×250	块	2.56	0.300	0.300
	校验材料费	元	1.00	1.159	1.674
	仪表接头	套	8.55	2.000	2.000
	其他材料费占材料费	%	—	5.000	5.000
机械	电动空气压缩机 0.6m³/min	台班	37.30	0.080	0.111
	电动综合校验台	台班	16.58	0.053	0.076
	对讲机（一对）	台班	4.19	0.100	0.139
	气动综合校验台	台班	8.46	0.070	0.101
	数字压力表	台班	4.51	0.120	0.167

工作内容：清理、检查、记录、接线、安装、接头安装、单体试验、配合单机运转。　　　　计量单位：台

定　额　编　号				A6-1-172	A6-1-173
项　目　名　称				气动色带、条形指示仪	气动报警器
基　　　　价（元）				89.77	85.22
其中	人　工　费（元）			64.68	61.04
	材　料　费（元）			20.00	19.73
	机　械　费（元）			5.09	4.45
名　　　称		单位	单价（元）	消　　耗　　量	
人工	综合工日	工日	140.00	0.462	0.436
材料	聚四氟乙烯生料带	m	0.13	0.150	0.150
	清洁布 250×250	块	2.56	0.300	0.300
	校验材料费	元	1.00	1.159	0.901
	仪表接头	套	8.55	2.000	2.000
	其他材料费占材料费	%	—	5.000	5.000
机械	电动空气压缩机 0.6m³/min	台班	37.30	0.075	0.066
	电动综合校验台	台班	16.58	0.050	0.043
	对讲机（一对）	台班	4.19	0.094	0.082
	气动综合校验台	台班	8.46	0.066	0.057
	数字压力表	台班	4.51	0.113	0.099

工作内容：清理、检查、记录、接线、安装、接头安装、单体试验、配合单机运转。　　　计量单位：台

定　额　编　号					A6-1-174
项　目　名　称					气动多针指示仪
基　　　价（元）					115.34
其中	人　工　费（元）				72.24
	材　料　费（元）				37.97
	机　械　费（元）				5.13
名　　称		单位	单价（元）	消　耗　量	
人工	综合工日	工日	140.00	0.516	
材料	聚四氟乙烯生料带	m	0.13	0.250	
	清洁布 250×250	块	2.56	0.300	
	校验材料费	元	1.00	1.159	
	仪表接头	套	8.55	4.000	
	其他材料费占材料费	%	—	5.000	
机械	电动空气压缩机 0.6m³/min	台班	37.30	0.076	
	电动综合校验台	台班	16.58	0.050	
	对讲机（一对）	台班	4.19	0.095	
	气动综合校验台	台班	8.46	0.066	
	数字压力表	台班	4.51	0.114	

第二章 过程控制仪表

说　明

一、本章内容包括电动仪表、气动仪表、基地式调节仪表、执行仪表、仪表回路模拟试验。

1. 电动仪表：包括变送仪表、无线信号传送仪表、调节仪表、转换仪表、辅助仪表的安装、试验。

2. 气动仪表：包括气动变送仪表，气动调节仪表，气动计算、给定仪表和气动辅助仪表的安装、试验。

3. 基地式调节仪表：包括电动调节器、气动调节器。

4. 执行仪表：包括气动、电动、液动执行机构，气动活塞式调节阀、气动薄膜调节阀、电动调节阀、电磁阀、伺服放大器，直接作用调节阀及执行仪表附件。

5. 仪表回路模拟试验：包括检测回路、调节回路、无线信号传输回路。

二、本章包括以下工作内容：

领料、搬运、准备、单体调试、安装、固定、上接头、校接线、配合单机试运转、挂位号牌、安装试验记录。此外还包括如下内容：

1. 双法兰液位变送器毛细管敷设固定。

2. 配合在管道上安装调节阀、在线电磁阀、自力式阀。

3. 配合安装液动执行机构月牙板、连杆组件、油泵油盘制作与安装、油泵电机检查、充油循环。液压伺服控制模块试验。

4. 调节阀试验器具的准备，阀体强度试验，阀芯泄漏性、活塞或膜头气密性、严密度检查试验，满行程、变差、线性、误差、灵敏限试验。

5. 仪表回路模拟试验：电气线路检查、绝缘电阻测定、导压管路和气源管路检查、系统静态模拟试验、排错以及回路中需要再次进行仪表试验等工作。无线信号传输回路，包括信号、接收和发送试验、测试信号抗干扰性、数据包丢失检查测试等。

6. 仪表单体和回路试验，校验仪器的准备、搬运，气源、电源的准备和接线、接管。

7. 防爆阀门箱包括检查、接线、接管、螺栓固定、接地、密封等。

三、本章不包括以下工作内容：

1. 仪表支架、支座、台座制作与安装。

2. 工业管道或设备上仪表用法兰焊接、插座焊接及开孔等。

3. 调节阀、在线电磁阀及短管装拆、调节阀研磨。

4. 液动执行机构设备解体、清洗、油泵检查、电机干燥、油泵用油量。

工程量计算规则

一、本章仪表除特别说明外以"台"或"件"为计量单位。

二、电动和气动调节阀按成套安装调试，包括执行机构与阀、手轮或所带的成套附件，不能分开另计工程量，但是，与之配套的阀门定位器、趋近开关、限位开关有调试内容的另外计算工程量；没有成套供应需要另外配置的电磁阀等附件要另计算安装调试工程量。微型调节阀用于精细工程，包括本体安装和试验。

三、执行机构为单独安装，不包括所配置风门、挡板或阀的安装，执行机构如组成不同的控制方式，需另外配置附件时，附件的选择应按定额所列项目。

四、所列阀门的检查接线定额适用于蝶阀、开关阀、0型切断阀、偏心旋转阀、多通电磁阀等在工业管道上已安装好的调节阀门，定额工作内容已包括现场调整或试验、检查、接线、接管和接地等。

五、在工业管道上安装调节阀执行第八册《工业管道工程》相应项目，气路控制电磁阀安装执行本册定额。仪表用法兰的焊接和安装执行第八册《工业管道工程》相应项目，仪表配合安装。

六、安全栅温度变送器带信号转换功能或冷端补偿功能，在机柜中安装。温度变送器如果采用支架或立柱安装方式，可执行温差变送器安装试验。

七、回路系统模拟试验定额，除各章另有说明外，不适用于计算机系统的回路调试和成套装置的系统调试。回路系统调试以"套"为计量单位，并区分检测系统、调节系统和手动调节系统。连锁回路和报警回路执行本册顺序控制装置和信号报警装置相关定额。

八、系统调试项目中，调节系统是具有负反馈的闭环回路。简单调节回路是指单参数、一个调节器、一个检测元件或变送器组成的基本控制系统；复杂回路是指单参数调节或多参数调节；双回路是指两个回路组成的调节回路；多回路是指两个以上复杂调节回路。

九、随机自带校验用专用仪表，按建设单位无偿提供给施工单位使用考虑。

一、电动仪表

1. 电动单元仪表

工作内容：清理、检查、表计试验、安装、固定、挂牌、校接线、取源部件保管、提供、清洗、配合单体试运转。

计量单位：台

定 额 编 号			A6-2-1	A6-2-2	A6-2-3	A6-2-4
项 目 名 称			安全栅温度	温差/温度	一体化温度	压力
			变送器			
基 价（元）			13.19	148.82	178.13	224.33
其中	人 工 费（元）		10.22	99.40	97.30	99.54
	材 料 费（元）		0.27	5.74	4.81	14.72
	机 械 费（元）		2.70	43.68	76.02	110.07
名 称	单位	单价（元）	消 耗 量			
人工	综合工日	工日	140.00	0.073	0.710	0.695	0.711
材料	插座 带丝堵	套	—	—	—	(1.000)	(1.000)	—
	取源部件	套	—	—	—	—	(1.000)
	U型螺栓 M10×50	套	1.27	—	1.000	—	1.000
	垫片	个	0.17	—	—	1.000	—
	位号牌	个	2.14	—	1.000	1.000	1.000
	细白布	m	3.08	—	—	0.070	—
	校验材料费	元	1.00	0.258	2.060	2.060	2.060
	仪表接头	套	8.55	—	—	—	1.000
	其他材料费占材料费	%	—	—	5.000	5.000	5.000
机械	便携式电动泵压力校验仪	台班	39.34	—	—	—	0.142
	标准铂电阻温度计	台班	14.38	—	0.096	0.096	—
	电动综合校验台	台班	16.58	—	—	—	0.096
	对讲机（一对）	台班	4.19	0.021	0.142	0.141	0.142
	多功能校验仪	台班	237.59	0.011	—	0.247	0.248
	多功能信号校验仪	台班	123.21	—	0.212	—	—
	多功能压力校验仪	台班	203.66	—	—	—	0.142
	干体式温度校验仪	台班	82.35	—	0.096	0.096	—
	精密交直流稳压电源	台班	64.84	—	0.096	0.096	0.096
	铭牌打印机	台班	31.01	—	0.012	0.012	0.012
	手持式万用表	台班	4.07	—	0.212	0.212	0.212
	数字温度计	台班	6.96	—	0.032	—	—
	智能数字压力校验仪	台班	49.29	—	—	—	0.142

工作内容：清理、检查、表计试验、安装、固定、挂牌、校接线、取源部件保管、提供、清洗、配合单体试运转。

计量单位：台

定　额　编　号			A6-2-5	A6-2-6	A6-2-7
项　目　名　称			差压	插入式 安装液位	流量
			变送器		
基　　　价（元）			291.26	311.68	235.32
其中	人　工　费（元）		123.62	138.46	116.34
	材　料　费（元）		24.37	14.74	24.17
	机　械　费（元）		143.27	158.48	94.81
名　　　称	单位	单价（元）	消　　耗　　量		
人工 综合工日	工日	140.00	0.883	0.989	0.831
材料 取源部件	套	—	(2.000)		—
U型螺栓 M10×50	套	1.27	1.000		1.000
法兰垫片	个	0.17	—	1.000	—
位号牌	个	2.14	1.000	1.000	1.000
细白布	m	3.08	—	0.070	0.020
校验材料费	元	1.00	2.704	2.961	2.446
仪表接头	套	8.55	2.000	1.000	2.000
其他材料费占材料费	%	—	5.000	5.000	5.000
机械 便携式电动泵压力校验仪	台班	39.34	0.185	0.204	0.166
电动综合校验台	台班	16.58	0.125	0.139	0.112
对讲机(一对)	台班	4.19	0.185	0.204	0.166
多功能校验仪	台班	237.59	0.323	0.358	0.290
多功能压力校验仪	台班	203.66	0.185	0.204	—
精密交直流稳压电源	台班	64.84	0.125	0.139	0.112
铭牌打印机	台班	31.01	0.012	0.012	0.012
手持式万用表	台班	4.07	0.277	0.307	0.249
智能数字压力校验仪	台班	49.29	0.185	0.204	0.166

工作内容：清理、检查、表计试验、安装、固定、挂牌、校接线、取源部件保管、提供、清洗、配合单体
试运转。

计量单位：台

定 额 编 号				A6-2-8	A6-2-9	A6-2-10
项 目 名 称				浓度	单法兰	双法兰
				变送器		
基 价（元）				180.13	271.76	339.38
其中	人 工 费（元）			104.58	148.40	209.30
	材 料 费（元）			5.06	5.76	8.36
	机 械 费（元）			70.49	117.60	121.72
名 称		单位	单价（元）	消 耗 量		
人工	综合工日	工日	140.00	0.747	1.060	1.495
材料	法兰垫片	个	0.17	1.000	1.000	2.000
	尼龙扎带(综合)	根	0.07	—	—	5.000
	清洁剂 500mL	瓶	8.66	—	—	0.200
	位号牌	个	2.14	1.000	1.000	1.000
	细白布	m	3.08	0.100	0.070	0.100
	校验材料费	元	1.00	2.446	2.961	3.090
	其他材料费占材料费	%	—	—	5.000	5.000
机械	便携式电动泵压力校验仪	台班	39.34	—	0.206	0.214
	电动综合校验台	台班	16.58	—	0.139	0.139
	对讲机(一对)	台班	4.19	0.164	0.206	0.214
	多功能校验仪	台班	237.59	0.288	0.360	0.374
	精密交直流稳压电源	台班	64.84	—	0.139	0.139
	铭牌打印机	台班	31.01	0.012	0.012	0.012
	手持式万用表	台班	4.07	0.247	0.308	0.321
	智能数字压力校验仪	台班	49.29	—	0.206	0.214

工作内容：清理、检查、表计试验、安装、固定、挂牌、校接线、取源部件保管、提供、清洗、配合单体试运转。

计量单位：台

定 额 编 号				A6-2-11	A6-2-12	A6-2-13
项 目 名 称				无线温湿度	无线压力	无线液位
				变送器		
基 价（元）				257.27	241.13	340.42
其中	人 工 费（元）			162.12	155.96	213.50
	材 料 费（元）			5.49	14.99	15.15
	机 械 费（元）			89.66	70.18	111.77
名 称		单位	单价（元）	消 耗 量		
人工	综合工日	工日	140.00	1.158	1.114	1.525
材料	插座 带丝堵	套	—	(1.000)	—	—
	取源部件	套	—	—	(1.000)	—
	U型螺栓 M10×50	套	1.27	—	1.000	—
	位号牌	个	2.14	1.000	1.000	1.000
	校验材料费	元	1.00	3.090	2.317	3.734
	仪表接头	套	8.55	—	1.000	1.000
	其他材料费占材料费	%	—	5.000	5.000	5.000
机械	笔记本电脑	台班	9.38	0.231	0.176	0.286
	对讲机(一对)	台班	4.19	0.208	0.162	0.259
	多功能校验仪	台班	237.59	0.363	0.284	0.453
	铭牌打印机	台班	31.01	0.012	0.012	0.012

2. 电动调节仪表

工作内容：设备清理、检查、表计固定、校接线、单体试验配合单机试运转。　　　　　　　　　计量单位：台

定　额　编　号			A6-2-14	A6-2-15
项　目　名　称			指示	特殊功能
			调节器	
基　　价（元）			567.30	713.26
其中	人　工　费（元）		268.24	326.34
	材　料　费（元）		9.19	12.16
	机　械　费（元）		289.87	374.76
名　　称	单位	单价（元）	消　　耗　　量	
人工	综合工日	工日	140.00	1.916	2.331
材料	清洁布 250×250	块	2.56	0.200	0.400
	校验材料费	元	1.00	8.239	10.557
	其他材料费占材料费	%	—	5.000	5.000
机械	电动综合校验台	台班	16.58	0.131	0.169
	对讲机（一对）	台班	4.19	0.560	0.724
	多功能校验仪	台班	237.59	1.069	1.382
	精密标准电阻箱	台班	4.15	0.131	0.169
	精密交直流稳压电源	台班	64.84	0.392	0.507
	手持式万用表	台班	4.07	0.653	0.845
	数字电压表	台班	5.77	0.392	0.507
	数字毫秒表	台班	3.75	0.131	0.169

工作内容：设备清理、检查、表计固定、校接线、单体试验配合单机试运转。　　　　　　　　计量单位：台

定　额　编　号				A6-2-16	A6-2-17
项　目　名　称				多通道阀位跟踪	SPC/DDC后备
				调节器	
基　　　　价（元）				750.16	860.95
其中	人　工　费（元）			345.38	391.86
	材　料　费（元）			12.70	14.59
	机　械　费（元）			392.08	454.50
名　　　称		单位	单价（元）	消　　耗　　量	
人工	综合工日	工日	140.00	2.467	2.799
材料	清洁布 250×250	块	2.56	0.400	0.400
	校验材料费	元	1.00	11.072	12.874
	其他材料费占材料费	%	—	5.000	5.000
机械	电动综合校验台	台班	16.58	0.177	0.205
	对讲机(一对)	台班	4.19	0.757	0.878
	多功能校验仪	台班	237.59	1.446	1.676
	精密标准电阻箱	台班	4.15	0.177	0.205
	精密交直流稳压电源	台班	64.84	0.530	0.615
	手持式万用表	台班	4.07	0.884	1.026
	数字电压表	台班	5.77	0.530	0.615
	数字毫秒表	台班	3.75	0.177	0.205

3.电动转换仪表

工作内容：设备清理、检查、表计固定、校接线、单体试验。　　　　　　　计量单位：台

定　额　编　号				A6-2-18	A6-2-19	A6-2-20	A6-2-21
项　目　名　称				电流信号	脉冲/电压	频率/电流	阻抗
				转换器			
基　　　　价　（元）				24.51	30.99	30.92	27.70
其中	人　工　费（元）			15.40	19.04	19.04	17.08
	材　料　费（元）			0.76	0.89	0.89	0.89
	机　械　费（元）			8.35	11.06	10.99	9.73
名　　　称		单位	单价（元）	消　　耗　　量			
人工	综合工日	工日	140.00	0.110	0.136	0.136	0.122
材料	六角螺栓 M6～10×20～70	套	0.17	2.000	2.000	2.000	2.000
	校验材料费	元	1.00	0.386	0.510	0.510	0.510
	其他材料费占材料费	%	—	5.000	5.000	5.000	5.000
机械	电动综合校验台	台班	16.58	0.020	0.026	0.026	0.023
	多功能信号校验仪	台班	123.21	0.050	0.066	0.066	0.058
	精密标准电阻箱	台班	4.15	0.013	0.018	—	0.015
	精密交直流稳压电源	台班	64.84	0.026	0.035	0.035	0.031
	手持式万用表	台班	4.07	0.029	0.038	0.038	0.033

工作内容：设备清理、检查、表计固定、校接线、单体试验。

计量单位：台

定　额　编　号				A6-2-22	A6-2-23	A6-2-24	A6-2-25
项　目　名　称				函数	电/气	气/电	光/电
				转换器			
基　　　　价（元）				26.80	52.55	52.84	30.26
其中	人　工　费（元）			17.08	22.96	22.96	19.04
	材　料　费（元）			0.89	18.85	18.85	0.89
	机　械　费（元）			8.83	10.74	11.03	10.33
名　　　称		单位	单价（元）	消　　耗　　量			
人工	综合工日	工日	140.00	0.122	0.164	0.164	0.136
材料	六角螺栓 M6～10×20～70	套	0.17	2.000	2.000	2.000	2.000
	校验材料费	元	1.00	0.510	0.510	0.510	0.510
	仪表接头	套	8.55	—	2.000	2.000	—
	其他材料费占材料费	%	—	5.000	5.000	5.000	5.000
机械	电动空气压缩机 0.6m³/min	台班	37.30	—	0.016	0.016	—
	电动综合校验台	台班	16.58	0.031	—	0.036	0.031
	多功能信号校验仪	台班	123.21	0.054	0.064	0.064	0.055
	高稳定度光源	台班	35.28	—	—	—	0.039
	精密交直流稳压电源	台班	64.84	0.023	0.027	0.027	0.023
	气动综合校验台	台班	8.46	—	0.036	—	—
	手持式万用表	台班	4.07	0.042	0.049	0.049	0.042

4.辅助仪表

工作内容：设备清理、检查、表计固定、校接线、单体试验。

计量单位：台

定 额 编 号				A6-2-26	A6-2-27	A6-2-28
项 目 名 称				D型操作器	安全栅	配电器
基 价 （元）				26.40	6.12	76.26
其中	人 工 费 （元）			19.88	4.76	69.86
	材 料 费 （元）			0.41	0.14	1.57
	机 械 费 （元）			6.11	1.22	4.83
名 称		单位	单价（元）	消 耗 量		
人工	综合工日	工日	140.00	0.142	0.034	0.499
材料	六角螺栓 M6～10×20～70	套	0.17	—	—	2.000
	校验材料费	元	1.00	0.386	0.129	1.159
	其他材料费占材料费	%	—	5.000	5.000	5.000
机械	电动综合校验台	台班	16.58	—	—	0.035
	对讲机（一对）	台班	4.19	0.022	—	—
	多功能信号校验仪	台班	123.21	0.039	0.008	—
	精密标准电阻箱	台班	4.15	—	—	0.035
	精密交直流稳压电源	台班	64.84	0.017	0.003	0.053
	手持式万用表	台班	4.07	0.028	0.006	0.088
	数字电压表	台班	5.77	—	0.003	0.053

工作内容：设备清理、检查、表计固定、校接线、单体试验。 计量单位：台

定 额 编 号			A6-2-29	A6-2-30
项 目 名 称			电源箱	DDC操作器
基 价（元）			80.40	69.80
其中	人 工 费（元）		77.28	47.18
	材 料 费（元）		1.71	1.22
	机 械 费（元）		1.41	21.40
名 称	单位	单价（元）	消 耗 量	
人工 综合工日	工日	140.00	0.552	0.337
材料 六角螺栓 M6～10×20～70	套	0.17	2.000	—
校验材料费	元	1.00	1.287	1.159
其他材料费占材料费	%	—	5.000	5.000
机械 电动综合校验台	台班	16.58	0.040	0.037
对讲机(一对)	台班	4.19	—	0.075
多功能信号校验仪	台班	123.21	—	0.131
精密交直流稳压电源	台班	64.84	—	0.056
手持式万用表	台班	4.07	0.099	0.094
数字电压表	台班	5.77	0.059	0.056

二、气动仪表

1. 气动变送仪表

工作内容：常规检查、安装、接头安装、单体试验、配合单体试运转。　　　　　　　计量单位：台

定　额　编　号			A6-2-31	A6-2-32	A6-2-33
项　目　名　称			温度	压力	差压
			变送器		
基　　价（元）			141.81	208.96	244.31
其中	人　工　费（元）		104.86	114.66	130.20
	材　料　费（元）		23.48	33.02	42.43
	机　械　费（元）		13.47	61.28	71.68
名　　称	单位	单价(元)	消　耗　　量		
人工	综合工日	工日	140.00	0.749	0.819	0.930
材料	取源部件	套	—	—	(1.000)	(2.000)
	U型螺栓 M10×50	套	1.27	1.000	1.000	1.000
	聚四氟乙烯生料带	m	0.13	0.150	0.150	0.150
	碳钢焊丝	kg	7.69	—	0.020	0.040
	位号牌	个	2.14	1.000	1.000	1.000
	细白布	m	3.08	0.050	0.050	0.050
	校验材料费	元	1.00	1.674	2.060	2.317
	仪表接头	套	8.55	2.000	3.000	4.000
	其他材料费占材料费	%	—	5.000	5.000	5.000
机械	便携式电动泵压力校验仪	台班	39.34	—	0.172	0.202
	标准铂电阻温度计	台班	14.38	0.076	—	—
	电动空气压缩机 0.6m³/min	台班	37.30	0.115	0.138	0.162
	对讲机(一对)	台班	4.19	0.143	0.172	0.202
	多功能压力校验仪	台班	203.66	—	0.207	0.242
	干体式温度校验仪	台班	82.35	0.076	—	—
	铭牌打印机	台班	31.01	0.012	0.012	0.012
	气动综合校验台	台班	8.46	0.101	0.123	0.145
	智能数字压力校验仪	台班	49.29	—	0.103	0.121

工作内容：常规检查、安装、接头安装、单体试验、配合单体试运转。　　　　　　　计量单位：台

定 额 编 号				A6-2-34	A6-2-35	A6-2-36
项 目 名 称				气动液位	单法兰	双法兰
					变送器	
基 价 （元）				256.74	253.57	346.67
其中	人 工 费 （元）			155.96	148.68	225.12
	材 料 费 （元）			23.27	33.65	45.89
	机 械 费 （元）			77.51	71.24	75.66
名 称		单位	单价（元）	消 耗 量		
人工	综合工日	工日	140.00	1.114	1.062	1.608
材料	法兰垫片	个	0.17	1.000	—	—
	聚四氟乙烯垫片 δ3 φ200	个	10.26	—	1.000	2.000
	聚四氟乙烯生料带	m	0.13	0.150	0.150	0.150
	尼龙扎带(综合)	根	0.07	—	—	8.000
	汽油	kg	6.77	—	—	0.100
	位号牌	个	2.14	1.000	1.000	1.000
	细白布	m	3.08	0.050	0.070	0.080
	校验材料费	元	1.00	2.575	2.317	2.446
	仪表接头	套	8.55	2.000	2.000	2.000
	其他材料费占材料费	%	—	5.000	5.000	5.000
机械	便携式电动泵压力校验仪	台班	39.34	0.218	0.200	0.213
	电动空气压缩机 0.6m³/min	台班	37.30	0.175	0.160	0.171
	对讲机(一对)	台班	4.19	0.218	0.200	0.213
	多功能压力校验仪	台班	203.66	0.262	0.241	0.256
	铭牌打印机	台班	31.01	0.012	0.012	0.012
	气动综合校验台	台班	8.46	0.154	0.141	0.141
	智能数字压力校验仪	台班	49.29	0.131	0.120	0.128

2.气动调节仪表

工作内容：检查、接头或接线、安装、单体试验、配合单体试运转。

计量单位：台

定 额 编 号				A6-2-37	A6-2-38	A6-2-39	A6-2-40
项 目 名 称				记录、串级	指示、报警 记录	指示	记录
				调节仪			
基 价 （元）				243.62	236.32	170.82	192.69
其中	人 工 费（元）			178.78	180.74	125.44	143.50
	材 料 费（元）			42.42	33.43	31.54	32.22
	机 械 费（元）			22.42	22.15	13.84	16.97
名 称	单位	单价（元）		消 耗 量			
人工	综合工日	工日	140.00	1.277	1.291	0.896	1.025
材料	聚四氟乙烯生料带	m	0.13	0.200	0.150	0.150	0.150
	清洁布 250×250	块	2.56	0.500	0.500	0.500	0.500
	校验材料费	元	1.00	4.892	4.892	3.090	3.734
	仪表接头	套	8.55	4.000	3.000	3.000	3.000
	其他材料费占材料费	%	—	5.000	5.000	5.000	5.000
机械	电动空气压缩机 0.6m³/min	台班	37.30	0.338	0.334	0.209	0.256
	电动综合校验台	台班	16.58	0.234	0.231	0.144	0.177
	对讲机(一对)	台班	4.19	0.423	0.418	0.262	0.320
	气动综合校验台	台班	8.46	0.312	0.308	0.191	0.235
	数字压力表	台班	4.51	0.338	0.334	0.209	0.256

工作内容：检查、接头或接线、安装、单体试验、配合单体试运转。　　　　　　　　　　　计量单位：台

定　额　编　号			A6-2-41	A6-2-42
项　目　名　称			微分器、积分器、比例器	比例、积分调节仪
基　　价（元）			69.60	142.42
其中	人　工　费（元）		38.64	105.14
	材　料　费（元）		28.13	29.88
	机　械　费（元）		2.83	7.40
名　称	单位	单价(元)	消　耗　量	
人工	综合工日	工日	140.00	0.276	0.751
材料	聚四氟乙烯生料带	m	0.13	0.150	0.150
	细白布	m	3.08	0.070	0.070
	校验材料费	元	1.00	0.901	2.575
	仪表接头	套	8.55	3.000	3.000
	其他材料费占材料费	%	—	5.000	5.000
机械	电动空气压缩机 0.6m³/min	台班	37.30	0.045	0.103
	对讲机(一对)	台班	4.19	0.073	0.225
	气动综合校验台	台班	8.46	0.053	0.165
	数字压力表	台班	4.51	0.088	0.270

工作内容：检查、接头或接线、安装、单体试验、配合单体试运转。 计量单位：台

定 额 编 号				A6-2-43	A6-2-44
项 目 名 称				比例、积分、微分调节仪	计算机给定调节仪
基 价（元）				156.43	299.59
其中	人 工 费（元）			117.88	206.64
	材 料 费（元）			30.42	34.52
	机 械 费（元）			8.13	58.43
名 称		单位	单价（元）	消 耗 量	
人工	综合工日	工日	140.00	0.842	1.476
材料	聚四氟乙烯生料带	m	0.13	0.150	0.150
	清洁布 250×250	块	2.56	—	0.500
	细白布	m	3.08	0.070	—
	校验材料费	元	1.00	3.090	5.922
	仪表接头	套	8.55	3.000	3.000
	其他材料费占材料费	%	—	5.000	5.000
机械	电动空气压缩机 0.6m³/min	台班	37.30	0.105	0.153
	对讲机(一对)	台班	4.19	0.266	0.507
	多功能校验仪	台班	237.59	—	0.188
	气动综合校验台	台班	8.46	0.196	0.376
	数字压力表	台班	4.51	0.319	0.609

3.气动计算、给定仪表

工作内容：检查、安装、接头安装、单体试验。 计量单位：台

定 额 编 号			A6-2-45	A6-2-46	A6-2-47	A6-2-48
项 目 名 称			比值器	乘除器	加减器	定值器
基 价（元）			45.04	82.09	91.91	35.48
其中	人 工 费（元）		16.24	40.60	41.44	13.86
	材 料 费（元）		27.72	37.65	46.63	20.68
	机 械 费（元）		1.08	3.84	3.84	0.94
名 称		单位	单价（元）	消 耗 量		
人工	综合工日	工日	140.00	0.116	0.290	0.296	0.099
材料	聚四氟乙烯生料带	m	0.13	0.200	0.200	0.250	0.150
	六角螺栓 M6～10×20～70	套	0.17	2.000	2.000	2.000	—
	校验材料费	元	1.00	0.386	1.287	1.287	2.575
	仪表接头	套	8.55	3.000	4.000	5.000	2.000
	其他材料费占材料费	%	—	5.000	5.000	5.000	5.000
机械	电动空气压缩机 0.6m³/min	台班	37.30	0.024	0.085	0.085	0.021
	气动综合校验台	台班	8.46	0.022	0.079	0.079	0.018

工作内容：检查、安装、接头安装、单体试验。计量单位：台

定　额　编　号				A6-2-49	A6-2-50
项　目　名　称				参数时间定值器	电脉冲/气压转换器
基　　价（元）				46.33	43.62
其中	人　工　费（元）			17.22	15.82
	材　料　费（元）			18.38	18.60
	机　械　费（元）			10.73	9.20
名　　称		单位	单价（元）	消　耗　量	
人工	综合工日	工日	140.00	0.123	0.113
材料	聚四氟乙烯生料带	m	0.13	0.150	0.150
	六角螺栓 M6～10×20～70	套	0.17	—	2.000
	校验材料费	元	1.00	0.386	0.258
	仪表接头	套	8.55	2.000	2.000
	其他材料费占材料费	%	—	5.000	5.000
机械	电动空气压缩机 0.6m³/min	台班	37.30	0.240	0.200
	脉冲信号发生器	台班	24.49	—	0.009
	气动综合校验台	台班	8.46	0.210	0.180

89

4.气动辅助仪表

工作内容：检查、安装、校接线、接头安装、单体试验。 计量单位：台

定 额 编 号				A6-2-51	A6-2-52	A6-2-53
项 目 名 称				高、低值选择器	切换器	限幅器
基 价（元）				38.51	36.28	44.25
其中	人 工 费（元）			9.94	8.12	7.14
	材 料 费（元）			27.45	27.45	36.44
	机 械 费（元）			1.12	0.71	0.67
名 称		单位	单价（元）	消 耗 量		
人工	综合工日	工日	140.00	0.071	0.058	0.051
材料	聚四氟乙烯生料带	m	0.13	0.200	0.200	0.250
	六角螺栓 M6～10×20～70	套	0.17	2.000	2.000	2.000
	校验材料费	元	1.00	0.129	0.129	0.129
	仪表接头	套	8.55	3.000	3.000	4.000
	其他材料费占材料费	%	—	5.000	5.000	5.000
机械	电动空气压缩机 0.6m³/min	台班	37.30	0.025	0.016	0.015
	气动综合校验台	台班	8.46	0.022	0.013	0.013

工作内容：检查、安装、校接线、接头安装、单体试验。 计量单位：台

定 额 编 号				A6-2-54	A6-2-55	A6-2-56
项 目 名 称				配比器	继动器	恒差器、负荷分配器
基 价（元）				46.46	36.60	36.60
其中	人 工 费（元）			8.96	8.12	8.12
	材 料 费（元）			36.44	27.45	27.45
	机 械 费（元）			1.06	1.03	1.03
名 称		单位	单价（元）	消 耗 量		
人工	综合工日	工日	140.00	0.064	0.058	0.058
材料	聚四氟乙烯生料带	m	0.13	0.250	0.200	0.200
	六角螺栓 M6～10×20～70	套	0.17	2.000	2.000	2.000
	校验材料费	元	1.00	0.129	0.129	0.129
	仪表接头	套	8.55	4.000	3.000	3.000
	其他材料费占材料费	%	—	5.000	5.000	5.000
机械	电动空气压缩机 0.6m³/min	台班	37.30	0.024	0.023	0.023
	气动综合校验台	台班	8.46	0.020	0.020	0.020

工作内容：检查、安装、校接线、接头安装、单体试验。 计量单位：台

定 额 编 号				A6-2-57	A6-2-58
项 目 名 称				带指示手动操作器	手-自动切换双指示 操作器/面板
基 价 （元）				**70.03**	**92.86**
其中	人 工 费（元）			38.78	43.26
	材 料 费（元）			27.79	45.90
	机 械 费（元）			3.46	3.70
	名 称	单位	单价（元）	消 耗 量	
人工	综合工日	工日	140.00	0.277	0.309
材料	聚四氟乙烯生料带	m	0.13	0.150	0.300
	细白布	m	3.08	0.050	0.050
	校验材料费	元	1.00	0.644	0.772
	仪表接头	套	8.55	3.000	5.000
	其他材料费占材料费	%	—	5.000	5.000
机械	电动空气压缩机 0.6m³/min	台班	37.30	0.071	0.076
	对讲机(一对)	台班	4.19	0.059	0.063
	气动综合校验台	台班	8.46	0.042	0.044
	数字压力表	台班	4.51	0.047	0.050

工作内容：检查、安装、校接线、接头安装、单体试验。 计量单位：台

定 额 编 号				A6-2-59	A6-2-60
项 目 名 称				Q型操作器	大流量过滤器减压阀
基 价（元）				68.95	25.56
其中	人 工 费（元）			37.80	7.14
	材 料 费（元）			27.84	17.98
	机 械 费（元）			3.31	0.44
名 称		单位	单价（元）	消 耗 量	
人工	综合工日	工日	140.00	0.270	0.051
材料	聚四氟乙烯生料带	m	0.13	0.500	0.150
	细白布	m	3.08	0.050	—
	校验材料费	元	1.00	0.644	—
	仪表接头	套	8.55	3.000	2.000
	其他材料费占材料费	%	—	5.000	5.000
机械	电动空气压缩机 0.6m³/min	台班	37.30	0.068	0.001
	对讲机（一对）	台班	4.19	0.056	—
	铭牌打印机	台班	31.01	—	0.012
	气动综合校验台	台班	8.46	0.040	0.004
	数字压力表	台班	4.51	0.045	—

工作内容：检查、安装、校接线、接头安装、单体试验。

定 额 编 号			A6-2-61	A6-2-62
项 目 名 称			过滤器减压阀	三通/六通阀
基 价（元）			24.65	61.50
其中	人 工 费（元）		6.30	7.14
	材 料 费（元）		17.98	54.25
	机 械 费（元）		0.37	0.11
名 称	单位	单价（元）	消 耗 量	
人工	综合工日	工日	140.00	0.045	0.051
材料	聚四氟乙烯生料带	m	0.13	0.150	0.200
	六角螺栓 M6～10×20～70	套	0.17	—	2.000
	仪表接头	套	8.55	2.000	6.000
	其他材料费占材料费	%	—	5.000	5.000
机械	电动空气压缩机 0.6m³/min	台班	37.30	0.009	0.003
	气动综合校验台	台班	8.46	0.004	—

工作内容：检查、安装、校接线、接头安装、单体试验。计量单位：台

定 额 编 号			A6-2-63	A6-2-64	A6-2-65
项 目 名 称			气动重复器	气动压力开关	气动差压开关
基 价（元）			31.94	41.69	54.83
其中	人 工 费（元）		11.34	11.76	14.98
	材 料 费（元）		19.00	27.77	36.88
	机 械 费（元）		1.60	2.16	2.97
名 称	单位	单价（元）	消 耗 量		
人工 综合工日	工日	140.00	0.081	0.084	0.107
材料 垫片	个	0.17	1.000	1.000	1.000
聚四氟乙烯生料带	m	0.13	0.150	0.200	0.200
六角螺栓 M6～10×20～70	套	0.17	4.000	2.000	2.000
校验材料费	元	1.00	0.129	0.258	0.386
仪表接头	套	8.55	2.000	3.000	4.000
其他材料费占材料费	%	—	5.000	5.000	5.000
机械 电动空气压缩机 0.6m³/min	台班	37.30	0.038	0.051	0.070
气动综合校验台	台班	8.46	0.022	0.031	0.042

工作内容：检查、安装、校接线、接头安装、单体试验。 计量单位：台

定 额 编 号			A6-2-66	A6-2-67	A6-2-68
项 目 名 称			气动电开关	配比气插座	五孔气插座
基 价（元）			33.05	34.23	52.74
其中	人 工 费（元）		12.60	6.86	7.70
	材 料 费（元）		18.25	26.96	44.93
	机 械 费（元）		2.20	0.41	0.11
名 称	单位	单价(元)	消 耗 量		
人工 综合工日	工日	140.00	0.090	0.049	0.055
材料 聚四氟乙烯生料带	m	0.13	0.150	0.200	0.300
校验材料费	元	1.00	0.258	—	—
仪表接头	套	8.55	2.000	3.000	5.000
其他材料费占材料费	%	—	5.000	5.000	5.000
机械 电动空气压缩机 0.6m³/min	台班	37.30	0.052	0.010	0.003
气动综合校验台	台班	8.46	0.031	0.004	—

三、基地式调节仪表

工作内容：检查、接线、安装、单体试验。　　　　　　　　　　　　　　计量单位：台

定　额　编　号				A6-2-69	A6-2-70	A6-2-71
项　目　名　称				电动调节器		
				简易式	PID	时间比例
				调节器		
基　　　价（元）				150.21	224.32	175.02
其中	人　工　费（元）			113.54	156.80	129.08
	材　料　费（元）			4.86	6.62	5.40
	机　械　费（元）			31.81	60.90	40.54
名　　　称		单位	单价（元）	消　　耗　　量		
人工	综合工日	工日	140.00	0.811	1.120	0.922
材料	六角螺栓 M6～10×20～70	套	0.17	2.000	2.000	2.000
	位号牌	个	2.14	1.000	1.000	1.000
	细白布	m	3.08	0.070	0.070	0.070
	校验材料费	元	1.00	1.931	3.605	2.446
	其他材料费占材料费	%	—	5.000	5.000	5.000
机械	电动综合校验台	台班	16.58	0.162	0.312	0.207
	多功能信号校验仪	台班	123.21	0.162	0.312	0.207
	精密交直流稳压电源	台班	64.84	0.130	0.250	0.166
	铭牌打印机	台班	31.01	0.012	0.012	0.012
	手持式万用表	台班	4.07	0.089	0.172	0.114

工作内容：检查、接线、安装、单体试验。

计量单位：台

定　额　编　号				A6-2-72	A6-2-73
项　目　名　称				电动调节器	
				配比	程序控制
				调节器	
基　　　　价（元）				209.91	183.32
其中	人　工　费（元）			149.80	135.52
	材　料　费（元）			6.21	5.53
	机　械　费（元）			53.90	42.27
名　　　称		单位	单价(元)	消　耗　量	
人工	综合工日	工日	140.00	1.070	0.968
材料	六角螺栓 M6～10×20～70	套	0.17	2.000	2.000
	位号牌	个	2.14	1.000	1.000
	细白布	m	3.08	0.070	0.070
	校验材料费	元	1.00	3.219	2.575
	其他材料费占材料费	%	—	5.000	5.000
机械	电动综合校验台	台班	16.58	0.276	0.216
	多功能信号校验仪	台班	123.21	0.276	0.216
	精密交直流稳压电源	台班	64.84	0.221	0.173
	铭牌打印机	台班	31.01	0.012	0.012
	手持式万用表	台班	4.07	0.152	0.119

工作内容：检查、接线、安装、单体试验。 计量单位：台

定 额 编 号				A6-2-74	A6-2-75
项 目 名 称				指示记录式气动调节器	
				盘上	支架上
基 价（元）				189.91	196.27
其中	人 工 费（元）			148.26	153.86
	材 料 费（元）			33.35	33.70
	机 械 费（元）			8.30	8.71
名 称		单位	单价（元）	消 耗 量	
人工	综合工日	工日	140.00	1.059	1.099
材料	聚四氟乙烯生料带	m	0.13	0.150	0.150
	六角螺栓 M6～10×20～70	套	0.17	—	2.000
	位号牌	个	2.14	1.000	1.000
	细白布	m	3.08	0.070	0.070
	校验材料费	元	1.00	3.734	3.734
	仪表接头	套	8.55	3.000	3.000
	其他材料费占材料费	%	—	5.000	5.000
机械	电动空气压缩机 0.6m³/min	台班	37.30	0.083	0.094
	电动综合校验台	台班	16.58	0.128	0.128
	铭牌打印机	台班	31.01	0.012	0.012
	气动综合校验台	台班	8.46	0.235	0.235
	手持式万用表	台班	4.07	0.177	0.177

四、执行仪表

1.执行机构

工作内容：检查、接线、单元检查、功能试验、安装或配合安装、单体调试、配合单机试运转。

计量单位：台

定　额　编　号			A6-2-76
项　目　名　称			电信号气动长行程执行机构
基　　价（元）			284.89
其中	人　工　费（元）		202.16
	材　料　费（元）		30.09
	机　械　费（元）		52.64
名　　称	单位	单价（元）	消　耗　量
人工 综合工日	工日	140.00	1.444
材料 冲击钻头 φ12	个	6.75	0.020
电	kW·h	0.68	0.500
棉纱头	kg	6.00	0.100
膨胀螺栓 M12×80	套	1.15	4.000
清洁剂 500mL	瓶	8.66	0.150
位号牌	个	2.14	1.000
校验材料费	元	1.00	2.446
仪表接头	套	8.55	2.000
其他材料费占材料费	%	—	5.000
机械 便携式电动泵压力校验仪	台班	39.34	0.115
电动空气压缩机 0.6m³/min	台班	37.30	0.072
对讲机(一对)	台班	4.19	0.115
多功能信号校验仪	台班	123.21	0.125
铭牌打印机	台班	31.01	0.012
手持式万用表	台班	4.07	0.141
载重汽车 8t	台班	501.85	0.057

工作内容：检查、接线、单元检查、功能试验、安装或配合安装、单体调试、配合单机试运转。

计量单位：台

定 额 编 号				A6-2-77	A6-2-78	A6-2-79
项 目 名 称				气动长行程	气动活塞式	气动薄膜
				执行机构		
基 价 （元）				265.33	239.06	212.32
其中	人 工 费 （元）			199.64	182.56	153.58
	材 料 费 （元）			30.23	24.76	33.02
	机 械 费 （元）			35.46	31.74	25.72
名 称		单位	单价（元）	消 耗 量		
人工	综合工日	工日	140.00	1.426	1.304	1.097
材料	冲击钻头 φ12	个	6.75	0.020	—	—
	电	kW·h	0.68	0.500	—	—
	棉纱头	kg	6.00	0.100	0.100	0.100
	膨胀螺栓 M12×80	套	1.15	4.000	—	—
	清洁剂 500mL	瓶	8.66	0.150	0.150	0.100
	位号牌	个	2.14	1.000	1.000	1.000
	校验材料费	元	1.00	2.575	2.446	2.189
	仪表接头	套	8.55	2.000	2.000	3.000
	其他材料费占材料费	%	—	5.000	5.000	5.000
机械	便携式电动泵压力校验仪	台班	39.34	0.126	0.115	0.104
	电动空气压缩机 0.6m³/min	台班	37.30	0.067	0.061	0.047
	对讲机(一对)	台班	4.19	0.126	0.115	0.104
	铭牌打印机	台班	31.01	0.012	0.012	0.012
	载重汽车 8t	台班	501.85	0.054	0.048	0.038

工作内容：检查、接线、单元检查、功能试验、安装或配合安装、单体调试、配合单机试运转。

计量单位：台

定　额　编　号			A6-2-80	A6-2-81	A6-2-82
项　目　名　称			电动直行程执行机构	电动角行程执行机构	
				25N·m以下	25N·m以上
基　　　价（元）			242.16	269.13	281.94
其中	人　工　费（元）		191.10	228.48	240.94
	材　料　费（元）		7.80	12.19	12.33
	机　械　费（元）		43.26	28.46	28.67
名　　　称	单位	单价（元）	消　　耗　　量		
人工 综合工日	工日	140.00	1.365	1.632	1.721
材料 连杆组件	套	—	(1.000)	(1.000)	(1.000)
冲击钻头 φ12	个	6.75	—	0.050	0.050
电	kW·h	0.68	—	0.600	0.600
棉纱头	kg	6.00	0.100	0.050	0.050
膨胀螺栓 M12×80	套	1.15	—	4.000	4.000
清洁剂 500mL	瓶	8.66	0.200	0.100	0.100
位号牌	个	2.14	1.000	1.000	1.000
校验材料费	元	1.00	2.961	2.961	3.090
其他材料费占材料费	%	—	5.000	5.000	5.000
机械 对讲机（一对）	台班	4.19	0.144	0.336	0.262
多功能信号校验仪	台班	123.21	0.150	0.205	0.209
铭牌打印机	台班	31.01	0.012	0.012	0.012
手持式万用表	台班	4.07	0.176	0.308	0.314
载重汽车 8t	台班	501.85	0.046		
兆欧表	台班	5.76	—	0.030	0.030

102

工作内容：检查、接线、单元检查、功能试验、安装或配合安装、单体调试、配合单机试运转。

计量单位：台

定 额 编 号				A6-2-83	A6-2-84	A6-2-85	A6-2-86
项 目 名 称				液动执行机构			液压伺服模块
				直柄式	双侧直柄式	曲柄式	
基 价 （元）				531.35	593.59	563.85	33.74
其中	人 工 费 （元）			229.74	257.18	259.14	24.36
	材 料 费 （元）			37.03	71.30	39.59	0.90
	机 械 费 （元）			264.58	265.11	265.12	8.48
名 称		单位	单价（元）	消 耗 量			
人工	综合工日	工日	140.00	1.641	1.837	1.851	0.174
材料	连杆组件	套	—	(1.000)	(2.000)	(1.000)	—
	六角螺栓 M20×60	套	2.22	4.000	8.000	4.000	—
	棉纱头	kg	6.00	0.200	0.300	0.030	—
	清洁剂 500mL	瓶	8.66	0.300	1.000	0.700	—
	位号牌	个	2.14	1.000	1.000	1.000	—
	校验材料费	元	1.00	3.347	3.347	3.347	0.901
	仪表接头	套	8.55	2.000	4.000	2.000	—
	其他材料费占材料费	%	—	5.000	5.000	5.000	
机械	对讲机（一对）	台班	4.19	0.282	0.286	0.287	0.079
	多功能信号校验仪	台班	123.21	0.225	0.229	0.229	0.063
	铭牌打印机	台班	31.01	0.012	0.012	0.012	—
	手持式万用表	台班	4.07	0.338	0.343	0.344	0.094
	载重汽车 15t	台班	779.76	0.300	0.300	0.300	—

2.调节阀

工作内容：检查、接线或接管、配合安装、调整试验、接地、配合单机试运转。　　　　　　　　　　计量单位：台

定　额　编　号			A6-2-87	A6-2-88	A6-2-89	A6-2-90
项　目　名　称			气动活塞式	气动薄膜	电动	微型
			调节阀			
基　　　价（元）			369.83	340.01	354.22	63.42
其中	人　工　费（元）		181.86	172.06	165.34	31.08
	材　料　费（元）		24.72	17.49	12.29	21.09
	机　械　费（元）		163.25	150.46	176.59	11.25
名　　　称	单位	单价（元）	消　　耗　　量			
人工 综合工日	工日	140.00	1.299	1.229	1.181	0.222
材料 接地线 5.5～16mm²	m	4.27	—	—	1.000	
聚四氟乙烯生料带	m	0.13	—	0.150	—	
棉纱头	kg	6.00	0.050	0.060	0.060	
清洁剂 500mL	瓶	8.66	0.150	0.050	0.050	0.020
位号牌	个	2.14	1.000	1.000	1.000	1.000
校验材料费	元	1.00	2.704	5.150	4.506	1.674
仪表接头	套	8.55	2.000	1.000	—	2.000
其他材料费占材料费	%	—	5.000	5.000	5.000	
机械 电动空气压缩机 0.6m³/min	台班	37.30	0.252	0.232	—	
电动综合校验台	台班	16.58	—	—	0.099	
对讲机(一对)	台班	4.19	0.229	0.222	0.191	0.072
多功能信号校验仪	台班	123.21	—	—	0.229	0.086
铭牌打印机	台班	31.01	0.012	0.012	0.012	
气动综合校验台	台班	8.46	0.120	0.117	—	
汽车式起重机 16t	台班	958.70	0.101	0.093	0.096	
试压泵 2.5MPa	台班	14.62	0.252	0.232	0.240	
手持式万用表	台班	4.07	—	—	0.229	0.086
数字电压表	台班	5.77	—	—	0.114	
数字毫秒表	台班	3.75	0.080	0.078	0.066	
载重汽车 8t	台班	501.85	0.101	0.093	0.096	

工作内容：检查、接线或接管、配合安装、调整试验、接地、配合单机试运转。 计量单位：台

定 额 编 号				A6-2-91	A6-2-92
项 目 名 称				在线电磁阀	伺服放大器
基 价（元）				269.70	45.70
其中	人 工 费（元）			120.12	32.90
	材 料 费（元）			9.39	1.73
	机 械 费（元）			140.19	11.07
名 称		单位	单价（元）	消 耗 量	
人工	综合工日	工日	140.00	0.858	0.235
材料	半圆头镀锌螺栓 M2～5×15～50	套	0.09	—	4.000
	接地线 5.5～16mm²	m	4.27	1.000	—
	棉纱头	kg	6.00	0.050	—
	清洁剂 500mL	瓶	8.66	0.050	—
	位号牌	个	2.14	1.000	—
	校验材料费	元	1.00	1.802	1.287
	其他材料费占材料费	%	—	5.000	5.000
机械	电动综合校验台	台班	16.58	0.036	0.030
	对讲机(一对)	台班	4.19	0.078	0.055
	多功能信号校验仪	台班	123.21	0.094	0.066
	精密交直流稳压电源	台班	64.84	0.036	0.030
	铭牌打印机	台班	31.01	0.012	—
	汽车式起重机 16t	台班	958.70	0.085	—
	手持式万用表	台班	4.07	0.094	0.066
	数字电压表	台班	5.77	0.047	—
	载重汽车 8t	台班	501.85	0.085	—
	兆欧表	台班	5.76	0.030	—

工作内容：现场调整或试验、检查、接线和接地等配合单机试运转。 计量单位：台

定 额 编 号				A6-2-93	A6-2-94	A6-2-95	A6-2-96
项 目 名 称				阀门检查接线			
				气动蝶阀	电动蝶阀	多通电动阀	多通电磁阀
基 价（元）				61.88	35.24	41.00	35.42
其中	人 工 费（元）			20.30	22.40	26.04	22.40
	材 料 费（元）			38.81	7.14	7.27	7.14
	机 械 费（元）			2.77	5.70	7.69	5.88
名 称		单位	单价（元）	消 耗 量			
人工	综合工日	工日	140.00	0.145	0.160	0.186	0.160
材料	接地线 5.5～16mm²	m	4.27	—	1.000	1.000	1.000
	聚四氟乙烯生料带	m	0.13	0.150	—	—	—
	位号牌	个	2.14	1.000	1.000	1.000	1.000
	细白布	m	3.08	0.070	—	—	—
	校验材料费	元	1.00	0.386	0.386	0.510	0.386
	仪表接头	套	8.55	4.000	—	—	—
	其他材料费占材料费	%	—	5.000	5.000	5.000	5.000
机械	便携式电动泵压力校验仪	台班	39.34	0.056	—	—	—
	对讲机(一对)	台班	4.19	0.046	0.041	0.055	0.041
	多功能信号校验仪	台班	123.21	—	0.037	0.050	0.037
	接地电阻测试仪	台班	3.35	—	0.050	0.050	0.050
	铭牌打印机	台班	31.01	0.012	0.012	0.012	0.012
	手持式万用表	台班	4.07	—	0.068	0.092	0.068
	数字电压表	台班	5.77	—	0.027	0.037	0.027
	兆欧表	台班	5.76	—	—	0.030	0.030

定　额　编　号	A6-2-97
项　目　名　称	防爆阀门控制箱
基　　　价（元）	195.28

其中	人　工　费（元）	116.34
	材　料　费（元）	36.90
	机　械　费（元）	42.04

	名　　称	单位	单价（元）	消　耗　量
人工	综合工日	工日	140.00	0.831
材料	接地线 5.5～16mm^2	m	4.27	1.500
	位号牌	个	2.14	1.000
	细白布	m	3.08	0.100
	校验材料费	元	1.00	0.644
	仪表接头	套	8.55	3.000
	其他材料费占材料费	%	—	5.000
机械	接地电阻测试仪	台班	3.35	0.050
	铭牌打印机	台班	31.01	0.012
	手持式万用表	台班	4.07	0.107
	载重汽车 4t	台班	408.97	0.100
	兆欧表	台班	5.76	0.030

3.直接作用调节阀

工作内容：清理、检查、单体试验、配合安装。

计量单位：台

定 额 编 号				A6-2-98	A6-2-99
项 目 名 称				自力式压力调节阀 重锤式	自力式压力调节阀 带指挥器
基 价（元）				75.73	134.63
其中	人 工 费（元）			54.60	73.50
	材 料 费（元）			12.58	48.49
	机 械 费（元）			8.55	12.64
名 称		单位	单价（元）	消 耗 量	
人工	综合工日	工日	140.00	0.390	0.525
材料	棉纱头	kg	6.00	0.050	0.050
	清洁剂 500mL	瓶	8.66	0.100	0.100
	位号牌	个	2.14	1.000	1.000
	校验材料费	元	1.00	0.129	0.129
	仪表接头	套	8.55	1.000	5.000
	其他材料费占材料费	%	—	5.000	5.000
机械	铭牌打印机	台班	31.01	0.012	0.012
	载重汽车 4t	台班	408.97	0.020	0.030

工作内容：清理、检查、单体试验、配合安装。

计量单位：台

定 额 编 号				A6-2-100	A6-2-101
项 目 名 称				自力式流量调节阀	自力式温度调节阀
基 价 （元）				137.00	79.44
其中	人 工 费 （元）			75.46	56.56
	材 料 费 （元）			48.49	13.92
	机 械 费 （元）			13.05	8.96
名 称		单位	单价（元）	消 耗 量	
人工	综合工日	工日	140.00	0.539	0.404
材料	插座 带丝堵	套	—	—	（1.000）
	棉纱头	kg	6.00	0.050	0.060
	尼龙扎带(综合)	根	0.07	—	5.000
	清洁剂 500mL	瓶	8.66	0.100	0.200
	位号牌	个	2.14	1.000	1.000
	校验材料费	元	1.00	0.129	0.129
	仪表接头	套	8.55	5.000	1.000
	其他材料费占材料费	%	—	5.000	5.000
机械	铭牌打印机	台班	31.01	0.012	0.012
	载重汽车 4t	台班	408.97	0.031	0.021

4.执行仪表附件

工作内容：清理、检查、安装、调整试验。

计量单位：台(只)

定 额 编 号			A6-2-102	A6-2-103
项 目 名 称			电/气阀门	气动阀门
			定位器	
基 价（元）			141.73	101.05
其中	人 工 费（元）		69.44	71.40
	材 料 费（元）		22.08	22.08
	机 械 费（元）		50.21	7.57
名 称		单位	单价(元)	消 耗 量
人工	综合工日	工日	140.00	0.496	0.510
材料	聚四氟乙烯生料带	m	0.13	0.200	0.200
	位号牌	个	2.14	1.000	1.000
	细白布	m	3.08	0.070	0.070
	校验材料费	元	1.00	1.545	1.545
	仪表接头	套	8.55	2.000	2.000
	其他材料费占材料费	%	—	5.000	5.000
机械	电动空气压缩机 0.6m³/min	台班	37.30	0.139	0.145
	对讲机(一对)	台班	4.19	0.102	0.107
	多功能校验仪	台班	237.59	0.178	—
	铭牌打印机	台班	31.01	0.012	0.012
	气动综合校验台	台班	8.46	0.151	0.158
	手持式万用表	台班	4.07	0.162	—

工作内容：清理、检查、安装、调整试验。 计量单位：台(只)

定　额　编　号				A6-2-104	A6-2-105	A6-2-106
项　目　名　称				气控气阀	电控气阀	电磁换气阀
基　　　价（元）				57.48	47.73	45.35
其中	人　工　费（元）			28.56	27.58	25.62
	材　料　费（元）			27.53	18.41	18.41
	机　械　费（元）			1.39	1.74	1.32
名　　　称		单位	单价（元）	消　　耗　　量		
人工	综合工日	工日	140.00	0.204	0.197	0.183
材料	聚四氟乙烯生料带	m	0.13	0.200	0.200	0.200
	细白布	m	3.08	0.050	0.050	0.050
	校验材料费	元	1.00	0.386	0.258	0.258
	仪表接头	套	8.55	3.000	2.000	2.000
	其他材料费占材料费	%	—	5.000	5.000	5.000
机械	电动空气压缩机 0.6m³/min	台班	37.30	0.030	0.026	0.020
	电动综合校验台	台班	16.58	—	0.024	0.018
	气动综合校验台	台班	8.46	0.032	0.029	0.022
	手持式万用表	台班	4.07	—	0.031	0.023

工作内容：清理、检查、安装、调整试验。

定 额 编 号				A6-2-107	A6-2-108
项 目 名 称				气路二位多通电磁阀	三断自锁装置
基 价（元）				67.09	72.40
其中	人 工 费（元）			29.68	27.16
	材 料 费（元）			36.37	36.74
	机 械 费（元）			1.04	8.50
名 称		单位	单价（元）	消 耗 量	
人工	综合工日	工日	140.00	0.212	0.194
材料	聚四氟乙烯生料带	m	0.13	0.200	0.150
	细白布	m	3.08	0.050	—
	校验材料费	元	1.00	0.258	0.510
	仪表接头	套	8.55	4.000	4.000
	真丝绸布 宽900	m	13.15	—	0.020
	其他材料费占材料费	%	—	5.000	5.000
机械	电动空气压缩机 0.6m³/min	台班	37.30	0.015	0.031
	电动综合校验台	台班	16.58	0.015	0.031
	多功能信号校验仪	台班	123.21	—	0.054
	气动综合校验台	台班	8.46	0.015	—
	手持式万用表	台班	4.07	0.025	0.043

工作内容：清理、检查、安装、调整试验。

计量单位：台(只)

定 额 编 号				A6-2-109	A6-2-110
项 目 名 称				气动保位阀/安保器	阀位传送器
基 价 （元）				50.51	49.54
其中	人 工 费 （元）			26.04	24.78
	材 料 费 （元）			18.66	18.64
	机 械 费 （元）			5.81	6.12
名 称		单位	单价（元）	消 耗 量	
人工	综合工日	工日	140.00	0.186	0.177
材料	聚四氟乙烯生料带	m	0.13	0.150	—
	校验材料费	元	1.00	0.386	0.386
	仪表接头	套	8.55	2.000	2.000
	真丝绸布 宽900	m	13.15	0.020	0.020
	其他材料费占材料费	%	—	5.000	5.000
机械	电动空气压缩机 0.6m³/min	台班	37.30	0.022	0.022
	电动综合校验台	台班	16.58	—	0.022
	多功能信号校验仪	台班	123.21	0.039	0.039
	气动综合校验台	台班	8.46	0.022	—
	手持式万用表	台班	4.07	—	0.032

工作内容：清理、检查、安装、调整试验。计量单位：台(只)

定　额　编　号			A6-2-111	A6-2-112	A6-2-113
项　目　名　称			限位/微动开关	趋近开关	防爆微动开关
基　　　　价（元）			8.35	10.40	10.66
其中	人　工　费（元）		7.70	9.52	9.80
	材　料　费（元）		0.41	0.55	0.55
	机　械　费（元）		0.24	0.33	0.31
名　　　称	单位	单价（元）	消　　耗　　量		
人工	综合工日	工日	140.00	0.055	0.068	0.070
材料	校验材料费	元	1.00	0.129	0.258	0.260
	真丝绸布　宽900	m	13.15	0.020	0.020	0.020
	其他材料费占材料费	%	—	5.000	5.000	5.000
机械	电动综合校验台	台班	16.58	0.011	0.015	0.014
	手持式万用表	台班	4.07	0.015	0.021	0.020

114

5.气源缓冲罐

工作内容：准备、清理、运输、检查、安装固定、接地、挂牌。　　　　　　　　　　　　计量单位：台

定 额 编 号				A6-2-114	A6-2-115	A6-2-116
项 目 名 称				气源缓冲罐		
				200kg	500kg	1t
基 价（元）				566.74	791.97	1223.01
其中	人 工 费（元）			269.36	307.72	373.38
	材 料 费（元）			15.46	15.46	15.78
	机 械 费（元）			281.92	468.79	833.85
名 称		单位	单价（元）	消 耗 量		
人工	综合工日	工日	140.00	1.924	2.198	2.667
材料	冲击钻头 φ12	个	6.75	0.020	0.020	0.020
	电	kW·h	0.68	0.500	0.500	0.500
	六角螺栓 M20×70～100	套	2.22	4.000	4.000	4.000
	膨胀螺栓 M12	套	0.73	4.000	4.000	4.000
	位号牌	个	2.14	1.000	1.000	1.000
	细白布	m	3.08	0.100	0.100	0.200
	其他材料费占材料费	%	—	5.000	5.000	5.000
机械	电动空气压缩机 6m³/min	台班	206.73	0.521	0.584	0.668
	铭牌打印机	台班	31.01	0.012	0.012	0.012
	汽车式起重机 16t	台班	958.70	0.100	0.200	0.400
	载重汽车 15t	台班	779.76	0.100	0.200	0.400

工作内容：准备、清理、运输、检查、安装固定、接地、挂牌。　　　　　　　　　　　　计量单位：台

定 额 编 号				A6-2-117	A6-2-118
项 目 名 称				气源缓冲罐	
				1.5t	2t
基 价（元）				1451.04	1516.15
其中	人 工 费（元）			418.88	466.62
	材 料 费（元）			15.78	15.78
	机 械 费（元）			1016.38	1033.75
名 称		单位	单价（元）	消 耗 量	
人工	综合工日	工日	140.00	2.992	3.333
材料	冲击钻头 φ12	个	6.75	0.020	0.020
	电	kW•h	0.68	0.500	0.500
	六角螺栓 M20×70～100	套	2.22	4.000	4.000
	膨胀螺栓 M12	套	0.73	4.000	4.000
	位号牌	个	2.14	1.000	1.000
	细白布	m	3.08	0.200	0.200
	其他材料费占材料费	%	—	5.000	5.000
机械	电动空气压缩机 6m³/min	台班	206.73	0.710	0.794
	铭牌打印机	台班	31.01	0.012	0.012
	汽车式起重机 16t	台班	958.70	0.500	0.500
	载重汽车 15t	台班	779.76	0.500	0.500

五、仪表回路模拟试验

1.检测回路

工作内容：管路线路检查、单元仪表检查、设定、排错、模拟试验。

计量单位：套

定　额　编　号			A6-2-119	A6-2-120	A6-2-121
项　目　名　称			温度检测回路	压力检测回路	流量检测回路
基　　价（元）			40.56	68.14	67.85
其中	人　工　费（元）		28.56	37.94	47.74
	材　料　费（元）		1.03	1.42	1.80
	机　械　费（元）		10.97	28.78	18.31
名　　称	单位	单价（元）	消　　耗　　量		
人工	综合工日	工日	140.00	0.204	0.271	0.341
材料	校验材料费	元	1.00	1.030	1.416	1.802
机械	便携式电动泵压力校验仪	台班	39.34	—	0.081	—
	对讲机（一对）	台班	4.19	0.121	0.161	0.202
	多功能压力校验仪	台班	203.66	—	0.051	—
	回路校验仪	台班	93.12	0.100	0.134	0.168
	接地电阻测试仪	台班	3.35	0.050	0.050	0.050
	手持式万用表	台班	4.07	0.100	0.134	0.168
	数字电压表	台班	5.77	0.100	0.134	0.168
	数字压力表	台班	4.51	—	0.127	—

工作内容：管路线路检查、单元仪表检查、设定、排错、模拟试验。 计量单位：套

定 额 编 号				A6-2-122	A6-2-123
项 目 名 称				差压式流量/液位检测回路	物位检测回路
基 价（元）				85.59	98.25
其中	人 工 费（元）			55.02	69.16
	材 料 费（元）			2.06	2.58
	机 械 费（元）			28.51	26.51
名 称		单位	单价（元）	消 耗 量	
人工	综合工日	工日	140.00	0.393	0.494
材料	校验材料费	元	1.00	2.060	2.575
机械	便携式电动泵压力校验仪	台班	39.34	0.117	—
	标准差压发生器PASHEN	台班	26.87	0.073	—
	对讲机(一对)	台班	4.19	0.233	0.292
	回路校验仪	台班	93.12	0.194	0.244
	接地电阻测试仪	台班	3.35	0.050	0.050
	手持式万用表	台班	4.07	0.194	0.244
	数字电压表	台班	5.77	0.194	0.244
	数字压力表	台班	4.51	0.183	—

118

定　额　编　号			A6-2-124	A6-2-125	A6-2-126	A6-2-127
项　目　名　称			多点检测回路(点内)			
			4	6	10	20
基　　　　价（元）			86.05	109.16	132.24	155.10
其中	人　工　费（元）		49.00	62.16	75.32	88.48
	材　料　费（元）		1.80	2.32	2.83	3.35
	机　械　费（元）		35.25	44.68	54.09	63.27
名　　　　称	单位	单价(元)	消　　耗　　量			
人工	综合工日	工日	140.00	0.350	0.444	0.538	0.632
材料	校验材料费	元	1.00	1.802	2.317	2.832	3.347
机械	便携式电动泵压力校验仪	台班	39.34	0.104	0.132	0.160	0.187
	对讲机(一对)	台班	4.19	0.208	0.263	0.319	0.375
	多功能校验仪	台班	237.59	0.104	0.132	0.160	0.187
	接地电阻测试仪	台班	3.35	0.050	0.050	0.050	0.050
	手持式万用表	台班	4.07	0.173	0.219	0.266	0.312
	数字电压表	台班	5.77	0.173	0.219	0.266	0.312
	数字压力表	台班	4.51	0.069	0.080	0.097	0.115
	智能数字压力校验仪	台班	49.29	0.069	0.088	0.106	0.125

2.调节回路

工作内容：管路线路检查、单元仪表检查、设定、排错、模拟试验。　　　　　　　　计量单位：套

定　额　编　号				A6-2-128	A6-2-129	A6-2-130
项　目　名　称				简单回路	复杂回路	
					双回路	多回路
基　　　　价（元）				165.96	284.71	403.06
其中	人　工　费（元）			81.76	140.28	198.66
	材　料　费（元）			3.09	5.28	7.47
	机　械　费（元）			81.11	139.15	196.93
名　　　称		单位	单价（元）	消　　耗　　量		
人工	综合工日	工日	140.00	0.584	1.002	1.419
材料	校验材料费	元	1.00	3.090	5.278	7.467
机械	对讲机（一对）	台班	4.19	0.192	0.330	0.467
	多功能校验仪	台班	237.59	0.269	0.462	0.654
	回路校验仪	台班	93.12	0.154	0.264	0.374
	接地电阻测试仪	台班	3.35	0.050	0.050	0.050
	手持式万用表	台班	4.07	0.192	0.330	0.467
	数字电压表	台班	5.77	0.192	0.330	0.467

工作内容：管路线路检查、单元仪表检查、设定、排错、模拟试验。　　　　　　　　　　　计量单位：套

定　额　编　号			A6-2-131	A6-2-132
项　目　名　称			手操回路	无线传输回路(接发点)
基　　　价（元）			79.75	184.26
其中	人　工　费（元）		39.20	114.94
	材　料　费（元）		1.55	4.64
	机　械　费（元）		39.00	64.68
名　　称	单位	单价（元）	消　耗　量	
人工	综合工日	工日	140.00	0.280	0.821
材料	校验材料费	元	1.00	1.545	4.635
机械	笔记本电脑	台班	9.38	—	0.284
	对讲机（一对）	台班	4.19	0.092	0.284
	多功能校验仪	台班	237.59	0.129	0.256
	回路校验仪	台班	93.12	0.074	—
	接地电阻测试仪	台班	3.35	0.050	—
	手持式万用表	台班	4.07	0.092	—
	数字电压表	台班	5.77	0.092	—

第三章 机械量监控装置

说　　明

一、本章内容包括测厚测宽装置，旋转机械监测装置，称重装置，皮带秤及皮带打滑、跑偏检测，称重装置及电子皮带秤标定。

二、本章包括以下工作内容：

准备、开箱、设备清点、搬运、附属件安装、校接线；显示或控制装置安装试验，常规检查、单元检查、功能测试、设备接地、整套系统试验、配合单机试运转、记录。此外还包括如下内容：

1. 配合安装机械量装置探头、传感器、传动机构、测量架、皮带秤称量框和托辊及安全防护等。

2. 称重装置标定。

三、本章不包括以下工作内容：

1. 仪表支架、支座、台座制作与安装。

2. 标定用砝码、链码的租用、运输、挂码和实物标定的物源准备、堆场工作。

工程量计算规则

一、传感器安装以"台"为计量单位，显示装置和可编程控制装置以"套"为计量单位，包括显示、累计、报警、控制、通信、打印、拷贝等功能。

二、配合安装机械量装置传感器、探头、检测元件、传动机构、测量架（框），对控制部分检查、接线、接地、绝缘测试、单元检查、功能测试、整机系统试验、运行。称重仪表按传感器的数量和显示装置或控制装置配套一起试验。

三、机械量仪表安全防护用材料、机械或仪器等按施工组织设计另行计算。

四、微型传感器用于精细工程，包括传感器本体安装试验。

一、测厚测宽装置

工作内容：配合开箱检查、运输、安装、安全防护、接线、常规检查、单元检查、功能检查、设备接地、整机系统试验。

计量单位：套

定　额　编　号				A6-3-1	
项　目　名　称				接触式测厚仪	
基　　　　价（元）				1906.19	
其中	人　工　费（元）			1232.00	
	材　料　费（元）			35.97	
	机　械　费（元）			638.22	
名　　　称		单位	单价（元）	消　　耗　　量	
人工	综合工日	工日	140.00	8.800	
材料	接地线 5.5～16mm^2	m	4.27	1.000	
	清洁布 250×250	块	2.56	1.000	
	位号牌	个	2.14	1.000	
	细白布	m	3.08	0.100	
	校验材料费	元	1.00	24.976	
	其他材料费占材料费	%	—	5.000	
机械	对讲机（一对）	台班	4.19	2.563	
	多功能校验仪	台班	237.59	2.563	
	接地电阻测试仪	台班	3.35	0.050	
	铭牌打印机	台班	31.01	0.012	
	手持式万用表	台班	4.07	2.563	
	数字电压表	台班	5.77	1.282	
	兆欧表	台班	5.76	0.030	

工作内容：配合开箱检查、运输、安装、安全防护、接线、常规检查、单元检查、功能检查、设备接地、整机系统试验。

计量单位：套

定 额 编 号				A6-3-2	A6-3-3	A6-3-4
项 目 名 称				同位素测厚仪		
				直接测量	带"C"型架	
					100kg以下	100kg以上
基 价（元）				3685.22	4044.01	4100.36
其中	人 工 费（元）			2335.34	2577.40	2630.60
	材 料 费（元）			66.94	81.94	85.09
	机 械 费（元）			1282.94	1384.67	1384.67
名 称		单位	单价（元）	消 耗 量		
人工	综合工日	工日	140.00	16.681	18.410	18.790
材料	电	kW·h	0.68	—	0.600	0.600
	接地线 5.5～16mm²	m	4.27	1.000	1.000	1.000
	警告牌	个	3.52	1.000	1.000	1.000
	棉纱头	kg	6.00	—	0.500	1.000
	清洁布 250×250	块	2.56	1.000	2.000	2.000
	清洁剂 500mL	瓶	8.66	—	0.500	0.500
	位号牌	个	2.14	1.000	1.000	1.000
	细白布	m	3.08	0.300	0.300	0.300
	校验材料费	元	1.00	50.337	54.328	54.328
	其他材料费占材料费	%	—	5.000	5.000	5.000
机械	对讲机（一对）	台班	4.19	5.155	5.564	5.564
	多功能校验仪	台班	237.59	5.155	5.564	5.564
	接地电阻测试仪	台班	3.35	0.050	0.050	0.050
	铭牌打印机	台班	31.01	0.012	0.012	0.012
	手持式万用表	台班	4.07	5.155	5.564	5.564
	数字电压表	台班	5.77	2.577	2.782	2.782
	兆欧表	台班	5.76	0.030	0.030	0.030

128

工作内容：配合开箱检查、运输、安装、安全防护、接线、常规检查、单元检查、功能检查、设备接地、整机系统试验。

计量单位：套

定　额　编　号			A6-3-5	A6-3-6
项　目　名　称			电容/光电式厚度检测装置	宽度检测装置
基　　　价（元）			2038.49	4388.06
其中	人　工　费（元）		1350.58	2832.06
	材　料　费（元）		36.51	70.84
	机　械　费（元）		651.40	1485.16
名　　称	单位	单价（元）	消　　耗　　量	
人工 综合工日	工日	140.00	9.647	20.229
材料 接地线 5.5～16mm²	m	4.27	1.000	1.000
清洁布 250×250	块	2.56	1.000	1.000
位号牌	个	2.14	1.000	1.000
细白布	m	3.08	0.100	0.100
校验材料费	元	1.00	25.491	58.191
其他材料费占材料费	%	—	5.000	5.000
机械 对讲机(一对)	台班	4.19	2.616	5.968
多功能校验仪	台班	237.59	2.616	5.968
接地电阻测试仪	台班	3.35	0.050	0.050
铭牌打印机	台班	31.01	0.012	0.012
手持式万用表	台班	4.07	2.616	5.968
数字电压表	台班	5.77	1.308	2.984
兆欧表	台班	5.76	0.030	0.030

二、旋转机械监测装置

工作内容：配合开箱检查、运输、安装及仪表设备安装、接线、常规检查、单元检查、功能检查、配合试运转。

计量单位：套

定 额 编 号				A6-3-7	A6-3-8	A6-3-9
项 目 名 称				挠度监测	轴位移量监测	热膨胀监测
基 价（元）				511.35	533.91	510.85
其中	人 工 费（元）			363.44	379.68	366.80
	材 料 费（元）			8.25	8.25	8.11
	机 械 费（元）			139.66	145.98	135.94
名 称		单位	单价（元）	消 耗 量		
人工	综合工日	工日	140.00	2.596	2.712	2.620
材料	位号牌	个	2.14	1.000	1.000	1.000
	细白布	m	3.08	0.100	0.100	0.100
	校验材料费	元	1.00	5.407	5.407	5.278
	其他材料费占材料费	%	—	5.000	5.000	5.000
机械	对讲机(一对)	台班	4.19	0.560	0.555	0.545
	多功能校验仪	台班	237.59	0.560	0.555	0.545
	铭牌打印机	台班	31.01	0.012	0.012	0.012
	手持式万用表	台班	4.07	0.560	0.555	0.545
	数字电压表	台班	5.77	0.280	0.277	0.273
	轴位移测振仪 TK3	台班	13.62	—	0.555	—

130

工作内容：配合开箱检查、运输、安装及仪表设备安装、接线、常规检查、单元检查、功能检查、配合试运转。

计量单位：套

定 额 编 号				A6-3-10	A6-3-11	A6-3-12
项 目 名 称				转速监测	振动监测	扭矩监测
基 价（元）				429.27	544.20	471.47
其中	人 工 费（元）			309.82	388.92	324.80
	材 料 费（元）			7.17	8.25	8.25
	机 械 费（元）			112.28	147.03	138.42
名 称		单位	单价（元）	消 耗 量		
人工	综合工日	工日	140.00	2.213	2.778	2.320
材料	位号牌	个	2.14	1.000	1.000	1.000
	细白布	m	3.08	0.100	0.100	0.100
	校验材料费	元	1.00	4.377	5.407	5.407
	其他材料费占材料费	%	—	5.000	5.000	5.000
机械	对讲机(一对)	台班	4.19	0.446	0.556	0.555
	多功能校验仪	台班	237.59	0.446	0.556	0.555
	铭牌打印机	台班	31.01	0.012	0.012	0.012
	示波器	台班	9.61	0.034	—	—
	手持式万用表	台班	4.07	0.446	0.556	0.555
	数字电压表	台班	5.77	0.223	0.278	0.277
	数字频率计	台班	18.84	0.034	0.042	—
	轴位移测振仪 TK3	台班	13.62	—	0.556	—

三、称重装置

工作内容：配合清点和安装、常规检查、校接线、接地、绝缘检查、整机系统试验。　　　　计量单位：台

定 额 编 号				A6-3-13	A6-3-14	A6-3-15
项 目 名 称				称重传感器(称重量)		
				微型	10～1000kg	1～10t
基 价（元）				60.55	246.20	280.97
其中	人 工 费（元）			53.20	231.56	263.20
	材 料 费（元）			6.84	13.20	16.10
	机 械 费（元）			0.51	1.44	1.67
名 称		单位	单价(元)	消 耗 量		
人工	综合工日	工日	140.00	0.380	1.654	1.880
材料	接地线 5.5～16mm²	m	4.27	1.000	1.000	1.000
	棉纱头	kg	6.00	—	0.200	0.200
	清洁剂 500mL	瓶	8.66	0.200	0.300	0.500
	校验材料费	元	1.00	0.510	4.506	5.536
	其他材料费占材料费	%	—	5.000	5.000	5.000
机械	接地电阻测试仪	台班	3.35	0.050	0.050	0.050
	手持式万用表	台班	4.07	0.032	0.260	0.318
	线号打印机	台班	3.96	0.010	0.010	0.010
	兆欧表	台班	5.76	0.030	0.030	0.030

工作内容：配合清点和安装、常规检查、校接线、接地、绝缘检查、整机系统试验。 计量单位：台

定 额 编 号			A6-3-16	A6-3-17
项 目 名 称			称重传感器(称重量)	
			10～50t	50t以上
基 价（元）			314.07	366.64
其中	人 工 费（元）		294.98	344.40
	材 料 费（元）		17.18	19.97
	机 械 费（元）		1.91	2.27
名 称	单位	单价（元）	消 耗 量	
人工 综合工日	工日	140.00	2.107	2.460
材料 接地线 5.5～16mm²	m	4.27	1.000	1.000
棉纱头	kg	6.00	0.200	0.240
清洁剂 500mL	瓶	8.66	0.500	0.600
校验材料费	元	1.00	6.566	8.111
其他材料费占材料费	%	—	5.000	5.000
机械 接地电阻测试仪	台班	3.35	0.050	0.050
手持式万用表	台班	4.07	0.377	0.465
线号打印机	台班	3.96	0.010	0.010
兆欧表	台班	5.76	0.030	0.030

工作内容：配合清点和安装、常规检查、校接线、接地、绝缘检查、整机系统试验。　　　　　计量单位：套

定　额　编　号				A6-3-18	A6-3-19
项　目　名　称				称重显示装置	可编程称重控制装置
基　　　　价（元）				1062.48	5814.88
其 中	人　工　费（元）			541.10	3338.58
	材　料　费（元）			20.34	61.30
	机　械　费（元）			501.04	2415.00
名　　　称		单位	单价（元）	消　　耗　　量	
人 工	综合工日	工日	140.00	3.865	23.847
材 料	接地线 5.5～16mm²	m	4.27	1.000	2.000
	清洁布 250×250	块	2.56	1.000	2.000
	细白布	m	3.08	0.100	0.100
	校验材料费	元	1.00	12.230	44.415
	其他材料费占材料费	%	—	5.000	5.000
机 械	对讲机（一对）	台班	4.19	1.571	7.582
	多功能校验仪	台班	237.59	1.713	8.271
	接地电阻测试仪	台班	3.35	—	0.050
	精密交直流稳压电源	台班	64.84	1.185	5.722
	手持式万用表	台班	4.07	1.256	5.055
	数字电压表	台班	5.77	0.942	4.549
	线号打印机	台班	3.96	0.020	0.030

四、皮带秤及皮带打滑、跑偏检测

工作内容：配合清点和安装、校接线、接地、整机系统试验。 计量单位：台

定 额 编 号			A6-3-20	A6-3-21	A6-3-22	A6-3-23
项 目 名 称			电子皮带秤		皮带跑偏	皮带打滑
			单托辊	双托辊	检测	
基 价 （元）			859.79	893.11	695.50	568.21
其中	人 工 费 （元）		676.20	708.12	586.88	491.54
	材 料 费 （元）		31.10	32.50	13.63	11.74
	机 械 费 （元）		152.49	152.49	94.99	64.93
名 称	单位	单价（元）	消 耗 量			
人工	综合工日	工日	140.00	4.830	5.058	4.192	3.511
材料	接地线 5.5～16mm²	m	4.27	1.000	1.000	1.000	1.000
	六角螺栓 M6～10×20～70	套	0.17	4.000	10.000	—	—
	棉纱头	kg	6.00	1.000	1.000	0.100	0.100
	位号牌	个	2.14	2.000	2.000	1.000	1.000
	细白布	m	3.08	0.200	0.300	0.100	0.100
	校验材料费	元	1.00	13.775	13.775	5.665	3.862
	其他材料费占材料费	%	—	5.000	5.000	5.000	5.000
机械	对讲机(一对)	台班	4.19	0.940	0.940	0.574	0.391
	多功能信号校验仪	台班	123.21	1.175	1.175	0.718	0.489
	接地电阻测试仪	台班	3.35	0.050	0.050	0.050	0.050
	铭牌打印机	台班	31.01	0.024	0.024	0.012	0.012
	手持式万用表	台班	4.07	0.705	0.705	0.431	0.294
	数字电压表	台班	5.77	—	—	0.287	0.196
	兆欧表	台班	5.76	—	—	0.030	0.030

工作内容：配合清点和安装、校接线、接地、整机系统试验。 计量单位：台

定 额 编 号				A6-3-24
项 目 名 称				拉绳开关
基 价（元）				765.49
其中	人 工 费（元）			707.28
	材 料 费（元）			14.64
	机 械 费（元）			43.57
名 称	单位	单价（元）	消 耗 量	
人工	综合工日	工日	140.00	5.052	
材料	φ4mm覆塑钢丝绳	m	—	(30.000)	
	拉绳开关及附件	套	—	(1.000)	
	接地线 5.5～16mm²	m	4.27	1.000	
	棉纱头	kg	6.00	0.500	
	清洁剂 500mL	瓶	8.66	0.200	
	位号牌	个	2.14	1.000	
	细白布	m	3.08	0.200	
	校验材料费	元	1.00	2.189	
	其他材料费占材料费	%	—	5.000	
机械	对讲机（一对）	台班	4.19	0.224	
	多功能信号校验仪	台班	123.21	0.281	
	铭牌打印机	台班	31.01	0.012	
	手持式万用表	台班	4.07	0.168	
	数字电压表	台班	5.77	0.112	
	载重汽车 4t	台班	408.97	0.015	
	兆欧表	台班	5.76	0.030	

五、称重装置及电子皮带秤标定

工作内容：机械部分调整，零点、线性度和精度试验，电源调整，皮带速度、周长、静态复合率调整等。

计量单位：次/套

定 额 编 号			A6-3-25	A6-3-26	A6-3-27	A6-3-28
项 目 名 称			挂码标定(挂码重量kg以内)			
			20	50	80	100
基 价（元）			384.92	525.44	699.11	947.50
其中	人 工 费（元）		375.90	515.90	688.80	936.04
	材 料 费（元）		4.10	4.61	5.39	6.54
	机 械 费（元）		4.92	4.93	4.92	4.92
名 称	单位	单价（元）	消 耗 量			
人工	综合工日	工日	140.00	2.685	3.685	4.920	6.686
材料	清洁剂 500mL	瓶	8.66	0.200	0.200	0.200	0.200
	细白布	m	3.08	0.350	0.350	0.350	0.350
	校验材料费	元	1.00	1.287	1.802	2.575	3.734
机械	对讲机(一对)	台班	4.19	0.420	0.420	0.420	0.420
	手持式万用表	台班	4.07	0.420	0.422	0.420	0.420
	数字电压表	台班	5.77	0.252	0.252	0.252	0.252

工作内容：机械部分调整,零点、线性度和精度试验,电源调整,皮带速度、周长、静态复合率调整等。

计量单位：次/套

定 额 编 号			A6-3-29	A6-3-30	A6-3-31
项 目 名 称			链码标定(链码重量kg以内)		
			50	100	200
基 价（元）			501.49	670.56	734.38
其中	人 工 费（元）		491.68	660.10	723.66
	材 料 费（元）		4.48	5.13	5.39
	机 械 费（元）		5.33	5.33	5.33
名 称		单位	单价(元)	消 耗 量	
人工	综合工日	工日	140.00	3.512	4.715	5.169
材料	清洁剂 500mL	瓶	8.66	0.200	0.200	0.200
	细白布	m	3.08	0.350	0.350	0.350
	校验材料费	元	1.00	1.674	2.317	2.575
机械	对讲机(一对)	台班	4.19	0.455	0.455	0.455
	手持式万用表	台班	4.07	0.455	0.455	0.455
	数字电压表	台班	5.77	0.273	0.273	0.273

工作内容：机械部分调整,零点、线性度和精度试验,电源调整,皮带速度、周长、静态复合率调整等。

计量单位：次/套

定 额 编 号				A6-3-32	A6-3-33	A6-3-34
项 目 名 称				实物标定(标定重量t以内)		
				5	8	15
基 价（元）				1651.77	2365.27	3524.44
其中	人 工 费（元）			506.94	660.10	931.56
	材 料 费（元）			4.89	71.07	108.14
	机 械 费（元）			1139.94	1634.10	2484.74
名 称		单位	单价（元）	消 耗 量		
人工	综合工日	工日	140.00	3.621	4.715	6.654
材料	校验材料费	元	1.00	4.892	71.065	108.142
机械	叉式起重机 5t	台班	506.51	0.461	0.662	1.008
	对讲机(一对)	台班	4.19	0.560	0.560	0.560
	汽车式起重机 25t	台班	1084.16	0.461	0.662	1.008
	手持式万用表	台班	4.07	0.560	0.560	0.560
	数字电压表	台班	5.77	0.336	0.336	0.336
	载重汽车 20t	台班	867.84	0.461	0.662	1.008

工作内容：机械部分调整,零点、线性度和精度试验,电源调整,皮带速度、周长、静态复合率调整等。

计量单位：次/套

定　额　编　号				A6-3-35	A6-3-36
项　目　名　称				实物标定(标定重量t以内)	
				25	50
基　　　　　价（元）				4730.37	5649.94
其中	人　工　费（元）			1213.80	1430.38
	材　料　费（元）			146.76	176.12
	机　械　费（元）			3369.81	4043.44
名　　称	单位	单价（元）		消　　耗　　量	
人工	综合工日	工日	140.00	8.670	10.217
材料	校验材料费	元	1.00	146.764	176.116
机械	叉式起重机 5t	台班	506.51	1.368	1.642
	对讲机(一对)	台班	4.19	0.560	0.560
	汽车式起重机 25t	台班	1084.16	1.368	1.642
	手持式万用表	台班	4.07	0.560	0.560
	数字电压表	台班	5.77	0.336	0.336
	载重汽车 20t	台班	867.84	1.368	1.642

第四章 过程分析及环境监测装置

说　　明

一、本章内容包括过程分析系统，水处理在线监测系统，物性检测装置，特殊预处理装置，分析柜、分析小屋及附件安装，气象环保监测系统。

1. 过程分析系统：电化学式、热学式、磁导式、红外线分析、光电比色分析、工业色谱分析、质谱仪、可燃气体热值指数仪、多功能多参数在线分析装置。

2. 水处理在线监测系统：水质分析、浊度、污水处理、毒气泄漏检测报警。

3. 物性检测装置：湿度、密度、水分、黏度、粉尘检测。

4. 特殊预处理装置：烟道脏气取样、炉气高温气体取样、重油分析取样、腐蚀组分取样、高黏度脏物取样、环境检测取样。

5. 分析柜、分析小屋及附件安装。

6. 气象环保监测装置：风向、风速、雨量、日照、飘尘、温湿度、露点、噪声。

二、本章包括以下工作内容：

准备、开箱、设备清点、搬运、校接线、成套仪表安装、附属件安装、常规检查、单元检查、功能测试、设备接地、整套系统试验、配合单机试运转、记录。此外还包括如下内容：

1. 成套分析仪表探头、通用预处理装置、转换装置、显示仪表安装及取样部件提供、清洗、保管。

2. 分析系统数据处理和控制设备调试、接口试验。

3. 分析仪表校验采用标准样品标定。

4. 分析小屋或柜安装就位、安全防护、接地、接地电阻测试。

5. 水质、环保监测成套安装，成套附件安装，整套试验运行。

6. 气象环保监测系统包括现场仪表安装固定、校接线、单元检查、系统试验。

三、本章不包括以下工作内容：

1. 仪表支架、支座、台座制作与安装。

2. 在管道上开孔焊接取源取样部件或法兰。

3. 校验用标准样品的配制。

4. 分析系统需配置的冷却器、水封及其他辅助容器的制作与安装，执行本册相关定额。

5. 分析小屋及分析柜通风、空调、管路、电缆、阀安装及底座、轨道制作安装，小屋或柜密封、试压、开孔。

6. 水质、环保监测系统不涉及土木建筑工作。

7. 气象环保监测的立杆、拉线、检修平台安装。

工程量计算规则

一、本章检测装置及仪表是成套装置，包括取样、预处理装置、探头、传感器、检出器、转换器、显示或控制装置等，安装和调试按"套"计算工程量，除有说明外，不分开计算工程量。

二、分析仪表为在线分析装置，分为化学分析或物理分析和物性分析，不适用于试验室或分析间的定性或定量分析仪器。

水质分析中缩写字母表示：

ORP—氧化还原电位值；

TOD—总需氧量；

COD—化学需氧量；

BOD—生物化学需氧量。

三、分析小屋及分析柜按"台"为计量单位，分析小屋按安装高度3m以下和3m以上区分安装，尺寸为长×宽×高：$3m×3m×3m=27 \ m^3$。在 $27 \ m^3$ 以下按定额人材机计算，超过 $27 \ m^3$ 按比例计算安装工程量。

四、过程分析系统、水质分析、污水处理、环保、气象等检测、监测装置安装试验时，施工方与有关方协调配合。

五、具有智能功能的过程分析、水质检测及环境检测等装置数据可传送至上位计算机接口试验执行本册第六章有关定额。

一、过程分析系统

工作内容：取样、预处理装置、探头、电视、数据处理及控制设备安装、检查、调整、系统试验、标定。

计量单位：套

定 额 编 号			A6-4-1	A6-4-2	A6-4-3	A6-4-4
项 目 名 称			电化学式分析仪			
			电导式		烟气分析	氧含量分析仪
			气体分析	液体分析		
基 价（元）			709.54	566.54	705.52	508.46
其中	人 工 费（元）		534.24	444.92	548.66	410.62
	材 料 费（元）		40.35	19.12	13.11	17.76
	机 械 费（元）		134.95	102.50	143.75	80.08
名 称		单位	单价（元）	消 耗 量		
人工	综合工日	工日	140.00	3.816	3.178	3.919	2.933
材料	取源部件	套	—	(1.000)	(1.000)	(1.000)	(1.000)
	六角螺栓 M6~10×20~70	套	0.17	2.000	—	—	—
	碳钢气焊条	kg	9.06	0.016	—	—	—
	位号牌	个	2.14	1.000	1.000	1.000	1.000
	细白布	m	3.08	0.350	0.350	0.350	0.350
	校验材料费	元	1.00	8.754	6.437	9.269	5.150
	氧气	m³	3.63	0.042	—	—	—
	仪表接头	套	8.55	3.000	1.000	—	1.000
	乙炔气	kg	10.45	0.016	—	—	—
	其他材料费占材料费	%	—	5.000	5.000	5.000	5.000
机械	对讲机（一对）	台班	4.19	0.743	0.550	0.792	0.440
	多功能校验仪	台班	237.59	0.520	0.385	0.554	0.308
	精密标准电阻箱	台班	4.15	—	0.600	—	—
	铭牌打印机	台班	31.01	0.012	0.012	0.012	0.012
	手持式万用表	台班	4.07	0.891	0.660	0.950	0.528
	数字电压表	台班	5.77	0.743	0.550	0.792	0.440

工作内容：取样、预处理装置、探头、电视、数据处理及控制设备安装、检查、调整、系统试验、标定。

计量单位：套

定　额　编　号			A6-4-5	A6-4-6	A6-4-7	A6-4-8
项　目　名　称			PH分析仪		氧化锆	去极化式
			流通式	沉入式	分析仪	
基　　　　　价（元）			588.52	561.65	584.97	876.54
其中	人　工　费（元）		441.14	430.22	436.52	642.46
	材　料　费（元）		29.93	11.49	21.01	54.19
	机　械　费（元）		117.45	119.94	127.44	179.89
名　　　称	单位	单价（元）	消　　耗　　量			
人工	综合工日	工日	140.00	3.151	3.073	3.118	4.589
材料	取源部件	套	—	—	—	(1.000)	(1.000)
	碳钢气焊条	kg	9.06	0.016	—	—	0.016
	位号牌	个	2.14	1.000	1.000	1.000	2.000
	细白布	m	3.08	0.350	0.350	0.350	0.350
	校验材料费	元	1.00	7.724	7.724	8.239	11.587
	氧气	m³	3.63	0.042	—	—	0.042
	仪表接头	套	8.55	2.000	—	1.000	4.000
	乙炔气	kg	10.45	0.016	—	—	0.016
	其他材料费占材料费	%	—	5.000	5.000	5.000	5.000
机械	对讲机（一对）	台班	4.19	0.066	0.660	0.701	0.990
	多功能校验仪	台班	237.59	0.462	0.462	0.491	0.693
	铭牌打印机	台班	31.01	0.012	0.012	0.012	0.012
	手持式万用表	台班	4.07	0.792	0.792	0.842	1.188
	数字电压表	台班	5.77	0.660	0.660	0.701	0.990
	兆欧表	台班	5.76	—	—	—	0.030

工作内容：取样、预处理装置、探头、电视、数据处理及控制设备安装、检查、调整、系统试验、标定。

计量单位：套

定　额　编　号			A6-4-9	A6-4-10	A6-4-11	A6-4-12
项　目　名　称			热学式分析仪		磁导式	红外线
			热导式	热化学式	分析仪	分析仪
基　　　价（元）			851.93	575.87	652.79	561.30
其中	人　工　费（元）		634.76	423.64	451.22	372.26
	材　料　费（元）		33.99	29.93	41.61	32.89
	机　械　费（元）		183.18	122.30	159.96	156.15
名　　称	单位	单价（元）	消　　耗　　量			
人工	综合工日	工日	140.00	4.534	3.026	3.223	2.659
材料	取源部件	套	—	(1.000)	(1.000)	(1.000)	(1.000)
	碳钢气焊条	kg	9.06	0.016	0.016	0.016	0.016
	位号牌	个	2.14	1.000	1.000	1.000	1.000
	细白布	m	3.08	0.350	0.350	0.350	—
	校验材料费	元	1.00	11.587	7.724	10.299	10.042
	氧气	m³	3.63	0.042	0.042	0.042	0.042
	仪表接头	套	8.55	2.000	2.000	3.000	2.000
	乙炔气	kg	10.45	0.016	0.016	0.016	0.016
	真丝绸布 宽900	m	13.15	—	—	—	0.120
	其他材料费占材料费	%	—	5.000	5.000	5.000	5.000
机械	对讲机（一对）	台班	4.19	0.990	0.660	0.880	0.859
	多功能校验仪	台班	237.59	0.693	0.462	0.616	0.602
	精密标准电阻箱	台班	4.15	0.792	0.528	—	—
	铭牌打印机	台班	31.01	0.012	0.012	0.012	0.012
	手持式万用表	台班	4.07	1.188	0.792	1.056	1.031
	数字电压表	台班	5.77	0.990	0.660	0.880	0.859
	兆欧表	台班	5.76	0.030	0.030	0.030	—

工作内容：取样、预处理装置、探头、电视、数据处理及控制设备安装、检查、调整、系统试验、标定。

计量单位：套

定 额 编 号			A6-4-13	A6-4-14	A6-4-15	A6-4-16
项 目 名 称			电磁	光电比色分析		工业气相
			浓度计	硅酸根自动分析	浊度分析	色谱分析
基 价 （元）			345.20	635.89	640.99	2106.01
其中	人 工 费（元）		251.30	430.22	369.04	1482.46
	材 料 费（元）		26.42	33.97	122.00	172.83
	机 械 费（元）		67.48	171.70	149.95	450.72
名 称	单位	单价（元）	消 耗 量			
人工 综合工日	工日	140.00	1.795	3.073	2.636	10.589
材料 取源部件	套	—	(1.000)	(1.000)	(1.000)	(6.000)
碳钢气焊条	kg	9.06	0.016	0.016	0.020	0.016
位号牌	个	2.14	1.000	1.000	1.000	6.000
细白布	m	3.08	0.350	—	—	—
校验材料费	元	1.00	4.377	11.072	96.555	28.967
氧气	m³	3.63	0.042	0.042	0.030	0.042
仪表接头	套	8.55	2.000	2.000	2.000	14.000
乙炔气	kg	10.45	0.016	0.016	0.010	0.016
真丝绸布 宽900	m	13.15	—	0.120	—	0.200
其他材料费占材料费	%	—	5.000	5.000	5.000	5.000
机械 对讲机(一对)	台班	4.19	0.369	0.946	0.825	2.475
多功能校验仪	台班	237.59	0.258	0.662	0.578	1.733
接地电阻测试仪	台班	3.35	0.050	—	—	—
铭牌打印机	台班	31.01	0.012	0.012	0.012	0.072
手持式万用表	台班	4.07	0.442	1.135	0.990	2.970
数字电压表	台班	5.77	0.369	0.946	0.825	2.475
兆欧表	台班	5.76	0.030	—	—	—

工作内容：取样、预处理装置、探头、电视、数据处理及控制设备安装、检查、调整、系统试验、标定。

计量单位：套

定 额 编 号				A6-4-17	A6-4-18	A6-4-19
项 目 名 称				质谱仪	可燃气体 热值指数仪	多功能多参数 在线分析仪
基 价（元）				1573.85	1049.99	1104.90
其 中	人 工 费（元）			1135.54	805.56	736.96
	材 料 费（元）			39.39	44.79	138.54
	机 械 费（元）			398.92	199.64	229.40
名 称		单位	单价（元）	消 耗 量		
人 工	综合工日	工日	140.00	8.111	5.754	5.264
材 料	取源部件	套	—	(1.000)	(1.000)	(4.000)
	六角螺栓 M6～8×20～50	套	0.09	—	5.000	—
	碳钢气焊条	kg	9.06	—	0.016	0.016
	位号牌	个	2.14	1.000	1.000	4.000
	细白布	m	3.08	0.350	0.350	0.350
	校验材料费	元	1.00	25.748	12.874	16.608
	氧气	m³	3.63	—	0.042	0.042
	仪表接头	套	8.55	1.000	3.000	12.000
	乙炔气	kg	10.45	—	0.016	0.016
	真丝绸布 宽900	m	13.15			0.200
	其他材料费占材料费	%	—	5.000	5.000	5.000
机 械	对讲机(一对)	台班	4.19	2.200	1.100	1.257
	多功能校验仪	台班	237.59	1.540	0.770	0.880
	接地电阻测试仪	台班	3.35	—	—	0.050
	铭牌打印机	台班	31.01	0.012	0.012	0.048
	手持式万用表	台班	4.07	2.640	1.320	1.509
	数字电压表	台班	5.77	2.200	1.100	1.257

二、水处理在线监测系统

工作内容：运输、取样、电极、探测器、传感器安装、数据处理及控制设备安装检查、调整、功能测试、系统试验。

计量单位：套

定　额　编　号				A6-4-20	A6-4-21	A6-4-22	A6-4-23
项　目　名　称				水质分析			
				ORP	TOD	COD	BOD
基　　价（元）				608.11	748.26	552.11	527.63
其中	人　工　费（元）			436.80	523.88	402.08	388.36
	材　料　费（元）			21.36	24.74	20.01	19.33
	机　械　费（元）			149.95	199.64	130.02	119.94
名　　称		单位	单价（元）	消　　耗　　量			
人工	综合工日	工日	140.00	3.120	3.742	2.872	2.774
材料	位号牌	个	2.14	1.000	1.000	1.000	1.000
	校验材料费	元	1.00	9.656	12.874	8.368	7.724
	仪表接头	套	8.55	1.000	1.000	1.000	1.000
	其他材料费占材料费	%	—	5.000	5.000	5.000	5.000
机械	对讲机(一对)	台班	4.19	0.825	1.100	0.715	0.660
	多功能校验仪	台班	237.59	0.578	0.770	0.501	0.462
	铭牌打印机	台班	31.01	0.012	0.012	0.012	0.012
	手持式万用表	台班	4.07	0.990	1.320	0.858	0.792
	数字电压表	台班	5.77	0.825	1.100	0.715	0.660

工作内容：运输、取样、电极、探测器、传感器安装、数据处理及控制设备安装检查、调整、功能测试、系统试验。

计量单位：套

定 额 编 号				A6-4-24	A6-4-25	A6-4-26
项 目 名 称				颗粒计数装置	在线激光颗粒物分析	固体悬浮物检测(MLSS)
基 价（元）				397.27	461.93	585.30
其中	人 工 费（元）			309.54	363.44	442.26
	材 料 费（元）			7.65	8.33	11.03
	机 械 费（元）			80.08	90.16	132.01
名 称		单位	单价（元）	消 耗 量		
人工	综合工日	工日	140.00	2.211	2.596	3.159
材料	位号牌	个	2.14	1.000	1.000	1.000
	校验材料费	元	1.00	5.150	5.793	8.368
	其他材料费占材料费	%	—	5.000	5.000	5.000
机械	编程器	台班	3.19	—	—	0.624
	对讲机(一对)	台班	4.19	0.440	0.495	0.715
	多功能校验仪	台班	237.59	0.308	0.347	0.501
	铭牌打印机	台班	31.01	0.012	0.012	0.012
	手持式万用表	台班	4.07	0.528	0.594	0.858
	数字电压表	台班	5.77	0.440	0.495	0.715

工作内容：运输、取样、电极、探测器、传感器安装、数据处理及控制设备安装检查、调整、功能测试、
系统试验。

计量单位：套

定　额　编　号				A6-4-27	A6-4-28	A6-4-29
项　目　名　称				污泥浓度检测 （SS）	污泥界面检测	有机物 污染物分析
基　　价（元）				475.13	366.19	974.79
其中	人　工　费（元）			382.06	278.46	702.24
	材　料　费（元）			8.06	7.65	19.14
	机　械　费（元）			85.01	80.08	253.41
名　　称		单位	单价(元)	消　　耗　　量		
人工	综合工日	工日	140.00	2.729	1.989	5.016
材料	位号牌	个	2.14	1.000	1.000	1.000
	校验材料费	元	1.00	5.536	5.150	16.093
	其他材料费占材料费	%	—	5.000	5.000	5.000
机械	编程器	台班	3.19	—	—	1.200
	对讲机(一对)	台班	4.19	0.468	0.440	1.375
	多功能校验仪	台班	237.59	0.327	0.308	0.963
	铭牌打印机	台班	31.01	0.012	0.012	0.012
	手持式万用表	台班	4.07	0.561	0.528	1.650
	数字电压表	台班	5.77	0.468	0.440	1.375

工作内容：运输、取样、电极、探测器、传感器安装、数据处理及控制设备安装检查、调整、功能测试、系统试验。

计量单位：套

定 额 编 号				A6-4-30	A6-4-31	A6-4-32
项 目 名 称				蓝绿藻/叶绿素分析	无机离子/检测	余氯分析
基 价（元）				348.25	734.62	308.43
其中	人 工 费（元）			276.36	545.44	248.08
	材 料 费（元）			6.30	13.06	5.63
	机 械 费（元）			65.59	176.12	54.72
名 称		单位	单价（元）	消 耗 量		
人工	综合工日	工日	140.00	1.974	3.896	1.772
材料	位号牌	个	2.14	1.000	1.000	1.000
	校验材料费	元	1.00	3.862	10.299	3.219
	其他材料费占材料费	%	—	5.000	5.000	5.000
机械	编程器	台班	3.19	—	0.576	—
	对讲机（一对）	台班	4.19	0.360	0.960	0.300
	多功能校验仪	台班	237.59	0.252	0.672	0.210
	铭牌打印机	台班	31.01	0.012	0.012	0.012
	手持式万用表	台班	4.07	0.432	1.152	0.360
	数字电压表	台班	5.77	0.360	0.960	0.300

工作内容：运输、取样、电极、探测器、传感器安装、数据处理及控制设备安装检查、调整、功能测试、系统试验。

计量单位：套

定　额　编　号			A6-4-33	A6-4-34	A6-4-35
项　目　名　称			游动电流检测(SCD)	硫化氢在线检测	水质浊度检测
基　　　价（元）			587.82	674.06	414.71
其中	人　工　费（元）		457.52	469.28	299.60
	材　料　费（元）		10.36	14.95	14.05
	机　械　费（元）		119.94	189.83	101.06
名　　　称	单位	单价（元）	消　　耗　　量		
人工 综合工日	工日	140.00	3.268	3.352	2.140
材料 取源部件	套	—	—	—	(1.000)
六角螺栓 M12×20～100	套	0.60	—	—	8.000
位号牌	个	2.14	1.000	1.000	1.000
校验材料费	元	1.00	7.724	12.102	6.437
其他材料费占材料费	%	—	5.000	5.000	5.000
机械 编程器	台班	3.19	—	0.819	0.330
对讲机(一对)	台班	4.19	0.660	1.031	0.550
多功能校验仪	台班	237.59	0.462	0.722	0.385
铭牌打印机	台班	31.01	0.012	0.012	0.012
手持式万用表	台班	4.07	0.792	1.238	0.660
数字电压表	台班	5.77	0.660	1.031	0.550

工作内容：运输、取样、电极、探测器、传感器安装、数据处理及控制设备安装检查、调整、功能测试、系统试验。

计量单位：套

定　额　编　号				A6-4-36	A6-4-37	A6-4-38
项　目　名　称				溶解臭氧浓度检测	余臭氧检测	臭氧监测
基　　　价（元）				253.83	359.05	869.94
其中	人　工　费（元）			193.48	269.78	633.36
	材　料　费（元）			5.63	7.38	15.76
	机　械　费（元）			54.72	81.89	220.82
名　　　称		单位	单价（元）	消　　耗　　量		
人工	综合工日	工日	140.00	1.382	1.927	4.524
材料	位号牌	个	2.14	1.000	1.000	1.000
	校验材料费	元	1.00	3.219	4.892	12.874
	其他材料费占材料费	%	—	5.000	5.000	5.000
机械	编程器	台班	3.19	—	—	0.960
	对讲机（一对）	台班	4.19	0.300	0.450	1.200
	多功能校验仪	台班	237.59	0.210	0.315	0.840
	铭牌打印机	台班	31.01	0.012	0.012	0.012
	手持式万用表	台班	4.07	0.360	0.540	1.440
	数字电压表	台班	5.77	0.300	0.450	1.200

工作内容：运输、取样、电极、探测器、传感器安装、数据处理及控制设备安装检查、调整、功能测试、系统试验。

计量单位：套

定　额　编　号			A6-4-39	A6-4-40	A6-4-41
项　目　名　称			氨气泄漏检测报警	二氧化氯泄漏检测报警	氯气泄漏检测报警
基　　　价（元）			369.03	435.04	377.22
其中	人　工　费（元）		340.76	316.96	282.24
	材　料　费（元）		9.01	9.01	7.65
	机　械　费（元）		19.26	109.07	87.33
名　　　称		单位	单价（元）	消　　耗　　量	
人工	综合工日	工日	140.00	2.434	2.264	2.016
材料	位号牌	个	2.14	1.000	1.000	1.000
	校验材料费	元	1.00	6.437	6.437	5.150
	其他材料费占材料费	%	—	5.000	5.000	5.000
机械	对讲机（一对）	台班	4.19	0.600	0.600	0.480
	多功能校验仪	台班	237.59	0.042	0.420	0.336
	铭牌打印机	台班	31.01	0.012	0.012	0.012
	手持式万用表	台班	4.07	0.720	0.720	0.576
	数字电压表	台班	5.77	0.600	0.600	0.480

计量单位：套

定　额　编　号				A6-4-42	A6-4-43
项　目　名　称				甲醇泄漏检测报警	紫外线强度在线检测
基　　　　价（元）				319.27	366.38
其中	人　工　费（元）			247.38	282.94
	材　料　费（元）			6.30	6.98
	机　械　费（元）			65.59	76.46
名　　称		单位	单价(元)	消　　耗　　量	
人工	综合工日	工日	140.00	1.767	2.021
材料	位号牌	个	2.14	1.000	1.000
	校验材料费	元	1.00	3.862	4.506
	其他材料费占材料费	%	—	5.000	5.000
机械	对讲机(一对)	台班	4.19	0.360	0.420
	多功能校验仪	台班	237.59	0.252	0.294
	铭牌打印机	台班	31.01	0.012	0.012
	手持式万用表	台班	4.07	0.432	0.504
	数字电压表	台班	5.77	0.360	0.420

工作内容：运输、取样、电极、探测器、传感器安装、数据处理及控制设备安装检查、调整、功能测试、系统试验。

计量单位：套

	定 额 编 号			A6-4-44	A6-4-45
	项 目 名 称			总氮分析	营养盐浓度监测
	基 价（元）			446.52	359.31
其中	人 工 费（元）			351.54	287.42
	材 料 费（元）			7.65	6.30
	机 械 费（元）			87.33	65.59
	名 称	单位	单价（元）	消 耗 量	
人工	综合工日	工日	140.00	2.511	2.053
材料	位号牌	个	2.14	1.000	1.000
	校验材料费	元	1.00	5.150	3.862
	其他材料费占材料费	%	—	5.000	5.000
机械	对讲机（一对）	台班	4.19	0.480	0.360
	多功能校验仪	台班	237.59	0.336	0.252
	铭牌打印机	台班	31.01	0.012	0.012
	手持式万用表	台班	4.07	0.576	0.432
	数字电压表	台班	5.77	0.480	0.360

三、物性检测装置

工作内容：取样、探头、预处理装置、数据处理及控制设备安装检查、调整、系统试验。　计量单位：套

定 额 编 号			A6-4-46	A6-4-47	A6-4-48	A6-4-49
项 目 名 称			湿度分析	密度和比重测定	核辐射密度计	水分计
基 价（元）			406.44	550.27	678.02	798.28
其中	人 工 费（元）		328.16	423.36	591.36	564.76
	材 料 费（元）		6.84	18.80	13.27	15.76
	机 械 费（元）		71.44	108.11	73.39	217.76
名 称	单位	单价（元）	消 耗 量			
人工	综合工日	工日	140.00	2.344	3.024	4.224	4.034
材料	取源部件	套	—	—	(1.000)	—	—
	镀锌六角螺栓 M12×50	套	0.41	—	—	4.000	—
	法兰垫片	个	0.17	—	—	1.000	—
	警告牌	个	3.52	—	—	1.000	—
	位号牌	个	2.14	1.000	1.000	1.000	1.000
	细白布	m	3.08	—	0.210	0.300	—
	校验材料费	元	1.00	4.377	6.566	4.248	12.874
	仪表接头	套	8.55	—	1.000	—	—
	其他材料费占材料费	%	—	5.000	5.000	5.000	5.000
机械	对讲机(一对)	台班	4.19	0.404	0.614	0.401	1.200
	多功能校验仪	台班	237.59	0.283	0.430	0.280	0.840
	接地电阻测试仪	台班	3.35	0.050	—	0.050	—
	铭牌打印机	台班	31.01	0.012	0.012	0.024	0.012
	手持式万用表	台班	4.07	0.485	0.737	0.481	1.440
	数字电压表	台班	5.77	—	—	0.401	1.200

工作内容：取样、探头、预处理装置、数据处理及控制设备安装检查、调整、系统试验。　计量单位：套

定　额　编　号			A6-4-50	A6-4-51	A6-4-52
项　目　名　称			黏度测定		粉尘检测
			设备上安装	管道上安装	
基　　　价（元）			1020.96	1009.56	669.88
其中	人　工　费（元）		723.24	709.94	486.36
	材　料　费（元）		30.88	32.78	19.57
	机　械　费（元）		266.84	266.84	163.95
名　　　称	单位	单价（元）	消　　耗　　量		
人工　综合工日	工日	140.00	5.166	5.071	3.474
材料　取源部件	套	—	(1.000)	(1.000)	—
镀锌六角螺栓 M12×50	套	0.41	4.000	8.000	8.000
法兰垫片	个	0.17	1.000	2.000	2.000
位号牌	个	2.14	1.000	1.000	2.000
细白布	m	3.08	0.350	0.350	0.350
校验材料费	元	1.00	15.835	15.835	9.656
仪表接头	套	8.55	1.000	1.000	—
其他材料费占材料费	%	—	5.000	5.000	5.000
机械　对讲机（一对）	台班	4.19	1.470	1.470	0.900
多功能校验仪	台班	237.59	1.029	1.029	0.630
接地电阻测试仪	台班	3.35	0.050	0.050	0.050
铭牌打印机	台班	31.01	0.012	0.012	0.024
手持式万用表	台班	4.07	1.764	1.764	1.080
数字电压表	台班	5.77	1.470	1.470	0.900

四、特殊预处理装置

工作内容：准备、开箱清点、运输、安装、检查、调整。　　　　　　　　　　　　　　　　　　计量单位：套

定　额　编　号				A6-4-53	A6-4-54	A6-4-55
项　目　名　称				烟道脏气取样	炉气高温气体取样	重油分析取样
基　　　价（元）				262.25	376.77	273.73
其中	人　工　费（元）			258.02	372.54	269.50
	材　料　费（元）			3.86	3.86	3.86
	机　械　费（元）			0.37	0.37	0.37
名　　称		单位	单价（元）	消　　耗　　量		
人工	综合工日	工日	140.00	1.843	2.661	1.925
材料	位号牌	个	2.14	1.000	1.000	1.000
	细白布	m	3.08	0.500	0.500	0.500
	其他材料费占材料费	%	—	5.000	5.000	5.000
机械	铭牌打印机	台班	31.01	0.012	0.012	0.012

定 额 编 号				A6-4-56	A6-4-57
项 目 名 称				环境监测取样	
				单点	多点
基 价（元）				126.46	233.41
其中	人 工 费（元）			123.20	229.18
	材 料 费（元）			2.89	3.86
	机 械 费（元）			0.37	0.37
名 称		单位	单价（元）	消 耗 量	
人工	综合工日	工日	140.00	0.880	1.637
材料	位号牌	个	2.14	1.000	1.000
	细白布	m	3.08	0.200	0.500
	其他材料费占材料费	%	—	5.000	5.000
机械	铭牌打印机	台班	31.01	0.012	0.012

工作内容：准备、开箱清点、运输、安装、检查、调整。

计量单位：套

定　额　编　号				A6-4-58	A6-4-59
项　目　名　称				腐蚀组分取样	高黏度脏物取样
基　　　价（元）				258.62	345.27
其中	人　工　费（元）			255.36	341.04
	材　料　费（元）			2.89	3.86
	机　械　费（元）			0.37	0.37
名　　称		单位	单价（元）	消　耗　量	
人工	综合工日	工日	140.00	1.824	2.436
材料	位号牌	个	2.14	1.000	1.000
	细白布	m	3.08	0.200	0.500
	其他材料费占材料费	%	—	5.000	5.000
机械	铭牌打印机	台班	31.01	0.012	0.012

163

五、分析柜、分析小屋及附件安装

工作内容：开箱清点、运输、搬运、安装就位固定、接地、接管接线检查。　　　　　　计量单位：台

定 额 编 号			A6-4-60	A6-4-61	A6-4-62	A6-4-63
项 目 名 称			分析柜安装	分析小屋(安装高度m)		取样冷却器安装
				3m以下	3m以上	
基 价（元）			625.00	2623.78	4220.18	165.74
其中	人 工 费（元）		409.92	1358.70	1631.00	96.88
	材 料 费（元）		18.25	89.49	92.12	63.86
	机 械 费（元）		196.83	1175.59	2497.06	5.00
名 称	单位	单价(元)	消 耗 量			
人工	综合工日	工日	140.00	2.928	9.705	11.650	0.692
材料	不锈钢氩弧焊丝 1Cr18Ni9Ti	kg	51.28	—	—	—	0.030
	冲击钻头 φ12	个	6.75	0.080	0.400	0.520	0.080
	电	kW·h	0.68	1.000	1.600	1.600	0.200
	垫铁	kg	4.20	1.000	8.000	8.000	—
	接地线 5.5~16mm²	m	4.27	1.000	2.500	2.500	—
	六角螺栓 M10~14×100	套	0.43	4.000	48.000	48.000	—
	棉纱头	kg	6.00	0.300	1.000	1.000	0.300
	膨胀螺栓 M10	套	0.25	—	20.000	20.000	4.000
	汽油	kg	6.77	0.300	0.500	0.750	0.200
	铈钨棒	g	0.38	—	—	—	0.090
	位号牌	个	2.14	1.000	1.000	1.000	1.000
	氩气	m³	19.59	—	—	—	0.050
	仪表接头	套	8.55	—	—	—	6.000
	其他材料费占材料费	%	—	5.000	5.000	5.000	5.000
机械	接地电阻测试仪	台班	3.35	0.050	0.050	0.050	—
	铭牌打印机	台班	31.01	0.012	0.012	0.012	0.012
	汽车式起重机 25t	台班	1084.16	0.100	0.600	—	—
	汽车式起重机 50t	台班	2464.07	—	—	0.800	—
	手持式万用表	台班	4.07	0.268	0.945	1.121	—
	氩弧焊机 500A	台班	92.58	—	—	—	0.050
	载重汽车 20t	台班	867.84	0.100	0.600	0.600	—

六、气象环保监测系统

工作内容：清点、运输、安装固定、校接线、常规检查、单元检查、系统试验。　　　　　计量单位：套

定　额　编　号				A6-4-64	A6-4-65	A6-4-66	A6-4-67
项　目　名　称				风向、风速	雨量	日照	飘尘
基　　　　　价（元）				598.87	719.68	602.34	796.60
其中	人　工　费（元）			526.54	625.38	530.04	697.06
	材　料　费（元）			9.98	10.48	8.99	10.89
	机　械　费（元）			62.35	83.82	63.31	88.65
名　　　称		单位	单价（元）	消　　耗　　量			
人工	综合工日	工日	140.00	3.761	4.467	3.786	4.979
材料	电	kW·h	0.68	1.000	1.000	1.000	1.000
	六角螺栓 M6～10×20～70	套	0.17	8.000	4.000	4.000	4.000
	位号牌	个	2.14	1.000	1.000	1.000	1.000
	细白布	m	3.08	0.140	0.140	0.140	0.140
	校验材料费	元	1.00	4.892	6.051	4.635	6.437
	其他材料费占材料费	%	—	5.000	5.000	5.000	5.000
机械	对讲机（一对）	台班	4.19	0.454	0.568	0.428	0.602
	多功能信号校验仪	台班	123.21	0.318	0.398	0.300	0.421
	精密交直流稳压电源	台班	64.84	0.245	0.398	0.300	0.421
	铭牌打印机	台班	31.01	0.012	0.012	0.012	0.012
	手持式万用表	台班	4.07	0.544	0.682	0.514	0.722
	数字电压表	台班	5.77	0.454	0.568	0.428	0.602
	兆欧表	台班	5.76	0.030	0.030	0.030	0.030

工作内容：清点、运输、安装固定、校接线、常规检查、单元检查、系统试验。 计量单位：套

定　额　编　号				A6-4-68	A6-4-69	A6-4-70
项　目　名　称				温湿度	露点	噪声
基　　　价（元）				509.16	493.82	511.81
其中	人　工　费（元）			442.68	440.44	467.46
	材　料　费（元）			8.59	7.64	6.97
	机　械　费（元）			57.89	45.74	37.38
名　　　称		单位	单价（元）	消　　耗　　量		
人工	综合工日	工日	140.00	3.162	3.146	3.339
材料	电	kW·h	0.68	1.000	1.000	1.000
	六角螺栓 M6～10×20～70	套	0.17	4.000	4.000	4.000
	位号牌	个	2.14	1.000	1.000	1.000
	细白布	m	3.08	0.140	0.140	0.140
	校验材料费	元	1.00	4.248	3.347	2.704
	其他材料费占材料费	%	—	5.000	5.000	5.000
机械	对讲机(一对)	台班	4.19	0.392	0.308	0.252
	多功能信号校验仪	台班	123.21	0.274	0.216	0.176
	精密交直流稳压电源	台班	64.84	0.274	0.216	0.176
	铭牌打印机	台班	31.01	0.012	0.012	0.012
	手持式万用表	台班	4.07	0.470	0.370	0.302
	数字电压表	台班	5.77	0.392	0.308	0.252
	兆欧表	台班	5.76	0.030	0.030	0.030

工作内容：清点、运输、安装固定、校接线、常规检查、单元检查、系统试验。　　　　计量单位：套

定　额　编　号				A6-4-71	
项　目　名　称				多参数气象环保监测系统	
基　　　　　价（元）				1013.08	
其中	人　工　费（元）			907.90	
	材　料　费（元）			25.46	
	机　械　费（元）			79.72	
名　　　　　称		单位	单价（元）	消　　耗　　量	
人工	综合工日	工日	140.00	6.485	
材料	电	kW·h	0.68	2.000	
	六角螺栓 M6～10×20～70	套	0.17	16.000	
	位号牌	个	2.14	5.000	
	细白布	m	3.08	0.400	
	校验材料费	元	1.00	8.239	
	其他材料费占材料费	%	—	5.000	
机械	对讲机(一对)	台班	4.19	0.768	
	多功能信号校验仪	台班	123.21	0.538	
	铭牌打印机	台班	31.01	0.060	
	手持式万用表	台班	4.07	0.922	
	数字电压表	台班	5.77	0.768	
	兆欧表	台班	5.76	0.030	

第五章 安全、视频及控制系统

说　　明

一、本章内容包括安全监测装置、工业电视和视频监控系统、远动装置、顺序控制装置、信号报警装置、数据采集及巡回检测报警装置。

1. 安全监测装置：可燃、有毒气体报警装置，火焰监视器，自动点火装置，燃烧安全保护装置，漏油检测装置，高阻检漏装置，粉尘布袋检漏装置。

2. 工业电视及视频监控系统：摄像机及附属设备、显示器和辅助设备安装试验，大屏幕显示墙和模拟屏安装、检查、试验，视频监控系统及设备安装、试验。

3. 远动装置：计算机数据处理、控制、采集、自诊断、打印功能、远动四遥（遥测、遥信、遥调、遥控）试验。

4. 顺序控制装置：继电联锁保护系统、逻辑监控装置、可编程逻辑监控装置安装试验。

5. 信号报警装置：继电线路报警系统、微机多功能报警装置、闪光报警器、继电器箱、柜及报警装置组件、元件安装试验。

6. 数据采集及巡回报警装置试验。

二、本章包括以下工作内容：

技术机具准备、开箱、设备清点、搬运；单体调试、安装、固定、挂牌、校接线、接地、接地电阻测试、常规检查、系统模拟试验、配合单机试运转、记录整理。此外还包括以下内容：

1. 大屏幕显示墙和模拟屏配合安装，所有安装材料和设备由供货商提供，配合供货商试验，进行单元检查，逻辑预演和报警功能、微机闭锁功能等功能检查试验和系统试运行。

2. 远动装置：过程 I/O 点试验、信息处理、单元检查、基本功能（画面显示报警等）、设定功能测试、自检功能测试、打印、制表、遥测、遥控、遥信、遥调功能及接口模块测试；以远动装置为核心的被控与控制端及操作站监视、变换器及输出驱动继电器整套系统运行调整。

3. 顺序控制装置：联锁保护系统线路检查、设备元件检查调整；逻辑监控系统输入输出信号检查、功能检查排错、设定动作程序；与其他专业配合进行联锁模拟试验及系统运行等。

4. 闪光报警装置：单元检查、功能检查、程序检查、自检、排错。

5. 火焰检测系统：探头、检出器、灭火保护电路安装调试。

6. 固定点火装置：电源、激磁、连接导线、火花塞安装；自动点火装置顺序逻辑控制和报警系统安装调试。

7. 可燃气体报警和多点气体报警包括探头和报警器整体安装、调试。

8. 继电器箱、柜安装、固定、校接线、接地及接地电阻测定。

9. 粉尘布袋检漏仪由外部设备、控制单元、传感器装置组成，包括安装、单元检查、系统调试。

三、本章不包括以下工作内容:

1. 计算机控制的机柜、台柜、外部设备安装。

2. 支架、支座制作与安装执行相关定额另行计算。

3. 为远动装置、信号报警装置、顺控装置、数据采集、巡回报警装置提供输入输出信号的现场仪表安装调试。

4. 漏油检测装置排空管、溢流管、沟槽开挖、水泥盖板制作与安装、流入管埋设应按相应定额另行计算。

工程量计算规则

一、本章为成套装置，按"套"或"系统"为计量单位。

二、视频监控系统摄像机安装区分为通用摄像机、防爆摄像机、无线网络摄像机、水下安装摄像机，按"台"计算工程量。摄像机应与显示器及配置辅助设备组成一套。无线网络摄像机路由器和交换机安装执行本册"工业计算机系统网络设备"章节。

三、大屏幕显示墙与模拟屏的区分：大屏幕显示墙主要用于过程监视系统，接收视频数字信号，使用计算机进行控制，显示图文信息、可外接 DVD 等设备，可全天候安装；模拟屏主要用于生产装置和能源管理、调度等，分散控制多路智能驱动盒，形成主从结构分布式控制，要求比较严格。模拟屏主要接收开关信号和数字信号，室内安装。大屏幕显示墙和模拟屏工程量计算：大屏幕显示墙包括配合安装和试验，按"m²"为计量单位。模拟屏配合安装分为柜式和墙壁安装方式，包括校接线，按"m²"为计量单位。试验按输入点计算，分为 20 点以下、80 点以下、120 点以下、180 点以下和每增 4 点计算。包括整套系统试验和运行。

四、信号报警装置中的闪光报警器按台件数计算工程量；微机多功能报警装置按组合或扩展的报警回路或报警点以"套"为计量单位；单回路闪光报警器按报警"回路"或"点"计算工程量，两点以上按每增一点计算，有几点计算几点。

五、数据采集和巡回报警装置：按采集的过程输入点以"套"为计量单位。

六、远动装置工程量计算分别以过程点输入点和输出点的数量以"套"为计量单位，包括以计算机为核心的被控与控制端、操作站整套调试。

七、燃烧安全保护装置、火焰监视装置、漏油装置、高阻检漏装置及自动点火装置包括现场安装和成套调试，以"套"为计量单位。

八、在顺序控制中，继电联锁保护系统由接线连接，以事故接点数按"套"计算工程量，可编程逻辑监控装置和插件式逻辑监控装置带微芯片，是智能型的，采用软连接，按容量 I/O 点以"套"为计量单位，使用时应加以区分。可编程逻辑控制器应执行本册工业计算机章节相关定额。

九、报警盘、点火盘箱安装及检查接线执行继电器箱盘；组件箱柜、机箱柜安装及检查接线执行本章规定计算工程量。

一、安全监测装置

工作内容：清点、单元检查、调整、安装、系统试验。

计量单位：套

定　额　编　号			A6-5-1	A6-5-2	A6-5-3
项　目　名　称			可燃气体报警器	有毒气体	多点气体
				报警装置	
基　　　价（元）			200.58	224.61	337.52
其中	人　工　费（元）		131.60	146.58	220.08
	材　料　费（元）		8.01	8.41	10.59
	机　械　费（元）		60.97	69.62	106.85
名　　称	单位	单价（元）	消　　耗　　量		
人工	综合工日	工日	140.00	0.940	1.047	1.572
材料	U型螺栓 M10×50	套	1.27	1.000	1.000	—
	六角螺栓 M10×20～50	套	0.43	1.000	1.000	4.000
	位号牌	个	2.14	1.000	1.000	1.000
	细白布	m	3.08	0.100	0.100	0.100
	校验材料费	元	1.00	3.476	3.862	5.922
	其他材料费占材料费	%	—	5.000	5.000	5.000
机械	电动综合校验台	台班	16.58	0.127	0.146	0.221
	对讲机(一对)	台班	4.19	0.368	0.420	0.637
	多功能信号校验仪	台班	123.21	0.368	0.420	0.637
	精密标准电阻箱	台班	4.15	0.127	0.146	0.221
	精密交直流稳压电源	台班	64.84	0.127	0.146	0.221
	铭牌打印机	台班	31.01	0.012	0.012	0.060
	手持式万用表	台班	4.07	0.368	0.420	0.637
	数字电压表	台班	5.77	0.234	0.267	0.405

工作内容：清点、单元检查、调整、安装、系统试验。

计量单位：套

定　额　编　号				A6-5-4	A6-5-5
项　目　名　称				火焰监视器	燃烧安全保护装置
基　　价（元）				509.50	1021.28
其中	人　工　费（元）			303.80	585.90
	材　料　费（元）			11.46	18.75
	机　械　费（元）			194.24	416.63
名　　称		单位	单价(元)	消　　耗　　量	
人工	综合工日	工日	140.00	2.170	4.185
材料	电	kW·h	0.68	—	0.500
	六角螺栓 M10×20～50	套	0.43	4.000	2.000
	位号牌	个	2.14	1.000	1.000
	细白布	m	3.08	0.200	0.200
	校验材料费	元	1.00	6.437	13.904
	其他材料费占材料费	%	—	5.000	5.000
机械	电动综合校验台	台班	16.58	0.237	0.512
	对讲机（一对）	台班	4.19	0.695	1.492
	多功能校验仪	台班	237.59	0.695	1.492
	精密标准电阻箱	台班	4.15	0.237	0.512
	精密交直流稳压电源	台班	64.84	0.237	0.512
	铭牌打印机	台班	31.01	0.012	0.012
	手持式万用表	台班	4.07	0.695	1.492
	数字电压表	台班	5.77	0.442	0.947
	兆欧表	台班	5.76	0.030	0.030

定 额 编 号			A6-5-6	A6-5-7	A6-5-8
项 目 名 称			固定式点火装置	自动点火系统	漏油检测装置
基 价 （元）			692.09	1045.86	600.40
其中	人 工 费 （元）		375.20	596.54	335.86
	材 料 费 （元）		14.48	19.98	12.14
	机 械 费 （元）		302.41	429.34	252.40
名 称	单位	单价（元）	消 耗 量		
人工	综合工日	工日	140.00	2.680	4.261	2.399

名 称	单位	单价（元）			
人工 综合工日	工日	140.00	2.680	4.261	2.399
材料 六角螺栓 M10×20～50	套	0.43	2.000	4.000	—
位号牌	个	2.14	1.000	1.000	1.000
细白布	m	3.08	0.200	0.200	0.300
校验材料费	元	1.00	10.171	14.548	8.497
其他材料费占材料费	%	—	5.000	5.000	5.000
机械 对讲机（一对）	台班	4.19	1.100	1.564	0.918
多功能校验仪	台班	237.59	1.100	1.564	0.918
接地电阻测试仪	台班	3.35	0.050	0.050	0.050
精密交直流稳压电源	台班	64.84	0.420	0.592	0.349
铭牌打印机	台班	31.01	0.012	0.012	0.012
手持式万用表	台班	4.07	1.100	1.564	0.918
数字电压表	台班	5.77	0.699	0.993	0.583
兆欧表	台班	5.76	0.030	0.030	0.030

工作内容：清点、单元检查、调整、安装、系统试验。 计量单位：套

定 额 编 号				A6-5-9	A6-5-10
项 目 名 称				高阻	粉尘布袋
				检漏装置	
基 价 （元）				669.41	937.51
其中	人 工 费（元）			352.94	564.90
	材 料 费（元）			15.06	21.78
	机 械 费（元）			301.41	350.83
名 称		单位	单价（元）	消 耗 量	
人工	综合工日	工日	140.00	2.521	4.035
材料	接地线 5.5～16mm²	m	4.27	—	1.000
	六角螺栓 M10×20～50	套	0.43	4.000	4.000
	位号牌	个	2.14	1.000	1.000
	细白布	m	3.08	0.100	0.250
	校验材料费	元	1.00	10.171	11.844
	其他材料费占材料费	%	—	5.000	5.000
机械	对讲机(一对)	台班	4.19	1.096	1.279
	多功能校验仪	台班	237.59	1.096	1.279
	接地电阻测试仪	台班	3.35	0.050	0.050
	精密交直流稳压电源	台班	64.84	0.420	0.478
	铭牌打印机	台班	31.01	0.012	0.012
	手持式万用表	台班	4.07	1.096	1.279
	数字电压表	台班	5.77	0.696	0.812
	兆欧表	台班	5.76	0.030	0.030

二、工业电视和视频监控系统

1. 工业电视

工作内容：清点、安装、接线、常规检查、单元检查、功能检查、挂牌。　　　　　　　　计量单位：台

定　额　编　号			A6-5-11	A6-5-12	A6-5-13	A6-5-14
项　目　名　称			摄像机安装（高度m以下）			
			3	9	20	30
基　　　　价（元）			100.04	117.41	115.53	121.02
其中	人　工　费（元）		72.24	89.60	110.04	115.36
	材　料　费（元）		4.50	4.50	4.79	4.96
	机　械　费（元）		23.30	23.31	0.70	0.70
名　　　称		单位	单价（元）	消　　耗　　量		
人工	综合工日	工日	140.00	0.516	0.640	0.786	0.824
材料	六角螺栓 M6～10×20～70	套	0.17	4.000	4.000	4.000	4.000
	清洁布 250×250	块	2.56	0.200	0.200	0.200	0.200
	位号牌	个	2.14	1.000	1.000	1.000	1.000
	细白布	m	3.08	0.100	0.100	0.150	0.200
	校验材料费	元	1.00	0.644	0.644	0.772	0.772
	其他材料费占材料费	%	—	5.000	5.000	5.000	5.000
机械	对讲机（一对）	台班	4.19	0.035	0.037	0.040	0.041
	铭牌打印机	台班	31.01	0.012	0.012	0.012	0.012
	平台作业升降车 9m	台班	282.78	0.080	0.080	—	—
	手持式万用表	台班	4.07	0.021	0.021	0.021	0.021
	数字电压表	台班	5.77	0.013	0.013	0.013	0.013

工作内容：清点、安装、接线、常规检查、单元检查、功能检查、挂牌。　　　　　　　计量单位：台

定　额　编　号			A6-5-15	A6-5-16	A6-5-17
项　目　名　称			摄像机安装(高度m以下)		
			40	60	每增1m
基　　　价（元）			128.87	135.88	2.80
其中	人　工　费（元）		123.20	130.20	2.80
	材　料　费（元）		4.96	4.96	—
	机　械　费（元）		0.71	0.72	—
名　　称	单位	单价（元）	消　　耗　　量		
人工	综合工日	工日	140.00	0.880	0.930	0.020
材料	六角螺栓 M6～10×20～70	套	0.17	4.000	4.000	—
	清洁布 250×250	块	2.56	0.200	0.200	—
	位号牌	个	2.14	1.000	1.000	—
	细白布	m	3.08	0.200	0.200	—
	校验材料费	元	1.00	0.772	0.772	—
	其他材料费占材料费	%	—	5.000	5.000	—
机械	对讲机（一对）	台班	4.19	0.043	0.045	—
	铭牌打印机	台班	31.01	0.012	0.012	—
	手持式万用表	台班	4.07	0.021	0.021	—
	数字电压表	台班	5.77	0.013	0.013	—

工作内容：清点、安装、接线、常规检查、单元检查、功能检查、挂牌。 计量单位：台

定　额　编　号			A6-5-18	A6-5-19	A6-5-20
项　目　名　称			摄像机 水下安装	防爆摄像机（高度m）	
				20m以下	20m以上
基　　　价　（元）			152.82	153.76	138.14
其中	人　工　费（元）		147.00	125.30	132.30
	材　料　费（元）		5.09	5.12	5.12
	机　械　费（元）		0.73	23.34	0.72
名　　　称		单位	单价（元）	消　　耗　　量	
人工	综合工日	工日	140.00	1.050	0.895	0.945
材料	六角螺栓 M6～10×20～70	套	0.17	4.000	4.000	4.000
	清洁布 250×250	块	2.56	0.200	0.200	0.200
	位号牌	个	2.14	1.000	1.000	1.000
	细白布	m	3.08	0.200	0.250	0.250
	校验材料费	元	1.00	0.901	0.772	0.772
	其他材料费占材料费	%	—	5.000	5.000	5.000
机械	对讲机(一对)	台班	4.19	0.047	0.043	0.045
	铭牌打印机	台班	31.01	0.012	0.012	0.012
	平台作业升降车 9m	台班	282.78	—	0.080	—
	手持式万用表	台班	4.07	0.021	0.021	0.021
	数字电压表	台班	5.77	0.013	0.013	0.013

定　额　编　号				A6-5-21	A6-5-22
项　目　名　称				无线网络摄像机(高度m以下)	
				9	每增1m
基　　　价（元）				111.18	1.96
其中	人　工　费（元）			75.46	1.96
	材　料　费（元）			4.44	—
	机　械　费（元）			31.28	—
名　　称		单位	单价(元)	消　　耗　　量	
人工	综合工日	工日	140.00	0.539	0.014
材料	六角螺栓 M6～10×20～70	套	0.17	4.000	—
	清洁布 250×250	块	2.56	0.200	—
	位号牌	个	2.14	1.000	—
	校验材料费	元	1.00	0.901	—
	其他材料费占材料费	%	—	5.000	5.000
机械	笔记本电脑	台班	9.38	0.032	—
	对讲机(一对)	台班	4.19	0.046	—
	多功能校验仪	台班	237.59	0.032	—
	铭牌打印机	台班	31.01	0.012	—
	平台作业升降车 9m	台班	282.78	0.080	—
	手持式万用表	台班	4.07	0.032	—
	数字电压表	台班	5.77	0.010	—

工作内容：清点、安装、接线、常规检查、单元检查、功能检查、挂牌。　　　　　　　　　　计量单位：台

定　额　编　号				A6-5-23	A6-5-24	A6-5-25
项　目　名　称				摄像机附属设备安装		
				附照明	附吹扫装置	附冷却装置
基　　　　价（元）				53.72	116.58	170.99
其中	人　工　费（元）			53.06	86.94	131.60
	材　料　费（元）			0.47	29.64	39.39
	机　械　费（元）			0.19	—	—
名　　　称		单位	单价（元）	消　　耗　　量		
人工	综合工日	工日	140.00	0.379	0.621	0.940
材料	电	kW·h	0.68	0.200	0.200	0.300
	聚四氟乙烯生料带	m	0.13	—	1.000	1.000
	六角螺栓 M6～10×20～70	套	0.17	—	4.000	4.000
	碳钢气焊条	kg	9.06	—	0.080	0.100
	细白布	m	3.08	0.100	0.100	0.200
	氧气	m³	3.63	—	0.080	0.100
	仪表接头	套	8.55	—	3.000	4.000
	乙炔气	kg	10.45	—	0.030	0.040
	其他材料费占材料费	%	—	5.000	5.000	5.000
机械	手持式万用表	台班	4.07	0.046	—	—

工作内容：清点、安装、接线、常规检查、单元检查、功能检查、挂牌。 计量单位：台

定 额 编 号				A6-5-26	A6-5-27
项 目 名 称				摄像机附属设备安装	
				防护罩	附电动转台
基 价（元）				**74.07**	**123.42**
其中	人 工 费（元）			73.50	119.42
	材 料 费（元）			0.57	2.28
	机 械 费（元）			—	1.72
名 称		单位	单价（元）	消 耗 量	
人工	综合工日	工日	140.00	0.525	0.853
材料	电	kW·h	0.68	0.300	0.400
	六角螺栓 M6～10×20～70	套	0.17	2.000	—
	细白布	m	3.08	—	0.200
	校验材料费	元	1.00	—	1.287
	其他材料费占材料费	%	—	5.000	5.000
机械	对讲机（一对）	台班	4.19	—	0.110
	手持式万用表	台班	4.07	—	0.110
	数字电压表	台班	5.77	—	0.110
	兆欧表	台班	5.76	—	0.030

工作内容：显示器安装与试验、系统试验。

计量单位：台

定 额 编 号			A6-5-28	A6-5-29	A6-5-30
项 目 名 称			显示器安装调试		
			台装	棚顶吊装	盘装
基 价（元）			184.24	265.07	197.42
其中	人 工 费（元）		155.82	234.92	168.28
	材 料 费（元）		6.75	8.44	7.47
	机 械 费（元）		21.67	21.71	21.67
名 称	单位	单价（元）	消 耗 量		
人工 综合工日	工日	140.00	1.113	1.678	1.202
材料 电	kW·h	0.68	—	0.200	—
六角螺栓 M6～10×20～70	套	0.17	—	2.000	4.000
膨胀螺栓 M10	套	0.25	—	4.000	—
清洁布 250×250	块	2.56	0.500	0.500	0.500
校验材料费	元	1.00	5.150	5.278	5.150
其他材料费占材料费	%	—	5.000	5.000	5.000
机械 电动综合校验台	台班	16.58	0.150	0.150	0.150
电视信号发生器	台班	8.29	0.203	0.203	0.203
对讲机（一对）	台班	4.19	0.523	0.534	0.524
精密交直流稳压电源	台班	64.84	0.150	0.150	0.150
手持式万用表	台班	4.07	0.567	0.567	0.567
数字电压表	台班	5.77	0.567	0.567	0.567

工作内容：技术准备、校接线、配合安装、逻辑报警等功能检查、单元检查、试验和系统试运行。

计量单位：m²

定 额 编 号			A6-5-31	A6-5-32	A6-5-33
项 目 名 称			大屏幕 组合显示墙	模拟屏装置安装	
				柜式	壁式
基 价（元）			92.53	65.84	65.50
其 中	人 工 费（元）		87.08	59.64	61.18
	材 料 费（元）		4.10	5.60	3.72
	机 械 费（元）		1.35	0.60	0.60
名 称		单位	单价(元)	消 耗 量	
人 工	综合工日	工日	140.00	0.622	0.426	0.437
材 料	电	kW·h	0.68	0.300	0.200	0.500
	接地线 5.5~16mm²	m	4.27	0.500	0.500	0.150
	膨胀螺栓 M10	套	0.25	3.000	2.000	—
	清洁布 250×250	块	2.56	—	1.000	1.000
	细白布	m	3.08	0.100	—	—
	校验材料费	元	1.00	0.510	—	—
	其他材料费占材料费	%	—	5.000	5.000	5.000
机 械	笔记本电脑	台班	9.38	0.050	0.050	0.050
	对讲机(一对)	台班	4.19	0.068	0.010	0.010
	接地电阻测试仪	台班	3.35	0.058	—	—
	手持式万用表	台班	4.07	0.099	0.021	0.021

工作内容：技术准备、校接线、配合安装、逻辑报警等功能检查、单元检查、试验和系统试运行。

计量单位：m²

定　额　编　号			A6-5-34	A6-5-35	A6-5-36
项　目　名　称			模拟屏装置试验(信号输入点以下)		
			20	80	120
基　　　　价（元）			74.12	295.99	443.96
其中	人　工　费（元）		60.48	241.78	362.60
	材　料　费（元）		2.19	8.50	12.75
	机　械　费（元）		11.45	45.71	68.61
名　　　称	单位	单价（元）	消　　耗　　量		
人工	综合工日	工日	140.00	0.432	1.727	2.590
材料	校验材料费	元	1.00	2.189	8.497	12.745
机械	笔记本电脑	台班	9.38	0.144	0.578	0.866
	对讲机(一对)	台班	4.19	0.144	0.578	0.866
	多功能信号校验仪	台班	123.21	0.069	0.275	0.413
	手持式万用表	台班	4.07	0.115	0.458	0.688
	数字电压表	台班	5.77	0.092	0.367	0.550

工作内容：技术准备、校接线、配合安装、逻辑报警等功能检查、单元检查、试验和系统试运行。

计量单位：m²

定　额　编　号					A6-5-37	A6-5-38
项　目　名　称					模拟屏装置试验(信号输入点以下)	
					180	每增4点
基　　　价（元）					665.79	13.32
其中	人　工　费（元）				543.76	10.92
	材　料　费（元）				19.18	0.39
	机　械　费（元）				102.85	2.01
名　　称		单位	单价(元)		消　耗　量	
人工	综合工日	工日	140.00		3.884	0.078
材料	校验材料费	元	1.00		19.182	0.386
机械	笔记本电脑	台班	9.38		1.299	0.026
	对讲机(一对)	台班	4.19		1.299	0.026
	多功能信号校验仪	台班	123.21		0.619	0.012
	手持式万用表	台班	4.07		1.031	0.021
	数字电压表	台班	5.77		0.825	0.017

工作内容：技术准备、校接线、配合安装、逻辑报警等功能检查、单元检查、试验和系统试运行。

定　额　编　号				A6-5-39	A6-5-40	A6-5-41	A6-5-42
项　目　名　称				辅助设备安装			
				操作器	2路分配器	6路分配器	补偿器
基　　　价（元）				14.85	18.83	39.00	16.87
其中	人　工　费（元）			14.28	17.92	37.66	15.96
	材　料　费（元）			0.26	0.39	0.52	0.39
	机　械　费（元）			0.31	0.52	0.82	0.52
名　　　称		单位	单价（元）	消　　耗　　量			
人工	综合工日	工日	140.00	0.102	0.128	0.269	0.114
材料	校验材料费	元	1.00	0.258	0.386	0.515	0.386
机械	对讲机(一对)	台班	4.19	0.021	0.035	0.055	0.035
	手持式万用表	台班	4.07	0.023	0.038	0.060	0.038
	数字电压表	台班	5.77	0.023	0.038	0.060	0.038

工作内容：技术准备、校接线、配合安装、逻辑报警等功能检查、单元检查、试验和系统试运行。

计量单位：台

定　额　编　号				A6-5-43	A6-5-44	A6-5-45
项　目　名　称				辅助设备安装		
				切换器	云台控制器	解码器
基　　　　价（元）				23.79	65.29	17.85
其中	人　工　费（元）			21.56	61.04	16.94
	材　料　费（元）			0.39	1.67	0.39
	机　械　费（元）			1.84	2.58	0.52
名　　　称		单位	单价（元）	消　　耗　　量		
人工	综合工日	工日	140.00	0.154	0.436	0.121
材料	校验材料费	元	1.00	0.386	1.674	0.386
机械	对讲机(一对)	台班	4.19	0.350	0.173	0.035
	手持式万用表	台班	4.07	0.038	0.189	0.038
	数字电压表	台班	5.77	0.038	0.189	0.038

2.视频监控系统

工作内容：准备、单元检查、系统功能试验。

计量单位：台

定 额 编 号			A6-5-46	A6-5-47	A6-5-48	A6-5-49
项 目 名 称			视频监控计算机	矩阵切换器		画面分割处理器
				4路	每增4路	
基 价（元）			471.60	41.41	23.70	98.07
其中	人 工 费（元）		208.18	37.66	21.42	90.44
	材 料 费（元）		10.30	1.67	1.03	3.48
	机 械 费（元）		253.12	2.08	1.25	4.15
名 称	单位	单价（元）	消 耗 量			
人工	综合工日	工日	140.00	1.487	0.269	0.153	0.646
材料	校验材料费	元	1.00	10.299	1.674	1.030	3.476
机械	对讲机(一对)	台班	4.19	0.750	0.125	0.075	0.250
	多功能校验仪	台班	237.59	1.013	—	—	—
	手持式万用表	台班	4.07	0.945	0.158	0.095	0.315
	数字电压表	台班	5.77	0.945	0.158	0.095	0.315

191

工作内容：准备、单元检查、系统功能试验。 计量单位：套

定 额 编 号				A6-5-50	A6-5-51	A6-5-52
项 目 名 称				视频监控系统调试		
				4路	9路	16路
基 价（元）				631.24	990.33	1423.54
其中	人 工 费（元）			306.60	480.90	691.32
	材 料 费（元）			10.94	17.12	24.72
	机 械 费（元）			313.70	492.31	707.50
名 称		单位	单价（元）	消 耗 量		
人工	综合工日	工日	140.00	2.190	3.435	4.938
材料	校验材料费	元	1.00	10.943	17.122	24.718
机械	对讲机(一对)	台班	4.19	0.850	1.333	1.917
	多功能校验仪	台班	237.59	1.261	1.979	2.844
	手持式万用表	台班	4.07	1.071	1.680	2.415
	数字电压表	台班	5.77	1.071	1.680	2.415

工作内容：准备、单元检查、系统功能试验。

计量单位：套

定 额 编 号				A6-5-53	A6-5-54	A6-5-55
项 目 名 称				投影显示器台	视频录像(记录)装置	
					单路	多路
基 价（元）				96.05	175.76	237.98
其中	人 工 费（元）			93.10	170.80	228.20
	材 料 费（元）			1.29	2.19	4.25
	机 械 费（元）			1.66	2.77	5.53
名 称		单位	单价（元）	消 耗 量		
人工	综合工日	工日	140.00	0.665	1.220	1.630
材料	校验材料费	元	1.00	1.287	2.189	4.248
机械	对讲机(一对)	台班	4.19	0.100	0.167	0.333
	手持式万用表	台班	4.07	0.126	0.210	0.420
	数字电压表	台班	5.77	0.126	0.210	0.420

193

三、远动装置

工作内容：常规检查、基本功能试验、接收功能试验、接口模块、通信功能、设定、打印、制表、系统运行、在线回路试验。

计量单位：套

定 额 编 号				A6-5-56	A6-5-57	A6-5-58	A6-5-59
项 目 名 称				遥测遥信(输入AI/DI/PI点以下)			
				8	16	32	64
基 价 （元）				767.69	1181.92	1897.34	2703.21
其中	人 工 费（元）			418.60	644.70	1034.74	1474.34
	材 料 费（元）			10.30	15.84	25.49	36.31
	机 械 费（元）			338.79	521.38	837.11	1192.56
名 称		单位	单价（元）	消 耗 量			
人工	综合工日	工日	140.00	2.990	4.605	7.391	10.531
材料	校验材料费	元	1.00	10.299	15.835	25.491	36.305
机械	对讲机(一对)	台班	4.19	1.852	2.851	4.576	6.520
	多功能校验仪	台班	237.59	1.323	2.036	3.269	4.657
	手持式万用表	台班	4.07	1.852	2.851	4.576	6.520
	数字电压表	台班	5.77	1.587	2.444	3.922	5.589

工作内容：常规检查、基本功能试验、接收功能试验、接口模块、通信功能、设定、打印、制表、系统运行、在线回路试验。

计量单位：套

定 额 编 号			A6-5-60	A6-5-61	A6-5-62
项 目 名 称			遥测遥信(输入AI/DI/PI点以下)		
			128	256	320
基 价 （元）			3421.74	4168.90	4725.86
其中	人 工 费（元）		1866.20	2273.74	2577.40
	材 料 费（元）		45.96	56.00	63.47
	机 械 费（元）		1509.58	1839.16	2084.99
名 称	单位	单价(元)	消 耗 量		
人工	综合工日	工日	140.00	13.330	16.241	18.410
材料	校验材料费	元	1.00	45.960	56.002	63.469
机械	对讲机(一对)	台班	4.19	8.253	10.055	11.399
	多功能校验仪	台班	237.59	5.895	7.182	8.142
	手持式万用表	台班	4.07	8.253	10.055	11.399
	数字电压表	台班	5.77	7.074	8.619	9.770

工作内容：常规检查、基本功能试验、接收功能试验、接口模块、通信功能、设定、打印、制表、系统运行、在线回路试验。

计量单位：套

定 额 编 号				A6-5-63	A6-5-64	A6-5-65
项 目 名 称				遥测遥信(输入AI/DI/PI点以下)		
				400	512	每增8点
基 价 （元）				5357.90	6189.12	57.80
其中	人 工 费（元）			2922.08	3375.40	26.18
	材 料 费（元）			71.97	83.17	0.64
	机 械 费（元）			2363.85	2730.55	30.98
名 称		单位	单价(元)	消 耗 量		
人工	综合工日	工日	140.00	20.872	24.110	0.187
材料	校验材料费	元	1.00	71.966	83.166	0.644
机械	对讲机(一对)	台班	4.19	12.923	14.928	0.115
	多功能校验仪	台班	237.59	9.231	10.663	0.124
	手持式万用表	台班	4.07	12.923	14.928	0.115
	数字电压表	台班	5.77	11.077	12.795	0.099

196

工作内容：常规检查、基本功能试验、接收功能试验、接口模块、通信功能、设定、打印、制表、系统运行、在线回路试验。

计量单位：套

定 额 编 号				A6-5-66	A6-5-67	A6-5-68
项 目 名 称				遥调遥控(输出AO/DO点以下)		
				4	8	16
基 价（元）				839.94	1390.95	2017.66
其中	人 工 费（元）			455.98	755.02	1095.08
	材 料 费（元）			16.87	27.94	40.55
	机 械 费（元）			367.09	607.99	882.03
名 称		单位	单价（元）	消 耗 量		
人工	综合工日	工日	140.00	3.257	5.393	7.822
材料	校验材料费	元	1.00	16.865	27.937	40.553
机械	对讲机(一对)	台班	4.19	2.016	3.339	4.843
	多功能校验仪	台班	237.59	1.440	2.385	3.460
	手持式万用表	台班	4.07	2.016	3.339	4.843
	数字电压表	台班	5.77	1.440	2.385	3.460

工作内容：常规检查、基本功能试验、接收功能试验、接口模块、通信功能、设定、打印、制表、系统运行、在线回路试验。

计量单位：套

定 额 编 号			A6-5-69	A6-5-70	A6-5-71
项 目 名 称			遥调遥控(输出AO/DO点以下)		
			32	64	80
基 价（元）			2678.06	3284.55	4025.71
其中	人 工 费（元）		1453.76	1782.90	2185.12
	材 料 费（元）		53.69	65.92	80.85
	机 械 费（元）		1170.61	1435.73	1759.74
名 称	单位	单价(元)	消 耗 量		
人工	综合工日	工日	140.00	10.384	12.735	15.608
材料	校验材料费	元	1.00	53.685	65.915	80.849
机械	对讲机(一对)	台班	4.19	6.429	7.884	9.664
	多功能校验仪	台班	237.59	4.592	5.632	6.903
	手持式万用表	台班	4.07	6.429	7.884	9.664
	数字电压表	台班	5.77	4.592	5.632	6.903

198

四、顺序控制装置

工作内容：常规检查、校接线、继电线路检查、单元检查、功能检查试验、排错、程序运行、系统模拟试验。

计量单位：套

定 额 编 号				A6-5-72	A6-5-73
项 目 名 称				继电联锁系统(事故点以下)	
				6	16
基 价（元）				270.78	870.32
其中	人 工 费（元）			255.92	823.34
	材 料 费（元）			7.19	22.00
	机 械 费（元）			7.67	24.98
名 称		单位	单价（元）	消 耗 量	
人工	综合工日	工日	140.00	1.828	5.881
材料	酒精	kg	6.40	0.080	0.150
	铁砂布	张	0.85	0.400	2.000
	线号套管(综合)	m	0.60	0.100	0.200
	校验材料费	元	1.00	5.278	17.122
	真丝绸布 宽900	m	13.15	0.050	0.080
	其他材料费占材料费	%	—	5.000	5.000
机械	对讲机(一对)	台班	4.19	0.489	1.592
	手持式万用表	台班	4.07	0.684	2.228
	数字电压表	台班	5.77	0.489	1.592
	线号打印机	台班	3.96	0.005	0.015

工作内容：常规检查、校接线、继电线路检查、单元检查、功能检查试验、排错、程序运行、系统模拟试验。

计量单位：套

定 额 编 号				A6-5-74	A6-5-75
项 目 名 称				插件式逻辑监控装置(点以下)	
				32	64
基 价（元）				1090.27	1741.66
其中	人 工 费（元）			797.44	1278.62
	材 料 费（元）			37.21	53.98
	机 械 费（元）			255.62	409.06
名 称		单位	单价(元)	消 耗 量	
人工	综合工日	工日	140.00	5.696	9.133
材料	接地线 5.5～16mm²	m	4.27	1.500	1.500
	清洁布 250×250	块	2.56	1.000	1.000
	线号套管(综合)	m	0.60	0.350	0.580
	校验材料费	元	1.00	26.263	42.098
	其他材料费占材料费	%	—	5.000	5.000
机械	对讲机(一对)	台班	4.19	1.888	3.022
	多功能信号校验仪	台班	123.21	1.888	3.022
	接地电阻测试仪	台班	3.35	0.050	0.050
	手持式万用表	台班	4.07	1.948	3.118
	数字电压表	台班	5.77	1.199	1.919
	线号打印机	台班	3.96	0.019	0.031

工作内容：常规检查、校接线、继电线路检查、单元检查、功能检查试验、排错、程序运行、系统模拟试验。

计量单位：套

定　额　编　号			A6-5-76	A6-5-77	A6-5-78
项　目　名　称			可编程逻辑监控装置(I/O点以下)		
			16	32	64
基　　价（元）			520.35	827.25	1337.07
其中	人　工　费（元）		384.02	618.80	1001.70
	材　料　费（元）		21.81	28.96	41.53
	机　械　费（元）		114.52	179.49	293.84
名　　称		单位	单价（元）	消　　耗　　量	
人工	综合工日	工日	140.00	2.743	4.420	7.155
材料	接地线 5.5～16mm²	m	4.27	1.500	1.500	1.500
	清洁布 250×250	块	2.56	1.000	1.000	1.000
	线号套管(综合)	m	0.60	0.150	0.350	0.550
	校验材料费	元	1.00	11.715	18.410	30.254
	其他材料费占材料费	%	—	5.000	5.000	5.000
机械	对讲机(一对)	台班	4.19	0.845	1.325	2.170
	多功能信号校验仪	台班	123.21	0.845	1.325	2.170
	接地电阻测试仪	台班	3.35	0.050	0.050	0.050
	手持式万用表	台班	4.07	0.872	1.367	2.238
	数字电压表	台班	5.77	0.536	0.841	1.377
	线号打印机	台班	3.96	0.014	0.026	0.040

五、信号报警装置

工作内容：校接线、线路检查、报警模拟试验、排错。

计量单位：套

定 额 编 号				A6-5-79	A6-5-80	A6-5-81
项 目 名 称				继电线路报警系统(报警点以下)		
				4	10	20
基 价（元）				146.66	286.66	461.51
其中	人 工 费（元）			126.00	240.52	388.92
	材 料 费（元）			7.93	17.97	28.66
	机 械 费（元）			12.73	28.17	43.93
名 称		单位	单价(元)	消 耗 量		
人工	综合工日	工日	140.00	0.900	1.718	2.778
材料	酒精	kg	6.40	0.050	0.100	0.250
	铁砂布	张	0.85	0.050	1.000	1.500
	铜芯塑料绝缘电线 BV-1.5mm²	m	0.60	0.500	1.000	2.000
	线号套管(综合)	m	0.60	0.090	0.120	0.250
	校验材料费	元	1.00	6.308	14.033	21.757
	真丝绸布 宽900	m	13.15	0.040	0.070	0.100
	其他材料费占材料费	%	—	5.000	5.000	5.000
机械	对讲机(一对)	台班	4.19	0.199	0.435	0.681
	精密交直流稳压电源	台班	64.84	0.163	0.362	0.564
	手持式万用表	台班	4.07	0.217	0.475	0.742
	数字电压表	台班	5.77	0.072	0.158	0.247
	线号打印机	台班	3.96	0.007	0.008	0.015

工作内容：校接线、线路检查、报警模拟试验、排错。 计量单位：套

定　额　编　号				A6-5-82	A6-5-83
项　目　名　称				继电线路报警系统(报警点以下)	
				30	每增2点
基　　　　价（元）				592.36	21.23
其中	人　工　费（元）			501.06	18.34
	材　料　费（元）			36.97	1.55
	机　械　费（元）			54.33	1.34
名　　称		单位	单价（元）	消　耗　量	
人工	综合工日	工日	140.00	3.579	0.131
材料	酒精	kg	6.40	0.400	0.030
	铁砂布	张	0.85	2.000	0.200
	铜芯塑料绝缘电线 BV-1.5mm²	m	0.60	3.000	0.500
	线号套管(综合)	m	0.60	0.450	0.060
	校验材料费	元	1.00	26.907	0.644
	真丝绸布 宽900	m	13.15	0.150	0.010
	其他材料费占材料费	%	—	5.000	5.000
机械	对讲机(一对)	台班	4.19	0.844	0.021
	精密交直流稳压电源	台班	64.84	0.697	0.017
	手持式万用表	台班	4.07	0.920	0.023
	数字电压表	台班	5.77	0.307	0.008
	线号打印机	台班	3.96	0.022	0.002

工作内容：安装、校接线、单元检查、功能测试、模拟试验、排错。　　　　　　计量单位：套

定　额　编　号				A6-5-84	A6-5-85	A6-5-86	A6-5-87
项　目　名　称				微机多功能组件式报警装置(报警点以下)			
				4	8	16	24
基　　　　　价（元）				147.20	309.12	482.34	720.52
其中	人　工　费（元）			103.60	199.08	312.62	478.38
	材　料　费（元）			12.12	22.09	29.53	38.46
	机　械　费（元）			31.48	87.95	140.19	203.68
名　　　称		单位	单价(元)	消　　耗　　量			
人工	综合工日	工日	140.00	0.740	1.422	2.233	3.417
材　　料	接地线 5.5～16mm²	m	4.27	1.000	1.500	1.500	1.500
	清洁布 250×250	块	2.56	0.500	1.000	1.000	1.000
	铜芯塑料绝缘电线 BV-1.5mm²	m	0.60	0.500	2.000	3.000	4.000
	线号套管(综合)	m	0.60	0.040	0.100	0.180	0.260
	校验材料费	元	1.00	5.665	10.814	17.251	25.104
	其他材料费占材料费	%	—	5.000	5.000	5.000	5.000
机　　　械	电动综合校验台	台班	16.58	0.108	0.206	0.328	0.475
	对讲机(一对)	台班	4.19	0.141	0.403	0.643	0.935
	多功能信号校验仪	台班	123.21	0.185	0.529	0.844	1.227
	接地电阻测试仪	台班	3.35	0.050	0.050	0.050	0.050
	精密交直流稳压电源	台班	64.84	0.072	0.206	0.328	0.475
	手持式万用表	台班	4.07	0.176	0.503	0.804	1.169
	数字电压表	台班	5.77	0.117	0.336	0.536	0.779
	线号打印机	台班	3.96	0.020	0.039	0.068	0.124

工作内容：安装、校接线、单元检查、功能测试、模拟试验、排错。 计量单位：套

定 额 编 号			A6-5-88	A6-5-89	A6-5-90	A6-5-91
项 目 名 称			微机多功能组件式报警装置(报警点以下)			
			40	48	64	容量扩展(每增4点)
基 价 （元）			1047.61	1201.85	1652.28	89.74
其中	人 工 费 （元）		689.78	799.12	1129.94	54.60
	材 料 费 （元）		43.59	47.85	59.54	6.00
	机 械 费 （元）		314.24	354.88	462.80	29.14
名 称	单位	单价（元）	消 耗 量			
人工	综合工日	工日	140.00	4.927	5.708	8.071	0.390
材料	接地线 5.5～16mm²	m	4.27	1.500	1.500	1.500	—
	清洁布 250×250	块	2.56	1.000	1.000	1.000	1.000
	铜芯塑料绝缘电线 BV-1.5mm²	m	0.60	3.000	3.000	4.000	0.500
	线号套管(综合)	m	0.60	0.400	0.500	0.680	0.040
	校验材料费	元	1.00	30.511	34.502	44.930	2.832
	其他材料费占材料费	%	—	5.000	5.000	5.000	5.000
机械	电动综合校验台	台班	16.58	0.640	0.723	0.942	0.059
	对讲机(一对)	台班	4.19	1.271	1.438	1.884	0.116
	多功能信号校验仪	台班	123.21	1.967	2.221	2.896	0.183
	接地电阻测试仪	台班	3.35	0.050	0.050	0.050	—
	精密交直流稳压电源	台班	64.84	0.640	0.723	0.942	0.059
	手持式万用表	台班	4.07	1.589	1.798	2.355	0.146
	数字电压表	台班	5.77	1.324	1.498	1.963	0.121
	线号打印机	台班	3.96	0.044	0.053	0.079	0.003

工作内容：安装、校接线、单元检查、功能测试、模拟试验、排错。 计量单位：套

定 额 编 号				A6-5-92
项 目 名 称				微机自容式报警装置(12点)
基 价 （元）				632.38
其中	人 工 费（元）			435.26
	材 料 费（元）			34.56
	机 械 费（元）			162.56
名 称	单位	单价(元)	消 耗 量	
人工 综合工日	工日	140.00	3.109	
材料 接地线 5.5～16mm²	m	4.27	1.500	
清洁布 250×250	块	2.56	1.000	
铜芯塑料绝缘电线 BV-1.5mm²	m	0.60	1.000	
线号套管(综合)	m	0.60	0.300	
校验材料费	元	1.00	23.173	
其他材料费占材料费	%	—	5.000	
机械 电动综合校验台	台班	16.58	0.389	
对讲机(一对)	台班	4.19	0.721	
多功能信号校验仪	台班	123.21	0.972	
接地电阻测试仪	台班	3.35	0.050	
精密交直流稳压电源	台班	64.84	0.389	
手持式万用表	台班	4.07	0.901	
数字电压表	台班	5.77	0.721	
线号打印机	台班	3.96	0.027	

工作内容：安装、校接线、单元检查、功能测试、模拟试验、排错。

计量单位：套

定 额 编 号				A6-5-93	A6-5-94
项 目 名 称				单回路闪光报警器(报警回路或点)	
				1点	每增1点
基 价 （元）				32.64	10.56
其中	人 工 费 （元）			27.44	9.66
	材 料 费 （元）			2.29	0.33
	机 械 费 （元）			2.91	0.57
名 称		单位	单价（元）	消 耗 量	
人工	综合工日	工日	140.00	0.196	0.069
材料	铜芯塑料绝缘电线 BV-1.5mm²	m	0.60	1.000	0.050
	线号套管(综合)	m	0.60	0.060	0.040
	校验材料费	元	1.00	1.545	0.258
	其他材料费占材料费	%	—	5.000	5.000
机械	电动综合校验台	台班	16.58	0.026	0.005
	对讲机(一对)	台班	4.19	0.058	0.012
	精密交直流稳压电源	台班	64.84	0.026	0.005
	手持式万用表	台班	4.07	0.061	0.012
	数字电压表	台班	5.77	0.049	0.010
	线号打印机	台班	3.96	0.004	0.002

工作内容：安装、校接线、单元检查、功能测试、模拟试验、排错。 计量单位：套

定 额 编 号				A6-5-95	
项 目 名 称				八回路闪光报警器	
基 价（元）				145.80	
其中	人 工 费（元）			124.74	
	材 料 费（元）			9.04	
	机 械 费（元）			12.02	
名 称		单位	单价（元）	消 耗 量	
人工	综合工日	工日	140.00	0.891	
材料	清洁布 250×250	块	2.56	0.100	
	铜芯塑料绝缘电线 BV-1.5mm^2	m	0.60	3.000	
	线号套管(综合)	m	0.60	0.200	
	校验材料费	元	1.00	6.437	
	其他材料费占材料费	%	—	5.000	
机械	电动综合校验台	台班	16.58	0.108	
	对讲机(一对)	台班	4.19	0.241	
	精密交直流稳压电源	台班	64.84	0.108	
	手持式万用表	台班	4.07	0.251	
	数字电压表	台班	5.77	0.201	
	线号打印机	台班	3.96	0.010	

208

工作内容：准备、搬运、安装、检查、校接线、接地、试验。 计量单位：台(个)

定 额 编 号				A6-5-96	A6-5-97	A6-5-98
项 目 名 称				报警装置柜、箱及组件、元件		
				继电器柜安装	继电器箱安装	组件机箱
基 价（元）				514.73	313.58	139.74
其中	人 工 费（元）			484.54	295.26	127.26
	材 料 费（元）			28.59	16.82	12.01
	机 械 费（元）			1.60	1.50	0.47
名 称		单位	单价（元）	消 耗 量		
人工	综合工日	工日	140.00	3.461	2.109	0.909
材料	电	kW•h	0.68	—	0.400	0.400
	垫铁	kg	4.20	1.500	—	—
	接地线 5.5~16mm²	m	4.27	1.500	1.500	1.500
	酒精	kg	6.40	0.300	0.100	0.200
	六角螺栓 M10×20~50	套	0.43	8.000	—	—
	膨胀螺栓 M10	套	0.25	—	4.000	4.000
	铜芯塑料绝缘电线 BV-1.5mm²	m	0.60	8.000	4.000	1.000
	位号牌	个	2.14	—	1.000	—
	线号套管(综合)	m	0.60	1.000	0.500	0.100
	校验材料费	元	1.00	2.446	1.545	0.510
	真丝绸布 宽900	m	13.15	0.100	0.100	0.100
	其他材料费占材料费	%	—	5.000	5.000	5.000
机械	接地电阻测试仪	台班	3.35	0.050	0.050	0.050
	铭牌打印机	台班	31.01	—	0.012	—
	手持式万用表	台班	4.07	0.112	0.070	0.027
	数字电压表	台班	5.77	0.075	0.047	0.018
	线号打印机	台班	3.96	0.093	0.058	0.022
	兆欧表	台班	5.76	0.030	0.030	—

工作内容：准备、搬运、安装、检查、校接线、接地、试验。　　　　　　　　　　计量单位：台(个)

定　额　编　号				A6-5-99	A6-5-100	A6-5-101
项　目　名　称				报警装置柜、箱及组件、元件		
				电源装置	可编程多音蜂鸣器	报警器、音响元件
基　　　　　价（元）				97.73	112.12	32.82
其中	人　工　费（元）			83.44	89.18	27.58
	材　料　费（元）			13.35	8.40	3.95
	机　械　费（元）			0.94	14.54	1.29
名　　　称		单位	单价（元）	消　　耗　　量		
人工	综合工日	工日	140.00	0.596	0.637	0.197
材料	接地线 5.5～16mm²	m	4.27	1.500	—	—
	六角螺栓 M6～10×20～70	套	0.17	4.000	2.000	2.000
	铜芯塑料绝缘电线 BV-1.5mm²	m	0.60	4.000	2.000	1.000
	位号牌	个	2.14	1.000	1.000	1.000
	线号套管(综合)	m	0.60	0.080	0.100	0.050
	校验材料费	元	1.00	0.386	3.605	0.258
	真丝绸布 宽900	m	13.15	0.050	0.050	0.030
	其他材料费占材料费	%	—	5.000	5.000	5.000
机械	电动综合校验台	台班	16.58	—	0.150	0.009
	对讲机(一对)	台班	4.19	—	0.137	0.012
	接地电阻测试仪	台班	3.35	0.050	—	—
	精密交直流稳压电源	台班	64.84	—	0.150	0.009
	铭牌打印机	台班	31.01	0.012	0.012	0.012
	手持式万用表	台班	4.07	0.020	0.171	0.015
	数字电压表	台班	5.77	0.014	0.114	0.010
	线号打印机	台班	3.96	0.017	0.007	0.004
	兆欧表	台班	5.76	0.030	—	—

六、数据采集及巡回检测报警装置

工作内容：安装、固定、单元检查、功能检查、系统试验。

计量单位：套

定　额　编　号				A6-5-102	A6-5-103	A6-5-104	A6-5-105
项　目　名　称				过程点(I/O点以下)			
				20	40	60	100
基　　　　价（元）				312.73	457.14	480.47	717.81
其中	人　工　费（元）			160.02	224.70	235.20	341.60
	材　料　费（元）			4.76	7.34	7.72	11.84
	机　械　费（元）			147.95	225.10	237.55	364.37
	名　　　称	单位	单价（元）	消　　耗　　量			
人工	综合工日	工日	140.00	1.143	1.605	1.680	2.440
材料	校验材料费	元	1.00	4.763	7.338	7.724	11.844
机械	电动综合校验台	台班	16.58	0.138	0.212	0.224	0.345
	对讲机（一对）	台班	4.19	0.719	1.016	1.064	1.522
	多功能校验仪	台班	237.59	0.522	0.795	0.839	1.288
	精密交直流稳压电源	台班	64.84	0.208	0.318	0.336	0.518
	手持式万用表	台班	4.07	0.522	0.795	0.839	1.288
	数字电压表	台班	5.77	0.522	0.795	0.839	1.288

工作内容：安装、固定、单元检查、功能检查、系统试验。 计量单位：套

定　额　编　号				A6-5-106	A6-5-107	A6-5-108	A6-5-109
项　目　名　称				过程点(I/0点以下)			
				200	300	400	600
基　　　　价（元）				991.06	1298.30	2010.52	2659.95
其中	人　工　费（元）			445.34	577.36	882.70	1161.72
	材　料　费（元）			15.45	20.60	33.47	43.77
	机　械　费（元）			530.27	700.34	1094.35	1454.46
名　　　称		单位	单价（元）	消　　耗　　量			
人工	综合工日	工日	140.00	3.181	4.124	6.305	8.298
材料	校验材料费	元	1.00	15.449	20.598	33.472	43.772
机械	电动综合校验台	台班	16.58	0.512	0.677	1.059	1.408
	对讲机(一对)	台班	4.19	1.866	2.421	3.705	4.879
	多功能校验仪	台班	237.59	1.907	2.519	3.937	5.233
	精密交直流稳压电源	台班	64.84	0.698	0.923	1.444	1.920
	手持式万用表	台班	4.07	1.907	2.519	3.937	5.233
	数字电压表	台班	5.77	1.362	1.799	2.812	3.738

212

第六章 工业计算机安装与试验

说　　明

一、本章内容包括工业计算机系统安装、管理计算机试验、基础自动化硬件检查试验、基础自动化系统软件功能试验。

1. 工业计算机系统安装：机柜、台柜、外部设备安装、网络设备安装。

2. 管理计算机试验：经营管理计算机硬件及软件功能试验、过程监控计算机硬件调试和软件功能试验。

3. 基础自动化装置试验：

（1）硬件检查试验：包括固定和可编程仪表安装试验、现场总线仪表安装试验；控制站、数据采集站、监视站、可编程逻辑控制器、工程技术站、操作站、双机切换装置硬件检查试验。

（2）软件功能试验：集散控制系统（DCS）试验、远程监控和数据采集系统（SCADA）试验、可编程逻辑控制器（PLC）试验、仪表安全系统试验（SIS）、工控计算机 IPC 系统检查试验、现场总线试验、网络系统检查测试、基础自动化与其他设备接口试验。

（3）在线回路试验：模拟量 AI 点、AO 点，数字量 DO 点、DI 点，脉冲量 PI/PO 点，无线监测点。

二、本章包括以下工作内容：

1. 工业计算机机柜安装：准备、开箱、清点、运输、吊装、就位、设备元件检查、风机温控，电源部分检查，自检及校接线、外部设备功能测试、接地、安装检查记录等。

2. 管理计算机调试：硬件检查试验包括技术准备、常规检查、输入输出通道检查；软件试验包括软件装载、复原、时钟调整和中断检查、功能检查处理、保护功能及可靠性、可维护性检查和综合检查；此外，还包括生产计划平衡、物料跟踪、生产实绩信息、调度指挥、仓库管理、技术信息、指令下达、管理优化及通信功能等；主程序及子程序运行、测试、排错、检查试验记录。

3. 监控计算机系统：硬件试验包括系统装载、复原、常规检查、可靠可维护性、与上级及基础自动化接口模块检查等，软件系统包括生产数据信息处理、数据库管理、生产过程监控、数学模型实现、生产实绩、故障自诊及排障、质量保证、最优控制实现和实时运行、排错。

4. 基础自动化装置硬件检查试验：常规检查、通电状态检查、显示记录控制仪表调试等。

5. 基础自动化装置软件检查试验：程序装载、输入输出插卡校准和试验、操作功能、组态内容或程序检查、应用功能检查、冗余功能、控制方案、离线系统试验。

6. 网络系统试验：参数设置、安全设置、维护功能、传输距离、冗余功能、优先权通信试验、接口、总线服务器、网桥、总线电源、电源阻抗器、网络系统联校等。无线数据传输网络试验内容主要测试无线网络信号测控点的连接、信号接收和发送、信号抗干扰性能，数据包是否丢失等功能。

7. 在线回路试验：现场加信号经安全栅至基础自动化装置进行控制、操作、显示静态模拟试验。

三、本章不包括以下工作内容：

1. 支架、支座、基础安装与制作。

2. 控制室空调、照明和防静电地板安装、场地消磁。

3. 软件生成或系统组态。

4. 设备因质量问题的修、配、改。

工程量计算规则

一、计算机标准机柜尺寸为（600～900）mm×800mm×（2000～2200）mm（宽×深×高）以内，其他为非标准。非标准机柜按半周长"m"为计量单位。操作显示台柜为大尺寸专用台柜，包括台上计算机及附件；工控计算机台柜为普通操作台，安装包括台上 PC 计算机。

二、计算机系统应是合格的硬件和成熟的软件，对拆除再安装的旧设备安装试验应另计工程量。

三、计算机系统硬件检查按"台"计算；软件调试以过程点为步距，以"套"为计量单位。DCS 分为过程控制点（信息输出）和数据采集（信息输入）。过程控制以 DCS 的信息输出（OUTPUT）为一套计算，数据采集和过程监视以 DCS 的信息输入（INPUT）为一套计算；可编程逻辑控制器（PLC）按 I/O 点的数量为一套系统计算，工控计算机 IPC 系统试验按一个独立的 IPC 系统 I/O 点的数量计算。

四、FCS 是以现场总线系统为核心的控制系统，工程量计算按总线所带节点数计算，按"套"作为计量单位。节点数为总线控制系统所涵盖的现场设备的台数。总线仪表按"台件"计算工程量，包括安装、单体调试、系统调试。凡可挂在现场总线上，并与之通信的智能仪表，均可以作为总线上的网络节点。

五、网络系统检查试验：以进行通信的信息"节点数"为步距，以"套"为计量单位。工程量计算应按系统配置情况，所共享的通信网络为一套计算，范围包括每套通信网络所能覆盖的最大距离和所能连接的最大节点数。节点指进行通信的站、设备、装置、终端等。现场总线系统网络按本章说明和所列项计算。信息传输网络硬件为双绞线、同轴电缆、光纤电缆，安装执行本册线路安装、测试定额。

六、无线数据传输网络为无线局域网，用于工业自动化系统，采用无线电台组网方式，实现远程数据采集、监视与控制。无线数据传输距离划分为 3km 以内和 3km 以外，以"站"为计量单位，"站"指无线电台，工程量计算以一个无线电台为 1 套站。无线电台、无线电台天线安装及试验执行本册第八章"自动化线路、通信"相关项目。

七、在线回路试验划分为模拟量 I/O 点、数字量 I/O 点、脉冲 PI/PO 点，以过程"点"作为计量单位。无线信号回路试验是以"测控点"为计量单位。测控点可以是 PLC、RTU 装置或其他智能仪表等。

八、经营管理计算机和监控计算机包括硬件和软件试验，工程量计算按所带终端数计算。终端是指智能设备、装置或系统，打印机、拷贝机等不作为终端。

九、与其他设备接口试验指与上位机、系统或装置的接口试验，以一套系统或装置作为单位。未列项目的作为其他装置计算工程量，按过程 I/0 点计算。

十、工业计算机系统安装试验定额使用说明：

1. 工业计算机安装试验计算工程量时应按所承担的工作内容选取。

2. 在线回路试验是指在现场加模拟信号经安全栅至控制室进行的静态模拟回路试验。

3. DCS 主要用于模拟量的连续多功能控制，并包括顺控功能。

4. PLC 主要用于顺序控制，目前 PLC 也具有 DCS 功能，并且两者功能相互结合。工程量计算仍以 PLC 的主要功能为基准，执行 PLC 定额项目。

5. IPC 系统是运行在 Windows NT 环境下的独立控制系统，具有广泛的软硬件支持，系统构成灵活，工程量计算按过程 I/0 点。IPC 系统试验适用于直接数字控制系统（DDC）试验。

6. 现场总线 FCS 是基金会现场总线（FF），按"套"以节点数计算工程量。FF 现场总线按传输速率不同，有两种物理层标准，定额按 32 节点和 124 节点以下区分，节点为总线仪表或其他智能设备。现场总线控制系统试验内容包括服务器和网桥功能，可接局域网，并通过网桥互联。现场总线仪表具有网络主站的功能、PID 功能并兼有通信等多种功能，与智能仪表不同，是小型计算机，安装和试验按"台"计算。

7. 远程监控和数据采集系统是独立系统。以 SCADA 系统作为编制依据，包括三大部分：

（1）分布式数据采集系统（下位机系统），即现场控制站点；

（2）监控中心（包括服务器、工程师站、操作员站、Web 服务器等）；

（3）数据通信网络，包括上位机网络、下位机网络、上下位之间联系的网络。

远程监控和数据采集容量有大小，工程量计算应按上位机的数量和下位机的数量计算，上位机为监控中心，一个监控中心和所覆盖的下位机为一个系统。下位机按控制站点作为计量单位。下位机指 RTU、PLC、DCS、FCS、可编程仪表或智能仪表等。远程终端 RTU 试验执行本册远动装置定额。

8. SCADA 与 DCS 和 PLC 使用的不同点在于：SCADA 软件、硬件是由不同厂家的产品构建起来的，不是某一家的产品，是各用户集成的，测控点很分散，采集数据范围广，数字量采集大，控制要求不大，特指远程分布计算机测控系统。DCS 和 PLC 由不同厂商开发的产品，用于要求较高的过程控制和逻辑监控系统，可以作为 SCADA 的下位机。

9. SCADA 与工业监控计算机的区分：工业监控计算机系统主要用于过程控制的优化，是 DCS 多级控制的上位机。工程量计算应区分开。

10. 仪表安全系统（SIS）是三重化（冗余）安全系统（或称紧急停车系统 ESD），是独立的系统，用于监控生产安全，以"套"为计量单位，按过程（I/0 点）计算工程量。其他，如储运监控（OMS）、压缩机组控制系统（CCS）、大型机组状态监测系统（MMS）、仪表设备管理系统（AMS）等独立的系统，都可以作大 DCS 子系统，计算接口试验，其硬件安装、硬件、软件试验可执行 PLC 或 DCS 相关项目。

十一、定额所列的安装试验工作内容不包括设计或开发商的现场服务。

一、工业计算机系统安装

1.计算机柜、台设备安装

工作内容：清点、运输、安装就位(含机柜底座)、接地、绝缘电阻测定、安全防护、设备元件检查及校接
线。

计量单位：台

定 额 编 号			A6-6-1
项 目 名 称			标准机柜
基 价 （元）			1117.81
其中	人 工 费 （元）		730.10
	材 料 费 （元）		58.42
	机 械 费 （元）		329.29
名 称	单位	单价(元)	消 耗 量
人工 综合工日	工日	140.00	5.215
材料 标签纸(综合)	m	7.11	0.200
电	kW·h	0.68	1.000
垫铁	kg	4.20	1.000
接地线 5.5～16mm²	m	4.27	3.000
六角螺栓 M10×20～50	套	0.43	6.000
螺栓绝缘外套	个	0.07	6.000
麻绳 φ12	m	5.97	1.100
棉纱头	kg	6.00	0.200
清洁布 250×250	块	2.56	0.500
清洁剂	kg	10.68	0.200
软橡胶板	m²	17.09	0.800
塑料布	m²	1.97	4.000
铁砂布	张	0.85	0.500
细白布	m	3.08	0.100
线号套管(综合)	m	0.60	0.100
其他材料费占材料费	%	—	5.000
机械 叉式起重机 5t	台班	506.51	0.200
接地电阻测试仪	台班	3.35	0.050
汽车式起重机 25t	台班	1084.16	0.120
手持式万用表	台班	4.07	0.685
数字电压表	台班	5.77	0.137
线号打印机	台班	3.96	0.100
载重汽车 15t	台班	779.76	0.120
兆欧表	台班	5.76	0.030

工作内容：清点、运输、安装就位(含机柜底座)、接地、绝缘电阻测定、安全防护、设备元件检查及校接
线。

计量单位：半周长m

定 额 编 号				A6-6-2
项 目 名 称				非标准机柜
基 价（元）				1033.77
其中	人 工 费（元）			661.92
	材 料 费（元）			42.82
	机 械 费（元）			329.03
名 称	单位	单价(元)	消 耗 量	
人工	综合工日	工日	140.00	4.728	
材料	标签纸(综合)	m	7.11	0.100	
	电	kW·h	0.68	1.000	
	垫铁	kg	4.20	0.600	
	接地线 5.5～16mm²	m	4.27	1.500	
	六角螺栓 M10×20～50	套	0.43	4.000	
	螺栓绝缘外套	个	0.07	4.000	
	麻绳 φ12	m	5.97	1.000	
	棉纱头	kg	6.00	0.200	
	清洁布 250×250	块	2.56	0.300	
	清洁剂	kg	10.68	0.150	
	软橡胶板	m²	17.09	0.600	
	塑料布	m²	1.97	4.000	
	铁砂布	张	0.85	0.500	
	细白布	m	3.08	0.100	
	线号套管(综合)	m	0.60	0.100	
	其他材料费占材料费	%	—	5.000	
机械	叉式起重机 5t	台班	506.51	0.200	
	接地电阻测试仪	台班	3.35	0.050	
	汽车式起重机 25t	台班	1084.16	0.120	
	手持式万用表	台班	4.07	0.635	
	数字电压表	台班	5.77	0.127	
	线号打印机	台班	3.96	0.100	
	载重汽车 15t	台班	779.76	0.120	
	兆欧表	台班	5.76	0.030	

工作内容：清点、运输、安装就位(含机柜底座)、接地、绝缘电阻测定、安全防护、设备元件检查及校接线。

计量单位：台

定　额　编　号			A6-6-3	A6-6-4
项　目　名　称			一体化操作显示报警台柜	工控机及台柜
基　　　价（元）			1057.91	204.62
其中	人　工　费（元）		753.90	147.84
	材　料　费（元）		66.16	16.49
	机　械　费（元）		237.85	40.29
名　　称		单位	单价（元）	消　　耗　　量	
人工	综合工日	工日	140.00	5.385	1.056
材料	标签纸(综合)	m	7.11	0.200	0.100
	电	kW·h	0.68	1.500	—
	垫铁	kg	4.20	1.200	—
	接地线 5.5～16mm²	m	4.27	3.000	1.000
	六角螺栓 M10×20～50	套	0.43	8.000	—
	螺栓绝缘外套	个	0.07	12.000	—
	麻绳 φ12	m	5.97	1.100	—
	棉纱头	kg	6.00	0.200	—
	清洁布 250×250	块	2.56	1.000	0.300
	清洁剂	kg	10.68	0.500	0.500
	软橡胶板	m²	17.09	0.800	—
	塑料布	m²	1.97	4.000	2.000
	铁砂布	张	0.85	1.000	—
	细白布	m	3.08	0.100	0.200
	线号套管(综合)	m	0.60	0.100	0.100
	其他材料费占材料费	%	—	5.000	5.000
机械	叉式起重机 5t	台班	506.51	0.050	—
	接地电阻测试仪	台班	3.35	0.050	0.050
	汽车式起重机 25t	台班	1084.16	0.120	—
	手持式万用表	台班	4.07	0.710	0.108
	数字电压表	台班	5.77	0.142	0.022
	线号打印机	台班	3.96	0.100	0.100
	载重汽车 15t	台班	779.76	0.100	0.050
	兆欧表	台班	5.76	0.030	0.030

工作内容：清点、运输、安装就位(含机柜底座)、接地、绝缘电阻测定、安全防护、设备元件检查及校接线。

计量单位：台

定 额 编 号				A6-6-5	A6-6-6
项 目 名 称				插卡柜	编组柜
基 价（元）				1098.27	1587.27
其中	人 工 费（元）			720.58	1204.42
	材 料 费（元）			48.46	50.55
	机 械 费（元）			329.23	332.30
名 称		单位	单价（元）	消 耗 量	
人工	综合工日	工日	140.00	5.147	8.603
材料	标签纸(综合)	m	7.11	0.200	0.600
	电	kW·h	0.68	1.500	1.500
	垫铁	kg	4.20	1.000	1.000
	接地线 5.5～16mm²	m	4.27	1.000	1.000
	六角螺栓 M10×20～50	套	0.43	6.000	6.000
	螺栓绝缘外套	个	0.07	6.000	6.000
	麻绳 φ12	m	5.97	1.100	1.100
	棉纱头	kg	6.00	0.200	0.200
	清洁布 250×250	块	2.56	0.500	—
	软橡胶板	m²	17.09	0.800	0.800
	塑料布	m²	1.97	4.000	4.000
	铁砂布	张	0.85	1.000	1.000
	细白布	m	3.08	0.200	0.200
	线号套管(综合)	m	0.60	0.300	1.000
	其他材料费占材料费	%	—	5.000	5.000
机械	叉式起重机 5t	台班	506.51	0.200	0.200
	接地电阻测试仪	台班	3.35	0.050	0.050
	汽车式起重机 25t	台班	1084.16	0.120	0.120
	手持式万用表	台班	4.07	0.675	1.185
	数字电压表	台班	5.77	0.135	0.237
	线号打印机	台班	3.96	0.100	0.200
	载重汽车 15t	台班	779.76	0.120	0.120
	兆欧表	台班	5.76	0.030	0.030

2.外部设备安装试验

工作内容：清点、安装、接线、自检、测试。

计量单位：台

定 额 编 号			A6-6-7	A6-6-8	A6-6-9
项 目 名 称			打印机		彩色硬拷贝机
			台式	柜式	
基 价 （元）			55.93	56.91	46.08
其中	人 工 费 （元）		32.34	33.32	22.54
	材 料 费 （元）		23.40	23.40	23.40
	机 械 费 （元）		0.19	0.19	0.14
名 称	单位	单价（元）	消 耗 量		
人工 综合工日	工日	140.00	0.231	0.238	0.161
材料 复印纸 A4 500张/包	包	17.50	0.700	0.700	0.700
接地线 5.5～16mm²	m	4.27	1.500	1.500	1.500
清洁布 250×250	块	2.56	1.000	1.000	1.000
清洁剂	kg	10.68	0.100	0.100	0.100
其他材料费占材料费	%	—	5.000	5.000	5.000
机械 手持式万用表	台班	4.07	0.027	0.028	0.019
数字电压表	台班	5.77	0.014	0.014	0.010

工作内容：清点、安装、接线、自检、测试。   计量单位：台

定 额 编 号				A6-6-10	A6-6-11
项 目 名 称				打印机、拷贝机选择器	扫描、传真、刻录机
基 价（元）				17.96	36.86
其中	人 工 费（元）			16.52	26.18
	材 料 费（元）			1.34	10.53
	机 械 费（元）			0.10	0.15
名 称		单位	单价（元）	消 耗 量	
人工	综合工日	工日	140.00	0.118	0.187
材料	接地线 5.5～16mm²	m	4.27	—	1.500
	清洁布 250×250	块	2.56	0.500	1.000
	清洁剂	kg	10.68	—	0.100
	其他材料费占材料费	%	—	5.000	5.000
机械	手持式万用表	台班	4.07	0.014	0.022
	数字电压表	台班	5.77	0.007	0.011

226

工作内容：清点、安装、接线、自检、测试。 计量单位：台

定 额 编 号			A6-6-12	A6-6-13	A6-6-14
项 目 名 称			编程器组态器	硬盘阵列柜安装	
				柜式	台式
基 价 （元）			18.23	140.24	109.26
其中	人 工 费 （元）		16.52	111.44	80.64
	材 料 费 （元）		1.34	11.66	11.66
	机 械 费 （元）		0.37	17.14	16.96
名 称	单位	单价（元）	消 耗 量		
人工	综合工日	工日	140.00	0.118	0.796	0.576

	名 称	单位	单价（元）	消 耗 量		
材料	接地线 5.5～16mm²	m	4.27	—	1.500	1.500
	清洁布 250×250	块	2.56	0.500	1.000	1.000
	清洁剂	kg	10.68	—	0.200	0.200
	其他材料费占材料费	%	—	5.000	5.000	5.000
机械	手持式万用表	台班	4.07	0.080	0.094	0.068
	手动液压叉车	台班	6.46	—	0.020	0.020
	数字电压表	台班	5.77	0.007	0.047	0.034
	载重汽车 4t	台班	408.97	—	0.040	0.040

工作内容：清点、安装、接线、自检、测试。 计量单位：台

定 额 编 号				A6-6-15	A6-6-16
项 目 名 称				显示器	光盘库
基 价（元）				**45.50**	**62.80**
其中	人 工 费（元）			33.32	35.70
	材 料 费（元）			3.81	10.53
	机 械 费（元）			8.37	16.57
名 称		单位	单价（元）	消 耗 量	
人工	综合工日	工日	140.00	0.238	0.255
材料	接地线 5.5～16mm²	m	4.27	—	1.500
	清洁布 250×250	块	2.56	1.000	1.000
	清洁剂	kg	10.68	0.100	0.100
	其他材料费占材料费	%	—	5.000	5.000
机械	手持式万用表	台班	4.07	0.028	0.030
	数字电压表	台班	5.77	0.014	0.015
	载重汽车 4t	台班	408.97	0.020	0.040

228

3.网络设备安装试验

工作内容：清点、安装、校接线、常规检查、硬件检查、测试。 计量单位：台

定 额 编 号				A6-6-17	A6-6-18	A6-6-19	A6-6-20
项 目 名 称				服务器	交换机	路由器	无线路由器
基 价 （元）				191.85	48.00	27.87	31.18
其中	人 工 费 （元）			181.44	44.24	27.16	30.52
	材 料 费 （元）			6.95	2.32	0.39	0.51
	机 械 费 （元）			3.46	1.44	0.32	0.15
名 称		单位	单价(元)	消 耗 量			
人工	综合工日	工日	140.00	1.296	0.316	0.194	0.218
材料	校验材料费	元	1.00	6.952	2.317	0.386	0.510
机械	手持式万用表	台班	4.07	0.352	0.146	0.033	0.037
	数字电压表	台班	5.77	0.352	0.146	0.033	—

工作内容：清点、安装、校接线、常规检查、硬件检查、测试。 计量单位：台

定　额　编　号				A6-6-21	A6-6-22	A6-6-23
项　目　名　称				网桥	无线网桥	中继器
基　　　价（元）				29.00	33.45	20.95
其中	人　工　费（元）			28.28	32.90	20.44
	材　料　费（元）			0.39	0.39	0.26
	机　械　费（元）			0.33	0.16	0.25
名　　称		单位	单价（元）	消　　耗　　量		
人工	综合工日	工日	140.00	0.202	0.235	0.146
材料	校验材料费	元	1.00	0.386	0.386	0.258
机械	手持式万用表	台班	4.07	0.034	0.040	0.025
	数字电压表	台班	5.77	0.034	—	0.025

工作内容：清点、安装、校接线、常规检查、硬件检查、测试。　　　　　　　　　　计量单位：台

定　额　编　号				A6-6-24	A6-6-25	A6-6-26
项　目　名　称				集线器		
				普通式	堆叠式	智能式
基　　　价（元）				27.27	59.12	69.27
其中	人　工　费（元）			25.20	51.66	59.78
	材　料　费（元）			1.29	5.67	7.21
	机　械　费（元）			0.78	1.79	2.28
名　　　称		单位	单价（元）	消　　耗　　量		
人工	综合工日	工日	140.00	0.180	0.369	0.427
材料	校验材料费	元	1.00	1.287	5.665	7.209
机械	手持式万用表	台班	4.07	0.042	0.097	0.123
	数字电压表	台班	5.77	0.105	0.242	0.308

231

工作内容：清点、安装、校接线、常规检查、硬件检查、测试。 计量单位：台

定 额 编 号				A6-6-27	A6-6-28
项 目 名 称				网卡	无线网卡
基 价 （元）				8.48	10.92
其中	人 工 费（元）			7.98	10.22
	材 料 费（元）			0.39	0.51
	机 械 费（元）			0.11	0.19
名 称		单位	单价(元)	消 耗 量	
人工	综合工日	工日	140.00	0.057	0.073
材料	校验材料费	元	1.00	0.386	0.510
机械	笔记本电脑	台班	9.38	—	0.020
	手持式万用表	台班	4.07	0.006	—
	数字电压表	台班	5.77	0.014	—

二、管理计算机试验

1.经营管理计算机硬件和软件系统试验

工作内容:常规检查、硬件检查、单元检查、功能测试、程序运行、测试、排错。　　　　计量单位:套

定　额　编　号				A6-6-29	A6-6-30	A6-6-31	A6-6-32
项　目　名　称				管理计算机系统硬件和软件功能试验(终端以下)			
				5	8	12	15
基　　　价（元）				4338.94	6482.96	8464.03	10276.33
其中	人　工　费（元）			3096.94	4726.82	6071.52	7334.74
	材　料　费（元）			97.84	9.78	149.34	231.73
	机　械　费（元）			1144.16	1746.36	2243.17	2709.86
名　　　称		单位	单价（元）	消　　耗　　量			
人工	综合工日	工日	140.00	22.121	33.763	43.368	52.391
材料	校验材料费	元	1.00	97.842	9.784	149.338	231.732
机械	编程器	台班	3.19	3.040	4.640	5.960	7.200
	多功能校验仪	台班	237.59	4.560	6.960	8.940	10.800
	手持式万用表	台班	4.07	6.080	9.280	11.920	14.400
	数字电压表	台班	5.77	4.560	6.960	8.940	10.800

工作内容：常规检查、硬件检查、单元检查、功能测试、程序运行、测试、排错。　　　　　计量单位：套

定　额　编　号				A6-6-33	A6-6-34	A6-6-35
项　目　名　称				管理计算机系统硬件和软件功能试验(终端以下)		
				20	25	25以上
基　　　　价（元）				11789.23	14158.35	15785.40
其中	人　工　费（元）			8414.56	10105.48	11266.78
	材　料　费（元）			265.85	319.28	355.97
	机　械　费（元）			3108.82	3733.59	4162.65
名　　　　称		单位	单价（元）	消　　耗　　量		
人工	综合工日	工日	140.00	60.104	72.182	80.477
材料	校验材料费	元	1.00	265.848	319.275	355.966
机械	编程器	台班	3.19	8.260	9.920	11.060
	多功能校验仪	台班	237.59	12.390	14.880	16.590
	手持式万用表	台班	4.07	16.520	19.840	22.120
	数字电压表	台班	5.77	12.390	14.880	16.590

2.监控计算机硬件和软件功能试验

工作内容：单元检查调整、功能试验、测试、排错、系统试验、运行。　　　　　计量单位：套

定　额　编　号			A6-6-36	A6-6-37	A6-6-38
项　目　名　称			硬件试验	软件功能试验(终端以下)	
				5	8
基　　价（元）			1805.20	4043.75	5993.49
其中	人　工　费（元）		1018.64	2281.86	3382.12
	材　料　费（元）		32.19	72.09	106.85
	机　械　费（元）		754.37	1689.80	2504.52
名　　称		单位	单价(元)	消　耗　量	
人工	综合工日	工日	140.00	7.276	16.299	24.158
材料	校验材料费	元	1.00	32.185	72.094	106.854
机械	对讲机（一对）	台班	4.19	3.500	7.840	11.620
	多功能校验仪	台班	237.59	3.000	6.720	9.960
	手持式万用表	台班	4.07	3.500	7.840	11.620
	数字电压表	台班	5.77	2.200	4.928	7.304

工作内容：单元检查调整、功能试验、测试、排错、系统试验、运行。　　　　　　　　　　计量单位：套

定　额　编　号				A6-6-39	A6-6-40	A6-6-41
项　目　名　称				软件功能试验(终端以下)		
				12	15	20
基　　　　　价（元）				8304.11	10687.21	12745.19
其中	人　工　费（元）			4685.94	6030.78	7192.08
	材　料　费（元）			148.05	190.54	227.23
	机　械　费（元）			3470.12	4465.89	5325.88
名　　　称		单位	单价(元)	消　　耗　　量		
人工	综合工日	工日	140.00	33.471	43.077	51.372
材料	校验材料费	元	1.00	148.051	190.535	227.226
机械	对讲机(一对)	台班	4.19	16.100	20.720	24.710
	多功能校验仪	台班	237.59	13.800	17.760	21.180
	手持式万用表	台班	4.07	16.100	20.720	24.710
	数字电压表	台班	5.77	10.120	13.024	15.532

236

工作内容：单元检查调整、功能试验、测试、排错、系统试验、运行。　　　　　　　计量单位：套

定　额　编　号				A6-6-42	A6-6-43	A6-6-44
项　目　名　称				软件功能试验(终端以下)		
				25	30	每增1个
基　　　　价（元）				14442.15	16463.96	382.62
其中	人　工　费（元）			8149.68	9290.54	215.88
	材　料　费（元）			257.48	293.53	6.82
	机　械　费（元）			6034.99	6879.89	159.92
名　　　称		单位	单价(元)	消　　耗　　量		
人工	综合工日	工日	140.00	58.212	66.361	1.542
材料	校验材料费	元	1.00	257.480	293.527	6.823
机械	对讲机(一对)	台班	4.19	28.000	31.920	0.742
	多功能校验仪	台班	237.59	24.000	27.360	0.636
	手持式万用表	台班	4.07	28.000	31.920	0.742
	数字电压表	台班	5.77	17.600	20.064	0.466

237

三、基础自动化硬件检查试验

1. 固定和可编程仪表安装试验

工作内容：安装、硬件检查、编程、组态校对、排错、回路试验。　　　　　　　　　　　　计量单位：台

定　额　编　号			A6-6-45	A6-6-46	A6-6-47
项　目　名　称			固定程序 单回路调节器	可编程仪表	
				单回路调节器	运算器
基　　　价（元）			811.99	1117.77	766.05
其 中	人　工　费（元）		526.54	697.06	500.08
	材　料　费（元）		85.67	123.90	80.13
	机　械　费（元）		199.78	296.81	185.84
名　　　称	单位	单价（元）	消　　耗　　量		
人 工	综合工日	工日	140.00	3.761	4.979	3.572
材 料	清洁布 250×250	块	2.56	0.400	0.400	0.400
	校验材料费	元	1.00	78.789	117.025	73.253
	仪表打印纸(综合)	卷	8.55	0.100	0.100	0.100
	其他材料费	元	1.00	5.000	5.000	5.000
机 械	编程器	台班	3.19	0.337	0.500	0.313
	对讲机(一对)	台班	4.19	0.337	0.500	0.313
	多功能校验仪	台班	237.59	0.673	1.000	0.626
	精密交直流稳压电源	台班	64.84	0.505	0.750	0.470
	手持式万用表	台班	4.07	0.505	0.750	0.470
	数字电压表	台班	5.77	0.449	0.667	0.417

工作内容：安装、硬件检查、编程、组态校对、排错、回路试验。　　　　　　　　　　　计量单位：台

定　额　编　号			A6-6-48	A6-6-49	A6-6-50
项　目　名　称			可编程仪表		
			记录仪	选择调节器	多回路调节器
基　　　价（元）			875.14	1558.60	1987.72
其中	人　工　费（元）		560.00	944.58	1187.62
	材　料　费（元）		94.63	178.62	232.60
	机　械　费（元）		220.51	435.40	567.50
名　　称	单位	单价（元）	消　　耗　　量		
人工 综合工日	工日	140.00	4.000	6.747	8.483
材料 清洁布 250×250	块	2.56	0.400	0.400	0.500
校验材料费	元	1.00	86.900	171.739	223.750
仪表打印纸(综合)	卷	8.55	0.200	0.100	0.300
其他材料费	元	1.00	5.000	5.000	5.000
机械 编程器	台班	3.19	0.371	0.733	0.956
对讲机(一对)	台班	4.19	0.371	0.733	0.956
多功能校验仪	台班	237.59	0.743	1.467	1.912
精密交直流稳压电源	台班	64.84	0.557	1.100	1.434
手持式万用表	台班	4.07	0.557	1.100	1.434
数字电压表	台班	5.77	0.495	0.978	1.274

2. 现场总线仪表安装试验

工作内容：安装、硬件检查、编程、组态校对、排错、回路试验。　　　　　　计量单位：台

定 额 编 号				A6-6-51	A6-6-52	A6-6-53
项 目 名 称				现场总线仪表		
				压力	差压	温度变送
				控制器		
基 价（元）				1108.58	1411.88	674.31
其中	人 工 费（元）			794.08	1007.30	500.08
	材 料 费（元）			21.79	26.79	13.82
	机 械 费（元）			292.71	377.79	160.41
名　称		单位	单价（元）	消　　耗　　量		
人工	综合工日	工日	140.00	5.672	7.195	3.572
材料	清洁布 250×250	块	2.56	0.400	0.400	0.400
	位号牌	个	2.14	1.000	1.000	1.000
	校验材料费	元	1.00	16.736	21.500	9.141
	仪表打印纸(综合)	卷	8.55	0.100	0.100	0.100
	其他材料费占材料费	%	—	5.000	5.000	5.000
机械	编程器	台班	3.19	0.480	0.620	0.260
	对讲机(一对)	台班	4.19	1.038	1.340	0.569
	多功能校验仪	台班	237.59	1.038	1.340	0.569
	精密交直流稳压电源	台班	64.84	0.480	0.620	0.260
	铭牌打印机	台班	31.01	0.012	0.012	0.012
	手持式万用表	台班	4.07	1.038	1.340	0.569
	数字电压表	台班	5.77	0.779	1.005	0.427

工作内容：安装、硬件检查、编程、组态校对、排错、回路试验。　　　　　　　　　　　　　　计量单位：台

定　额　编　号				A6-6-54	A6-6-55	A6-6-56
项　目　名　称				现场总线仪表		
				光电	电流	气动
				转换器		
基　　　价（元）				231.82	158.46	320.71
其中	人　工　费（元）			158.06	110.04	212.24
	材　料　费（元）			4.59	3.24	8.73
	机　械　费（元）			69.17	45.18	99.74
名　　　称		单位	单价（元）	消　　　耗　　　量		
人工	综合工日	工日	140.00	1.129	0.786	1.516
材料	清洁布 250×250	块	2.56	0.200	0.200	0.300
	位号牌	个	2.14	—	—	1.000
	校验材料费	元	1.00	3.862	2.575	5.407
	其他材料费占材料费	%	—	5.000	5.000	5.000
机械	编程器	台班	3.19	0.114	0.074	0.156
	电动空气压缩机 0.6m³/min	台班	37.30	—	—	0.156
	对讲机(一对)	台班	4.19	0.244	0.159	0.333
	多功能校验仪	台班	237.59	0.244	0.159	0.333
	精密交直流稳压电源	台班	64.84	0.114	0.074	0.156
	铭牌打印机	台班	31.01	0.012	0.012	—
	手持式万用表	台班	4.07	0.244	0.159	0.333
	数字电压表	台班	5.77	0.183	0.119	0.250

工作内容：安装、硬件检查、编程、组态校对、排错、回路试验。   计量单位：台

定 额 编 号				A6-6-57	A6-6-58
项 目 名 称				现场总线仪表	
				阀门定位器	电动执行器
基 价 （元）				614.67	1240.69
其中	人 工 费 （元）			431.20	888.58
	材 料 费 （元）			13.19	22.79
	机 械 费 （元）			170.28	329.32
名 称		单位	单价（元）	消 耗 量	
人工	综合工日	工日	140.00	3.080	6.347
材料	清洁布 250×250	块	2.56	0.300	0.300
	位号牌	个	2.14	1.000	1.000
	校验材料费	元	1.00	9.656	18.796
	其他材料费占材料费	%	—	5.000	5.000
机械	编程器	台班	3.19	0.280	0.540
	对讲机(一对)	台班	4.19	0.603	1.168
	多功能校验仪	台班	237.59	0.603	1.168
	精密交直流稳压电源	台班	64.84	0.280	0.540
	铭牌打印机	台班	31.01	0.012	0.012
	手持式万用表	台班	4.07	0.603	1.168
	数字电压表	台班	5.77	0.452	0.876

工作内容：安装、硬件检查、编程、组态校对、排错、回路试验。　　　　　　　　　　　计量单位：台

定　额　编　号				A6-6-59	A6-6-60
项　目　名　称				现场总线仪表	
				变频变速驱动装置	总线安全栅
基　　价（元）				1603.74	37.20
其中	人　工　费（元）			1123.50	28.00
	材　料　费（元）			29.95	0.54
	机　械　费（元）			450.29	8.66
名　　称		单位	单价(元)	消　　耗　　量	
人工	综合工日	工日	140.00	8.025	0.200
材料	清洁布 250×250	块	2.56	0.300	—
	位号牌	个	2.14	1.000	—
	校验材料费	元	1.00	25.619	0.510
	其他材料费占材料费	%	—	5.000	5.000
机械	编程器	台班	3.19	0.740	—
	对讲机(一对)	台班	4.19	1.591	0.031
	多功能校验仪	台班	237.59	1.591	0.031
	精密标准电阻箱	台班	4.15	0.370	—
	精密交直流稳压电源	台班	64.84	0.740	0.014
	铭牌打印机	台班	31.01	0.012	—
	手持式万用表	台班	4.07	1.591	0.031
	数字电压表	台班	5.77	1.194	0.023

3.计算机系统硬件检查试验

工作内容：常规检查、通电状态检查、硬件测试、显示记录控制仪表试验。　　　　　　　　计量单位：套/台

定　额　编　号				A6-6-61	A6-6-62	A6-6-63	A6-6-64
项　目　名　称				控制站	双重化	三重化	数据采集站/监视站
					控制站		
基　　　　价（元）				558.51	644.42	730.33	558.51
其中	人　工　费（元）			441.42	509.32	577.22	441.42
	材　料　费（元）			8.37	9.66	10.94	8.37
	机　械　费（元）			108.72	125.44	142.17	108.72
名　　　称		单位	单价（元）	消　　耗　　量			
人工	综合工日	工日	140.00	3.153	3.638	4.123	3.153
材料	校验材料费	元	1.00	8.368	9.656	10.943	8.368
机械	多功能校验仪	台班	237.59	0.429	0.495	0.561	0.429
	手持式万用表	台班	4.07	0.858	0.990	1.122	0.858
	数字电压表	台班	5.77	0.572	0.660	0.748	0.572

工作内容：常规检查、通电状态检查、硬件测试、显示记录控制仪表试验。 计量单位：套/台

定 额 编 号			A6-6-65	A6-6-66	A6-6-67
项 目 名 称			可编程逻辑 控制器	工控计算机	工程技术站
基 价（元）			472.73	429.71	77.30
其中	人 工 费（元）		373.66	339.64	61.18
	材 料 费（元）		7.08	6.44	1.16
	机 械 费（元）		91.99	83.63	14.96
名 称	单位	单价(元)	消 耗 量		
人工	综合工日	工日	140.00	2.669	2.426	0.437
材料	校验材料费	元	1.00	7.081	6.437	1.159
机械	多功能校验仪	台班	237.59	0.363	0.330	0.059
	手持式万用表	台班	4.07	0.726	0.660	0.119
	数字电压表	台班	5.77	0.484	0.440	0.079

工作内容：常规检查、通电状态检查、硬件测试、显示记录控制仪表试验。　　　　　　　计量单位：套

定　额　编　号			A6-6-68	A6-6-69	A6-6-70
项　目　名　称			基本	辅助	复合多功能
			操作站		
基　　　价（元）			558.51	386.68	591.55
其中	人　工　费（元）		441.42	305.62	475.44
	材　料　费（元）		8.37	5.79	9.01
	机　械　费（元）		108.72	75.27	107.10
名　　　称	单位	单价（元）	消　　耗　　量		
人工	综合工日	工日	140.00	3.153	2.183	3.396
材料	校验材料费	元	1.00	8.368	5.793	9.012
机械	多功能校验仪	台班	237.59	0.429	0.297	0.420
	手持式万用表	台班	4.07	0.858	0.594	0.924
	数字电压表	台班	5.77	0.572	0.396	0.616

工作内容：常规检查、通电状态检查、硬件测试、显示记录控制仪表试验。　　　　　　计量单位：套

定　额　编　号				A6-6-71	A6-6-72	A6-6-73
项　目　名　称				双机切换装置		
				自动	半自动	手动
基　　　价（元）				515.48	537.25	558.51
其中	人　工　费（元）			407.40	424.48	441.42
	材　料　费（元）			7.72	8.11	8.37
	机　械　费（元）			100.36	104.66	108.72
名　　称		单位	单价（元）	消　　耗　　量		
人工	综合工日	工日	140.00	2.910	3.032	3.153
材料	校验材料费	元	1.00	7.724	8.111	8.368
机械	多功能校验仪	台班	237.59	0.396	0.413	0.429
	手持式万用表	台班	4.07	0.792	0.825	0.858
	数字电压表	台班	5.77	0.528	0.550	0.572

四、基础自动化系统软件功能试验

1. 远程监控和数据采集系统试验

工作内容：程序装载、操作功能、输入输出插卡校准和试验、组态内容或程序检查、应用功能检查、冗余功能、控制功能、系统试验。

计量单位：套

定　额　编　号			A6-6-74	A6-6-75	A6-6-76	A6-6-77
项　目　名　称			监控中心	监控和采集站点以下		
				8	12	16
基　　　　　价（元）			1791.97	720.98	1220.31	1904.03
其中	人　工　费（元）		1221.78	491.54	832.02	1298.22
	材　料　费（元）		23.17	9.27	15.84	24.59
	机　械　费（元）		547.02	220.17	372.45	581.22
名　　　称	单位	单价（元）	消　　耗　　量			
人工	综合工日	工日	140.00	8.727	3.511	5.943	9.273
材料	校验材料费	元	1.00	23.173	9.269	15.835	24.589
机械	编程器	台班	3.19	2.159	0.869	1.470	2.294
	对讲机(一对)	台班	4.19	2.159	0.869	1.470	2.294
	多功能校验仪	台班	237.59	2.159	0.869	1.470	2.294
	手持式万用表	台班	4.07	2.159	0.869	1.470	2.294
	数字电压表	台班	5.77	1.619	0.651	1.103	1.720

工作内容：程序装载、操作功能、输入输出插卡校准和试验、组态内容或程序检查、应用功能检查、冗余
功能、控制功能、系统试验。

计量单位：套

定 额 编 号			A6-6-78	A6-6-79	A6-6-80	A6-6-81
项 目 名 称			监控和采集站点以下			
			32	50	80	120
基 价（元）			2621.91	3530.02	4836.11	6180.67
其中	人 工 费（元）		1787.66	2406.88	3297.42	4214.14
	材 料 费（元）		33.86	45.57	62.57	79.95
	机 械 费（元）		800.39	1077.57	1476.12	1886.58
名 称	单位	单价（元）	消 耗 量			
人工	综合工日	工日	140.00	12.769	17.192	23.553	30.101
材料	校验材料费	元	1.00	33.859	45.574	62.568	79.948
机械	编程器	台班	3.19	3.159	4.253	5.826	7.446
	对讲机(一对)	台班	4.19	3.159	4.253	5.826	7.446
	多功能校验仪	台班	237.59	3.159	4.253	5.826	7.446
	手持式万用表	台班	4.07	3.159	4.253	5.826	7.446
	数字电压表	台班	5.77	2.369	3.190	4.370	5.585

工作内容：程序装载、操作功能、输入输出插卡校准和试验、组态内容或程序检查、应用功能检查、冗余功能、控制功能、系统试验。

计量单位：套

定　额　编　号					A6-6-82
项　目　名　称					监控和采集站点以下
					每增1点
基　　　价（元）					62.87
其中	人　工　费（元）				42.84
	材　料　费（元）				0.77
	机　械　费（元）				19.26
	名　　称	单位	单价（元）	消　耗　　量	
人工	综合工日	工日	140.00	0.306	
材料	校验材料费	元	1.00	0.772	
机械	编程器	台班	3.19	0.076	
	对讲机(一对)	台班	4.19	0.076	
	多功能校验仪	台班	237.59	0.076	
	手持式万用表	台班	4.07	0.076	
	数字电压表	台班	5.77	0.057	

250

2.DCS系统试验

工作内容：程序装载、操作功能、输入输出插卡校准和试验、组态内容或程序检查、应用功能检查、冗余功能、控制功能、系统试验。

计量单位：套

定 额 编 号				A6-6-83	A6-6-84	A6-6-85	A6-6-86
项 目 名 称				数据采集和处理(过程AI/DI/PI点以下)			
				16	32	64	128
基 价（元）				545.49	799.64	1114.63	1488.89
其中	人 工 费（元）			388.78	569.80	794.22	1061.06
	材 料 费（元）			11.07	16.22	22.53	30.13
	机 械 费（元）			145.64	213.62	297.88	397.70
名 称		单位	单价(元)	消 耗 量			
人工	综合工日	工日	140.00	2.777	4.070	5.673	7.579
材料	校验材料费	元	1.00	11.072	16.221	22.530	30.125
机械	编程器	台班	3.19	0.343	0.504	0.702	0.937
	对讲机(一对)	台班	4.19	0.687	1.007	1.403	1.875
	多功能校验仪	台班	237.59	0.572	0.839	1.170	1.562
	手持式万用表	台班	4.07	0.687	1.007	1.403	1.875
	数字电压表	台班	5.77	0.515	0.755	1.053	1.406

工作内容：程序装载、操作功能、输入输出插卡校准和试验、组态内容或程序检查、应用功能检查、冗余功能、控制功能、系统试验。

计量单位：套

定 额 编 号				A6-6-87	A6-6-88	A6-6-89
项 目 名 称				数据采集和处理（过程AI/DI/PI点以下）		
				256	512	1024
基 价（元）				1824.84	2277.05	3025.42
其中	人 工 费（元）			1300.32	1621.34	2057.02
	材 料 费（元）			36.95	46.09	58.45
	机 械 费（元）			487.57	609.62	909.95
名 称		单位	单价（元）	消 耗 量		
人工	综合工日	工日	140.00	9.288	11.581	14.693
材料	校验材料费	元	1.00	36.948	46.089	58.448
机械	编程器	台班	3.19	1.149	1.432	1.817
	对讲机（一对）	台班	4.19	2.298	4.297	3.635
	多功能校验仪	台班	237.59	1.915	2.387	3.635
	手持式万用表	台班	4.07	2.298	2.865	3.635
	数字电压表	台班	5.77	1.723	1.432	1.817

工作内容：程序装载、操作功能、输入输出插卡校准和试验、组态内容或程序检查、应用功能检查、冗余功能、控制功能、系统试验。

计量单位：套

定　额　编　号				A6-6-90	A6-6-91	A6-6-92
项　目　名　称				数据采集和处理(过程AI/DI/PI点以下)		
				2048	4096	4096以上每增16点
基　　　　价（元）				3968.00	5445.55	12.02
其中	人　工　费（元）			2697.94	3702.58	8.26
	材　料　费（元）			76.73	105.31	0.26
	机　械　费（元）			1193.33	1637.66	3.50
名　　称		单位	单价(元)	消　　耗　　量		
人工	综合工日	工日	140.00	19.271	26.447	0.059
材料	校验材料费	元	1.00	76.729	105.309	0.258
机械	编程器	台班	3.19	2.384	3.271	0.007
	对讲机(一对)	台班	4.19	4.767	6.542	0.014
	多功能校验仪	台班	237.59	4.767	6.542	0.014
	手持式万用表	台班	4.07	4.767	6.542	0.014
	数字电压表	台班	5.77	2.384	3.271	0.007

工作内容：程序装载、操作功能、输入输出插卡校准和试验、组态内容或程序检查、应用功能检查、冗余功能、控制功能、系统试验。

计量单位：套

定 额 编 号				A6-6-93	A6-6-94	A6-6-95	A6-6-96
项 目 名 称				信息输出和控制(过程AO/DO/PO点以下)			
				8	16	32	64
基 价（元）				1087.66	1725.58	2503.63	3615.66
其中	人 工 费（元）			741.72	1176.56	1707.16	2465.26
	材 料 费（元）			14.03	22.27	32.31	46.73
	机 械 费（元）			331.91	526.75	764.16	1103.67
名 称		单位	单价(元)	消 耗 量			
人工	综合工日	工日	140.00	5.298	8.404	12.194	17.609
材料	校验材料费	元	1.00	14.033	22.272	32.314	46.733
机械	编程器	台班	3.19	1.310	2.079	3.016	4.356
	对讲机(一对)	台班	4.19	1.310	2.079	3.016	4.356
	多功能校验仪	台班	237.59	1.310	2.079	3.016	4.356
	手持式万用表	台班	4.07	1.310	2.079	3.016	4.356
	数字电压表	台班	5.77	0.983	1.559	2.262	3.267

计量单位：套

定 额 编 号			A6-6-97	A6-6-98	A6-6-99
项 目 名 称			信息输出和控制(过程AO/DO/PO点以下)		
			128	256	每增1点
基 价 （元）			4993.95	6460.33	18.97
其中	人 工 费 （元）		3404.94	4404.82	12.88
	材 料 费 （元）		64.50	83.55	0.26
	机 械 费 （元）		1524.51	1971.96	5.83
名 称	单位	单价(元)	消 耗 量		
人工	综合工日	工日	140.00	24.321	31.463	0.092
材料	校验材料费	元	1.00	64.499	83.552	0.258
机械	编程器	台班	3.19	6.017	7.783	0.023
	对讲机(一对)	台班	4.19	6.017	7.783	0.023
	多功能校验仪	台班	237.59	6.017	7.783	0.023
	手持式万用表	台班	4.07	6.017	7.783	0.023
	数字电压表	台班	5.77	4.512	5.837	0.017

3.工控计算机IPG系统试验

工作内容：常规检查、输入输出插卡校准和试验、单元检查、应用功能试验、回路系统调试、离线系统试验。

计量单位：套

定　额　编　号				A6-6-100	A6-6-101	A6-6-102	A6-6-103
项　目　名　称				过程I/0点(点以下)			
				8	16	32	64
基　　　　价（元）				505.47	732.94	1101.63	1361.24
其中	人　工　费（元）			345.94	501.62	753.90	931.56
	材　料　费（元）			6.57	9.53	14.29	17.64
	机　械　费（元）			152.96	221.79	333.44	412.04
名　　　称		单位	单价(元)	消　　耗　　量			
人工	综合工日	工日	140.00	2.471	3.583	5.385	6.654
材料	校验材料费	元	1.00	6.566	9.527	14.290	17.637
机械	编程器	台班	3.19	0.306	0.443	0.666	0.823
	对讲机(一对)	台班	4.19	0.611	0.886	1.332	1.646
	多功能校验仪	台班	237.59	0.611	0.886	1.332	1.646
	手持式万用表	台班	4.07	0.611	0.886	1.332	1.646
	数字电压表	台班	5.77	0.306	0.443	0.666	0.823

工作内容：常规检查、输入输出插卡校准和试验、单元检查、应用功能试验、回路系统调试、离线系统试验。

计量单位：套

定 额 编 号			A6-6-104	A6-6-105	A6-6-106
项 目 名 称			过程I/O点（点以下）		
			128	256	512
基 价 （元）			1791.22	2387.00	3488.35
其中	人 工 费 （元）		1225.84	1633.52	2387.14
	材 料 费 （元）		23.17	31.03	45.32
	机 械 费 （元）		542.21	722.45	1055.89
名 称		单位	单价（元）	消 耗 量	
人工	综合工日	工日	140.00	8.756	11.668	17.051
材料	校验材料费	元	1.00	23.173	31.026	45.317
机械	编程器	台班	3.19	1.083	1.443	2.109
	对讲机（一对）	台班	4.19	2.166	2.886	4.218
	多功能校验仪	台班	237.59	2.166	2.886	4.218
	手持式万用表	台班	4.07	2.166	2.886	4.218
	数字电压表	台班	5.77	1.083	1.443	2.109

257

4.PLC可编程逻辑控制器试验

工作内容：常规检查、输入输出插卡校准和试验、单元检查、应用功能试验、回路系统调试、离线系统试验。

计量单位：套

定 额 编 号				A6-6-107	A6-6-108	A6-6-109	A6-6-110
项 目 名 称				过程I/O点以下			
				12	24	48	64
基 价（元）				406.23	583.42	853.01	1071.55
其中	人 工 费（元）			271.18	389.62	569.52	715.40
	材 料 费（元）			5.15	7.34	10.81	13.52
	机 械 费（元）			129.90	186.46	272.68	342.63
名 称		单位	单价（元）	消 耗 量			
人工	综合工日	工日	140.00	1.937	2.783	4.068	5.110
材料	校验材料费	元	1.00	5.150	7.338	10.814	13.518
机械	编程器	台班	3.19	0.319	0.459	0.671	0.843
	对讲机(一对)	台班	4.19	0.399	0.574	0.838	1.053
	多功能校验仪	台班	237.59	0.479	0.688	1.006	1.264
	逻辑分析仪	台班	125.84	0.080	0.114	0.167	0.210
	手持式万用表	台班	4.07	0.479	0.688	1.006	1.264
	数字电压表	台班	5.77	0.240	0.344	0.503	0.632

工作内容：常规检查、输入输出插卡校准和试验、单元检查、应用功能试验、回路系统调试、离线系统试验。

计量单位：套

定 额 编 号				A6-6-111	A6-6-112	A6-6-113	A6-6-114
项 目 名 称				过程I/O点以下			
				128	256	512	1024
基 价 （元）				1351.39	1716.66	2281.48	2896.50
其中	人 工 费 （元）			902.16	1146.04	1521.94	1932.14
	材 料 费 （元）			17.12	21.76	27.16	34.50
	机 械 费 （元）			432.11	548.86	732.38	929.86
名 称		单位	单价（元）	消 耗 量			
人工	综合工日	工日	140.00	6.444	8.186	10.871	13.801
材料	校验材料费	元	1.00	17.122	21.757	27.164	34.502
机械	编程器	台班	3.19	1.063	1.350	2.241	2.845
	对讲机(一对)	台班	4.19	1.328	1.687	2.689	3.414
	多功能校验仪	台班	237.59	1.594	2.025	2.689	3.414
	逻辑分析仪	台班	125.84	0.265	0.336	0.448	0.569
	手持式万用表	台班	4.07	1.594	2.025	2.689	3.414
	数字电压表	台班	5.77	0.797	1.012	1.345	1.707

259

工作内容：常规检查、输入输出插卡校准和试验、单元检查、应用功能试验、回路系统调试、离线系统试验。

计量单位：套

定 额 编 号			A6-6-115	A6-6-116	A6-6-117
项 目 名 称			过程I/0点以下		
			2048	4096	8192
基 价（元）			3784.77	4642.02	5246.12
其中	人 工 费（元）		2524.62	3096.52	3499.44
	材 料 费（元）		45.19	55.36	62.57
	机 械 费（元）		1214.96	1490.14	1684.11
名 称	单位	单价（元）	消 耗 量		
人工 综合工日	工日	140.00	18.033	22.118	24.996
材料 校验材料费	元	1.00	45.188	55.358	62.568
机械 编程器	台班	3.19	3.717	4.559	5.153
对讲机（一对）	台班	4.19	4.461	5.471	6.183
多功能校验仪	台班	237.59	4.461	5.471	6.183
逻辑分析仪	台班	125.84	0.743	0.912	1.031
手持式万用表	台班	4.07	4.461	5.471	6.183
数字电压表	台班	5.77	2.230	2.736	3.092

5.仪表安全系统(SIS)试验

工作内容：常规检查、输入输出插卡校准和试验、单元检查、应用功能试验、回路系统调试、离线系统试验。

计量单位：套

定　额　编　号			A6-6-118	A6-6-119	A6-6-120	A6-6-121
项　目　名　称			过程I/0点以下			
			6	12	24	36
基　　　价（元）			443.51	737.11	1117.13	1457.77
其中	人　工　费（元）		241.22	400.82	607.32	792.54
	材　料　费（元）		7.60	12.62	19.18	25.10
	机　械　费（元）		194.69	323.67	490.63	640.13
名　　称	单位	单价（元）	消　耗　量			
人工	综合工日	工日	140.00	1.723	2.863	4.338	5.661
材料	校验材料费	元	1.00	7.596	12.617	19.182	25.104
机械	笔记本电脑	台班	9.38	0.237	0.393	0.596	0.778
	编程器	台班	3.19	0.473	0.787	1.193	1.556
	对讲机(一对)	台班	4.19	0.592	0.984	1.491	1.945
	多功能校验仪	台班	237.59	0.710	1.180	1.789	2.334
	逻辑分析仪	台班	125.84	0.118	0.197	0.298	0.389
	手持式万用表	台班	4.07	0.710	1.180	1.789	2.334
	数字电压表	台班	5.77	0.355	0.590	0.894	1.167

工作内容：常规检查、输入输出插卡校准和试验、单元检查、应用功能试验、回路系统调试、离线系统试验。

定 额 编 号			A6-6-122	A6-6-123	A6-6-124
项 目 名 称			过程I/0点以下		
			48	64	128
基 价 （元）			1751.79	2291.45	2865.51
其中	人 工 费 （元）		952.42	1245.86	1693.30
	材 料 费 （元）		30.13	39.39	51.19
	机 械 费 （元）		769.24	1006.20	1121.02
名 称	单位	单价（元）	消 耗 量		
人工	综合工日	工日	140.00	6.803	8.899	12.095
材料	校验材料费	元	1.00	30.125	39.394	51.193
机械	笔记本电脑	台班	9.38	0.935	1.223	1.513
	编程器	台班	3.19	1.870	2.446	2.827
	对讲机(一对)	台班	4.19	2.337	3.057	3.992
	多功能校验仪	台班	237.59	2.805	3.669	4.016
	逻辑分析仪	台班	125.84	0.467	0.611	0.776
	手持式万用表	台班	4.07	2.805	3.669	4.324
	数字电压表	台班	5.77	1.402	1.834	2.023

工作内容：常规检查、输入输出插卡校准和试验、单元检查、应用功能试验、回路系统调试、离线系统试验。

计量单位：套

定　额　编　号					A6-6-125
项　目　名　称					过程I/O点以上
					128点以上每增4点
基　　　价（元）					135.60
其中	人　工　费（元）				73.78
	材　料　费（元）				2.32
	机　械　费（元）				59.50
名　　　称		单位	单价（元）	消　耗　量	
人工	综合工日	工日	140.00	0.527	
材料	校验材料费	元	1.00	2.317	
机械	笔记本电脑	台班	9.38	0.072	
	编程器	台班	3.19	0.145	
	对讲机（一对）	台班	4.19	0.181	
	多功能校验仪	台班	237.59	0.217	
	逻辑分析仪	台班	125.84	0.036	
	手持式万用表	台班	4.07	0.217	
	数字电压表	台班	5.77	0.109	

6. 网络系统试验

工作内容：系统可用及维护功能、环境功能检查、参数设置、安全设置、传输距离、接口、优先权通信试验。

计量单位：套

定 额 编 号			A6-6-126	A6-6-127	A6-6-128	A6-6-129
项 目 名 称			网络系统(网络节点数以下)			
			16	32	50	100
基 价（元）			505.30	794.44	1118.97	1552.31
其中	人 工 费（元）		335.86	528.08	743.82	1031.94
	材 料 费（元）		6.31	10.04	14.16	19.57
	机 械 费（元）		163.13	256.32	360.99	500.80
名 称	单位	单价（元）	消 耗 量			
人工 综合工日	工日	140.00	2.399	3.772	5.313	7.371
材料 校验材料费	元	1.00	6.308	10.042	14.161	19.569
机械 笔记本电脑	台班	9.38	0.594	0.933	1.314	1.823
对讲机(一对)	台班	4.19	0.594	0.933	1.314	1.823
多功能校验仪	台班	237.59	0.594	0.933	1.314	1.823
手持式万用表	台班	4.07	0.594	0.933	1.314	1.823
数字电压表	台班	5.77	0.297	0.466	0.657	0.912
网络测试仪	台班	105.43	0.093	0.147	0.207	0.287

工作内容：系统可用及维护功能、环境功能检查、参数设置、安全设置、传输距离、接口、优先权通信试验。

计量单位：套

定　额　编　号					A6-6-130	A6-6-131
项　目　名　称					网络系统(网络节点数以下)	
					200	200点以上每增2点
基　　　价（元）					1949.47	25.33
其中	人　工　费（元）				1295.84	16.80
	材　料　费（元）				24.59	0.26
	机　械　费（元）				629.04	8.27
名　　称		单位	单价（元）		消　　耗　　量	
人工	综合工日	工日	140.00		9.256	0.120
材料	校验材料费	元	1.00		24.589	0.258
机械	笔记本电脑	台班	9.38		2.290	0.030
	对讲机(一对)	台班	4.19		2.290	0.030
	多功能校验仪	台班	237.59		2.290	0.030
	手持式万用表	台班	4.07		2.290	0.030
	数字电压表	台班	5.77		1.145	0.015
	网络测试仪	台班	105.43		0.360	0.005

工作内容：系统可用及维护功能、环境功能检查、参数设置、安全设置、传输距离、接口、优先权通信试验。

计量单位：套

定　额　编　号				A6-6-132	A6-6-133
项　目　名　称				现场总线（节点以下）	
				32	124
基　　　　　价（元）				384.68	577.08
其中	人　工　费（元）			335.86	503.86
	材　料　费（元）			6.31	9.53
	机　械　费（元）			42.51	63.69
名　　　称		单位	单价（元）	消　　耗　　量	
人工	综合工日	工日	140.00	2.399	3.599
材料	校验材料费	元	1.00	6.308	9.527
机械	笔记本电脑	台班	9.38	0.297	0.445
	对讲机（一对）	台班	4.19	0.950	1.425
	多功能校验仪	台班	237.59	0.099	0.148
	手持式万用表	台班	4.07	0.594	0.890
	网络测试仪	台班	105.43	0.093	0.140

工作内容：系统可用及维护功能、环境功能检查、参数设置、安全设置、传输距离、接口、优先权通信试验。

计量单位：套

定　额　编　号					A6-6-134	A6-6-135
项　目　名　称					无线数据传输网络	
					（传输距离）	
					3km以内	3km以外
					站	
基　　价（元）					633.77	868.24
其中	人　工　费（元）				583.24	798.98
	材　料　费（元）				11.07	15.19
	机　械　费（元）				39.46	54.07
名　称		单位	单价（元）		消　耗　量	
人工	综合工日	工日	140.00		4.166	5.707
材料	校验材料费	元	1.00		11.072	15.191
机械	笔记本电脑	台班	9.38		1.202	1.647
	对讲机（一对）	台班	4.19		1.649	2.259
	手持式万用表	台班	4.07		1.030	1.412
	网络测试仪	台班	105.43		0.162	0.222

7.基础自动化与其他系统接口试验

工作内容:系统可用及维护功能、环境功能检查、参数设置、安全设置、传输距离、接口、优先权通信试验。

计量单位:套

定　额　编　号				A6-6-136	A6-6-137	A6-6-138
项　目　名　称				与上位机接口	远程终端	阴极保护装置
基　　价（元）				54.30	63.68	85.30
其中	人　工　费（元）			43.26	50.40	67.20
	材　料　费（元）			0.77	0.90	1.29
	机　械　费（元）			10.27	12.38	16.81
名　　称		单位	单价(元)	消　　耗　　量		
人工	综合工日	工日	140.00	0.309	0.360	0.480
材料	校验材料费	元	1.00	0.772	0.901	1.287
机械	对讲机(一对)	台班	4.19	0.070	0.082	0.109
	多功能校验仪	台班	237.59	0.042	0.049	0.065
	手持式万用表	台班	4.07	—	0.098	0.131
	数字电压表	台班	5.77	—	—	0.065

268

工作内容：系统可用及维护功能、环境功能检查、参数设置、安全设置、传输距离、接口、优先权通信试验。

计量单位：套

定 额 编 号				A6-6-139	A6-6-140	A6-6-141
项 目 名 称				视频监控系统	火灾报警消防系统	安全机组系统
基 价（元）				51.84	94.37	27.40
其中	人 工 费（元）			40.74	74.34	21.70
	材 料 费（元）			0.77	1.42	0.39
	机 械 费（元）			10.33	18.61	5.31
名 称		单位	单价（元）	消 耗 量		
人工	综合工日	工日	140.00	0.291	0.531	0.155
材料	校验材料费	元	1.00	0.772	1.416	0.390
机械	对讲机(一对)	台班	4.19	0.066	0.120	0.035
	多功能校验仪	台班	237.59	0.040	0.072	0.021
	手持式万用表	台班	4.07	0.079	0.145	0.042
	数字电压表	台班	5.77	0.040	0.072	—

269

工作内容：系统可用及维护功能、环境功能检查、参数设置、安全设置、传输距离、接口、优先权通信试
验。

计量单位：套

定 额 编 号				A6-6-142	A6-6-143	A6-6-144
项 目 名 称				与其他装置接口(I/O点)		
				模拟量	数字量	脉冲量
基 价（元）				14.34	5.66	11.18
其中	人 工 费（元）			12.04	4.76	9.52
	材 料 费（元）			0.26	0.13	0.13
	机 械 费（元）			2.04	0.77	1.53
名 称		单位	单价(元)	消 耗 量		
人工	综合工日	工日	140.00	0.086	0.034	0.068
材料	校验材料费	元	1.00	0.258	0.129	0.129
机械	对讲机(一对)	台班	4.19	0.016	0.006	0.012
	多功能校验仪	台班	237.59	0.008	0.003	0.006
	手持式万用表	台班	4.07	0.012	0.005	0.009
	数字电压表	台班	5.77	0.004	0.002	0.003

270

8. 在线回路试验

工作内容：系统可用及维护功能、环境功能检查、参数设置、安全设置、传输距离、接口、优先权通信试验。

计量单位：套

定 额 编 号				A6-6-145	
项 目 名 称				模拟量AI点	
基 价（元）				17.89	
其中	人 工 费（元）			10.78	
	材 料 费（元）			0.13	
	机 械 费（元）			6.98	
名 称		单位	单价（元）	消 耗 量	
人工	综合工日	工日	140.00	0.077	
材料	校验材料费	元	1.00	0.129	
机械	便携式电动泵压力校验仪	台班	39.34	0.010	
	对讲机(一对)	台班	4.19	0.017	
	多功能校验仪	台班	237.59	0.010	
	多功能压力校验仪	台班	203.66	0.010	
	回路校验仪	台班	93.12	0.021	
	手持式万用表	台班	4.07	0.021	
	数字电压表	台班	5.77	0.010	

工作内容：现场至控制室进行控制、操作、显示静态模拟试验。　　　　　　　　　　　　计量单位：套

定　额　编　号				A6-6-146	A6-6-147	A6-6-148
项　目　名　称				模拟量AO点	数字量DI点	数字量DO点
基　　　　　　价（元）				33.77	27.66	17.27
其中	人　工　费（元）			23.38	6.44	11.90
	材　料　费（元）			0.26	0.13	0.13
	机　械　费（元）			10.13	21.09	5.24
名　　　　称		单位	单价（元）	消　　耗　　量		
人工	综合工日	工日	140.00	0.167	0.046	0.085
材料	校验材料费	元	1.00	0.258	0.129	0.129
机械	对讲机(一对)	台班	4.19	0.038	0.010	0.019
	多功能校验仪	台班	237.59	0.023	0.006	0.012
	多功能压力校验仪	台班	203.66	—	0.090	—
	回路校验仪	台班	93.12	0.045	0.013	0.023
	手持式万用表	台班	4.07	0.045	0.013	0.023
	数字电压表	台班	5.77	0.023	0.006	0.012

工作内容：现场至控制室进行控制、操作、显示静态模拟试验。

计量单位：套

定 额 编 号					A6-6-149	A6-6-150
项 目 名 称					脉冲量PI/PO点	无线测控点
基 价 （元）					25.60	18.22
其中	人 工 费 （元）				17.92	14.42
	材 料 费 （元）				0.26	0.26
	机 械 费 （元）				7.42	3.54
名 称		单位	单价(元)		消 耗 量	
人工	综合工日	工日	140.00		0.128	0.103
材料	校验材料费	元	1.00		0.258	0.258
机械	对讲机(一对)	台班	4.19		0.029	0.023
	多功能校验仪	台班	237.59		0.017	0.014
	回路校验仪	台班	93.12		0.035	—
	手持式万用表	台班	4.07		—	0.028

第七章 仪表管路敷设、伴热及热脂

说　　明

一、本章内容包括钢管敷设、不锈钢管及高压管敷设、有色金属及非金属管敷设、管缆敷设、仪表设备与管路伴热、仪表设备与管路脱脂。

二、本章包括以下工作内容：

1. 管路敷设：领料、搬运、准备、清扫、清洗、划线、调直、定位、切割、煨弯、焊接、上接头或管件、加垫固定，强度、严密性、泄漏性试验，除锈、防腐、刷油，安装试验记录。

2. 仪表设备与管路伴热：

伴热管敷设：焊接、除锈、防腐、试压、气密性试验等。

电伴热电缆、伴热元件或伴热带敷设：绝缘测定、接地、控制及保护电路测试、调整记录、接线盒安装、终端头制作及其尾盒安装。

3. 仪表管路脱脂：拆装、浸泡、擦洗、检查、封口、保管、送检、填写记录。

三、本章不包括以下工作内容：

1. 支架制作与安装。

2. 脱脂液分析工作。

3. 管路中截止阀、疏水器、过滤器等安装。

4. 电伴热供电设备安装、接线盒安装、保温层和保温材料。

5. 被伴热的管路或仪表设备的外部保温层、防护防水层安装及防腐。

工程量计算规则

一、导压管和伴热管敷设以"10m"为计量单位，电伴热电缆以"100m"为计量单位，伴热元件以"根"为计量单位。管路及设备伴热不包括被伴热的管路和仪表的外部保温层、防护防水层，应执行第十二册《刷油、防腐蚀、绝热工程》相应项目。电伴热的供电设备、接线盒、终端头制作应另计工程量。

二、导压管敷设范围是从取源一次阀门后，不包括取源部件及一次阀门。

三、管路工程量计算按延长米不扣除管件、仪表阀等所占的长度。

四、管路试压、供气管通气试验和防腐已包括在定额内，不另计算工程量。公称直径50mm以上的管路，应执行第八册《工业管道工程》相应项目。

五、碳钢管敷设连接形式分为焊接、丝接和卡套连接。计算工程量时，焊接按管径大小计算，丝接按公称直径不同计算。管路中的截止阀、疏水器、过滤器等应另行计算。

六、仪表管路或仪表设备脱脂定额适用于必须禁油或设计要求需要脱脂的工程，无特殊情况或设计无要求的工程，不得计算其工程量。

七、需要银焊的管路可执行铜管敷设定额，进行材料换算。

八、管路敷设的支架制作与安装应执行第四册《电气设备安装工程》相应项目。

九、导压管线强度、严密性和泄漏量试验与工业管道一起进行。仪表气源和信号管路只做严密性试验、通气试验，不做强度试验。

一、钢管敷设

工作内容：清理、煨弯、组对、安装及接头(管件)安装、焊接、除锈、防腐、强度和气密泄漏性试验。

计量单位：10m

定　额　编　号			A6-7-1	A6-7-2	A6-7-3	A6-7-4
项　目　名　称			碳钢管敷设焊接(管径mm以内)			
			14	22	32	50
基　　价　(元)			154.16	164.57	195.14	266.48
其中	人　工　费　(元)		100.24	114.52	130.62	150.08
	材　料　费　(元)		51.41	43.79	57.13	81.73
	机　械　费　(元)		2.51	6.26	7.39	34.67
名　　称	单位	单价(元)	消　耗　量			
人工	综合工日	工日	140.00	0.716	0.818	0.933	1.072

	名　称	单位	单价(元)				
材料	管材	m	—	(10.400)	(10.400)	(10.400)	(10.400)
	半圆头镀锌螺栓 M2～5×15～50	套	0.09	15.000	12.000	12.000	8.000
	低碳钢焊条	kg	6.84	—	—	—	0.662
	电	kW·h	0.68	0.200	0.500	0.800	1.200
	镀锌管卡子(钢管用) 15	个	0.51	7.000	—	—	—
	镀锌管卡子(钢管用) 20	个	0.68	—	5.000	—	—
	镀锌管卡子(钢管用) 32	个	1.14	—	—	5.000	—
	镀锌管卡子(钢管用) 50	个	1.31	—	—	—	4.000
	镀锌铁丝 φ2.5～1.4	kg	3.57	0.060	0.060	0.060	0.060
	酚醛防锈漆	kg	6.15	0.220	0.390	0.500	0.900
	酚醛调和漆	kg	7.90	0.170	0.310	0.400	0.720
	钢锯条	条	0.34	0.250	0.100	0.100	—
	棉纱头	kg	6.00	0.050	0.050	0.050	0.050
	清洁剂 500mL	瓶	8.66	0.200	0.200	0.200	0.200
	砂轮片 φ100	片	1.71	0.001	0.010	0.010	0.010
	砂轮片 φ400	片	8.97	0.001	0.010	0.010	0.001
	碳钢气焊条	kg	9.06	0.128	0.096	0.096	—
	铁砂布	张	0.85	0.500	0.500	0.500	0.500
	氧气	m³	3.63	0.336	0.252	0.252	—
	仪表接头	套	8.55	4.000	3.000	4.000	6.000
	乙炔气	kg	10.45	0.128	0.096	0.096	—
	油漆溶剂油	kg	2.62	0.200	0.300	0.400	0.500
	其他材料费占材料费	%	—	5.000	5.000	5.000	5.000
机械	电动空气压缩机 0.6m³/min	台班	37.30	—	—	—	0.050
	电动弯管机 50mm	台班	24.96	—	0.040	0.040	0.020
	砂轮切割机 400mm	台班	24.71	—	0.010	0.015	0.020
	载重汽车 8t	台班	501.85	0.005	0.010	0.012	0.015
	直流弧焊机 20kV·A	台班	71.43	—	—	—	0.340

工作内容：清理、煨弯、套丝、组对、安装及接头(管件)安装、强度和气密泄漏性试验。　计量单位：10m

定　额　编　号				A6-7-5	A6-7-6	A6-7-7	A6-7-8
项　目　名　称				碳钢管敷设丝接(管径mm以内)			
				14	22	32	50
基　　　价（元）				80.92	98.56	127.33	148.89
其中	人　工　费（元）			70.00	82.74	106.40	125.86
	材　料　费（元）			10.12	10.36	13.34	13.00
	机　械　费（元）			0.80	5.46	7.59	10.03
名　　　称		单位	单价（元）	消　　耗　　量			
人工	综合工日	工日	140.00	0.500	0.591	0.760	0.899
材料	管材	m	—	(10.400)	(10.400)	(10.400)	(10.400)
	管件 DN15以下	套	—	(5.000)	(4.000)	(6.000)	(8.000)
	半圆头镀锌螺栓 M2～5×15～50	套	0.09	15.000	12.000	12.000	8.000
	电	kW·h	0.68	0.250	0.300	0.350	0.500
	镀锌管卡子(钢管用) 15	个	0.51	7.000	—	—	—
	镀锌管卡子(钢管用) 20	个	0.68	—	5.000	—	—
	镀锌管卡子(钢管用) 32	个	1.14	—	—	5.000	—
	镀锌管卡子(钢管用) 50	个	1.31	—	—	—	4.000
	镀锌铁丝 φ2.5～1.4	kg	3.57	0.060	0.060	0.060	0.060
	钢锯条	条	0.34	0.250	0.100	0.100	—
	厚漆	kg	8.55	0.040	0.050	0.060	0.060
	机油	kg	19.66	0.050	0.080	0.100	0.120
	聚四氟乙烯生料带	m	0.13	0.210	0.200	0.400	0.650
	棉纱头	kg	6.00	0.050	0.050	0.050	0.050
	膨胀螺栓 M10～16(综合)	套	1.03	0.005	0.005	0.005	0.005
	清洁剂 500mL	瓶	8.66	0.250	0.250	0.250	0.250
	砂轮片 φ100	片	1.71	0.001	0.005	0.010	0.010
	铁砂布	张	0.85	0.500	0.500	0.500	0.500
	其他材料费占材料费	%	—	5.000	5.000	5.000	5.000
机械	电动空气压缩机 0.6m³/min	台班	37.30	0.010	0.010	0.030	0.050
	电动弯管机 50mm	台班	24.96	—	0.010	0.020	0.030
	管子切断套丝机 159mm	台班	21.31	0.020	0.035	0.050	0.060
	载重汽车 4t	台班	408.97	—	0.010	0.012	0.015

工作内容：清理、煨弯、套丝、组对、安装及接头(管件)安装、强度和气密泄漏性试验。　　计量单位：10m

定　额　编　号				A6-7-9	A6-7-10
项　目　名　称				碳钢管卡套连接(管径mm)	
				14以下	14以上
基　　　　　价（元）				109.08	127.91
其中	人　工　费（元）			58.66	82.04
	材　料　费（元）			45.27	38.67
	机　械　费（元）			5.15	7.20
名　　　称		单位	单价（元）	消　　耗　　量	
人工	综合工日	工日	140.00	0.419	0.586
材料	管材	m	—	(10.400)	(10.400)
	半圆头镀锌螺栓 M2～5×15～50	套	0.09	15.000	12.000
	镀锌管卡子(钢管用) 15	个	0.51	7.000	—
	镀锌管卡子(钢管用) 20	个	0.68	—	5.000
	镀锌铁丝 φ2.5～1.4	kg	3.57	0.030	0.030
	酚醛防锈漆	kg	6.15	0.220	0.390
	酚醛调和漆	kg	7.90	0.170	0.310
	钢锯条	条	0.34	0.250	0.100
	棉纱头	kg	6.00	0.050	0.050
	砂轮片 φ100	片	1.71	0.010	0.010
	砂轮片 φ400	片	8.97	0.001	0.010
	铁砂布	张	0.85	0.300	0.300
	仪表接头	套	8.55	4.000	3.000
	油漆溶剂油	kg	2.62	0.200	0.400
	其他材料费占材料费	%	—	5.000	5.000
机械	电动空气压缩机 0.6m³/min	台班	37.30	0.050	0.050
	电动弯管机 50mm	台班	24.96	0.030	0.030
	砂轮切割机 400mm	台班	24.71	0.020	0.020
	载重汽车 4t	台班	408.97	0.005	0.010

二、不锈钢管及高压管敷设

工作内容：清洗、组对、高压管车丝、焊接及焊口处理、管及管件安装、除锈、防腐、强度、气密性、泄漏性试验。

计量单位：10m

定 额 编 号				A6-7-11	A6-7-12	A6-7-13
项 目 名 称				不锈钢管敷设(管径mm以内)		
				10	14	22
基 价 （元）				89.71	130.16	148.90
其中	人 工 费 （元）			81.06	103.60	119.84
	材 料 费 （元）			5.43	18.07	14.75
	机 械 费 （元）			3.22	8.49	14.31
名 称		单位	单价(元)	消 耗 量		
人工	综合工日	工日	140.00	0.579	0.740	0.856
材料	管材	m	—	(10.360)	(10.360)	(10.360)
	管件 DN15以下	套	—	(4.000)	(3.000)	(4.000)
	半圆头镀锌螺栓 M2~5×15~50	套	0.09	6.000	15.000	10.000
	不锈钢管卡 15	个	0.60	3.000	7.000	—
	不锈钢管卡 20	个	0.77	—	—	5.000
	不锈钢焊条	kg	38.46	0.020	0.132	0.099
	电	kW·h	0.68	0.080	0.100	0.150
	镀锌铁丝 φ2.5~1.4	kg	3.57	0.060	0.060	0.060
	砂轮片 φ100	片	1.71	0.001	0.005	0.010
	砂轮片 φ400	片	8.97	0.001	0.005	0.010
	铈钨棒	g	0.38	0.067	0.448	0.336
	酸洗膏	kg	6.56	0.010	0.015	0.020
	铁砂布	张	0.85	0.500	0.500	0.500
	细白布	m	3.08	0.050	0.050	0.050
	橡胶板	kg	2.91	0.140	0.240	0.240
	氩气	m³	19.59	0.036	0.240	0.180
	其他材料费占材料费	%		5.000	5.000	5.000
机械	电动空气压缩机 0.6m³/min	台班	37.30	0.040	—	—
	电动弯管机 50mm	台班	24.96	—	—	0.040
	管子切断机 60mm	台班	16.63	0.020	0.050	0.060
	砂轮切割机 350mm	台班	22.38	0.010	0.011	0.012
	砂轮切割机 400mm	台班	24.71	0.010	0.011	0.022
	氩弧焊机 500A	台班	92.58	0.010	0.050	0.070
	载重汽车 8t	台班	501.85	—	0.005	0.010

工作内容：清洗、组对、高压管车丝、焊接及焊口处理、管及管件安装、除锈、防腐、强度、气密性、泄漏性试验。

计量单位：10m

定　额　编　号			A6-7-14	A6-7-15
项　目　名　称			不锈钢管敷设(管径mm以内)	
			32	50
基　　价（元）			**170.57**	**220.38**
其中	人　工　费（元）		135.52	165.62
	材　料　费（元）		15.33	16.88
	机　械　费（元）		19.72	37.88
名　　称	单位	单价（元）	消　耗　量	
人工	综合工日	工日	140.00	0.968	1.183
材料	管材	m	—	(10.360)	(10.360)
	管件 DN15以下	套	—	(4.000)	(4.000)
	半圆头镀锌螺栓 M2～5×15～50	套	0.09	10.000	8.000
	不锈钢管卡 32	个	0.94	5.000	—
	不锈钢管卡 50	个	1.28	—	4.000
	不锈钢焊条	kg	38.46	0.099	0.110
	电	kW·h	0.68	0.300	0.450
	镀锌铁丝 φ2.5～1.4	kg	3.57	0.060	0.060
	砂轮片 φ100	片	1.71	0.010	0.010
	砂轮片 φ400	片	8.97	0.010	0.010
	铈钨棒	g	0.38	0.336	0.392
	酸洗膏	kg	6.56	0.025	0.040
	细白布	m	3.08	0.050	0.050
	橡胶板	kg	2.91	0.240	0.240
	氩气	m³	19.59	0.180	0.210
	其他材料费占材料费	%	—	5.000	5.000
机械	电动空气压缩机 0.6m³/min	台班	37.30	0.050	0.090
	电动弯管机 50mm	台班	24.96	0.060	0.050
	管子切断机 60mm	台班	16.63	0.070	0.080
	砂轮切割机 350mm	台班	22.38	0.010	0.010
	砂轮切割机 400mm	台班	24.71	0.025	0.080
	氩弧焊机 500A	台班	92.58	0.090	0.240
	载重汽车 8t	台班	501.85	0.012	0.015

工作内容：清洗、组对、高压管车丝、焊接及焊口处理、管及管件安装、除锈、防腐、强度、气密性、泄漏性试验。

计量单位：10m

定　额　编　号			A6-7-16	A6-7-17
项　目　名　称			不锈钢管卡套连接(管径mm)	
			14以下	14以上
基　　　价（元）			75.34	86.69
其中	人　工　费（元）		68.60	80.50
	材　料　费（元）		5.71	5.05
	机　械　费（元）		1.03	1.14
名　　称		单位	单价（元）	消　耗　量	
人工	综合工日	工日	140.00	0.490	0.575
材料	管材	m	—	(10.360)	(10.360)
	管件 DN15以下	套	—	(4.000)	(3.000)
	半圆头镀锌螺栓 M2～5×15～50	套	0.09	14.000	10.000
	不锈钢管卡 15	个	0.60	7.000	—
	不锈钢管卡 20	个	0.77	—	5.000
	电	kW·h	0.68	0.080	0.080
	镀锌铁丝 φ2.5～1.4	kg	3.57	0.030	0.030
	砂轮片 φ100	片	1.71	0.005	0.010
	砂轮片 φ400	片	8.97	0.005	0.010
	细白布	m	3.08	0.010	0.010
机械	电动空气压缩机 0.6m³/min	台班	37.30	0.015	0.018
	砂轮切割机 350mm	台班	22.38	0.010	0.010
	砂轮切割机 400mm	台班	24.71	0.010	0.010

284

工作内容：清洗、组对、高压管车丝、焊接及焊口处理、管及管件安装、除锈、防腐、强度、气密性、泄漏性试验。

计量单位：10m

定　额　编　号				A6-7-18	A6-7-19
项　目　名　称				高压管（管径15mm以内）	
				碳钢	不锈钢
基　　　　价（元）				149.27	162.04
其中	人　工　费（元）			108.92	124.46
	材　料　费（元）			18.07	15.30
	机　械　费（元）			22.28	22.28
名　　　称		单位	单价（元）	消　　耗　　量	
人工	综合工日	工日	140.00	0.778	0.889
材料	管材	m	—	(10.360)	(10.360)
	管件 DN15以下	套	—	(4.000)	(4.000)
	半圆头镀锌螺栓 M2～5×15～50	套	0.09	10.000	10.000
	不锈钢管卡 15	个	0.60	7.000	7.000
	电	kW·h	0.68	0.500	0.800
	镀锌铁丝 φ2.5～1.4	kg	3.57	0.030	0.030
	酚醛防锈漆	kg	6.15	0.110	—
	酚醛调和漆	kg	7.90	0.080	—
	合金钢氩弧焊丝	kg	7.69	—	0.132
	棉纱头	kg	6.00	0.050	—
	清洁剂 500mL	瓶	8.66	0.050	—
	溶剂汽油 200号	kg	5.64	0.100	—
	砂轮片 φ100	片	1.71	0.010	0.010
	砂轮片 φ400	片	8.97	0.010	0.010
	铈钨棒	g	0.38	0.624	0.624
	酸洗膏	kg	6.56	—	0.030
	碳钢氩弧焊丝	kg	7.69	0.192	—
	铁砂布	张	0.85	0.500	0.500
	细白布	m	3.08	—	0.010
	橡胶板	kg	2.91	0.240	0.240
	氩气	m³	19.59	0.312	0.312
	其他材料费占材料费	%	—	5.000	5.000
机械	普通车床 400×1000mm	台班	210.71	0.080	0.080
	砂轮切割机 350mm	台班	22.38	0.010	0.010
	砂轮切割机 400mm	台班	24.71	0.020	0.020
	氩弧焊机 500A	台班	92.58	0.040	0.040
	载重汽车 8t	台班	501.85	0.002	0.002

三、有色金属及非金属管敷设

工作内容：清洗、组对、安装、焊接(或卡套连接)、固定、通气和气密性试验。　　　　计量单位：10m

定　额　编　号			A6-7-20	A6-7-21	A6-7-22	A6-7-23
项　目　名　称			紫铜管(管径mm以内)			
			10	14	22	32
基　　　价（元）			87.12	115.77	125.88	214.23
其中	人　工　费（元）		38.78	77.00	91.42	121.38
	材　料　费（元）		47.97	35.71	28.61	77.73
	机　械　费（元）		0.37	3.06	5.85	15.12
名　　称	单位	单价（元）	消　　耗　　量			
人工 综合工日	工日	140.00	0.277	0.550	0.653	0.867
材料 管材	m	—	(10.300)	(10.300)	(10.300)	(10.300)
半圆头镀锌螺栓 M2～5×15～50	套	0.09	3.000	10.000	10.000	12.000
电	kW·h	0.68				0.500
镀锌管卡子(钢管用) 15	个	0.51	2.000	6.000		
镀锌管卡子(钢管用) 20	个	0.68	—	—	5.000	—
镀锌管卡子(钢管用) 32	个	1.14				6.000
镀锌铁丝 φ2.5～1.4	kg	3.57	0.040	0.050	0.060	0.060
钢锯条	条	0.34	0.400	0.300	—	—
砂轮片 φ100	片	1.71		0.010	0.010	0.010
砂轮片 φ400	片	8.97		0.001	0.010	0.010
石棉橡胶板	kg	9.40	0.100	0.140	0.140	0.500
铈钨棒	g	0.38		0.032	0.057	0.073
铁砂布	张	0.85	0.500	0.500	0.500	0.500
铜气焊丝	kg	37.61	—	0.022	0.025	0.030
铜氩弧焊丝	kg	41.03		0.019	0.034	0.044
位号牌	个	2.14	—	—	—	10.000
细白布	m	3.08	—	0.050	0.050	0.050
氩气	m³	19.59		0.016	0.029	0.037
氧气	m³	3.63		0.054	0.065	0.075
仪表接头	套	8.55	5.000	3.000	2.000	4.000
乙炔气	kg	10.45	—	0.021	0.025	0.030
钻头 φ6～13	个	2.14	—	—	0.100	0.140
其他材料费占材料费	%	—	5.000	5.000	5.000	5.000
机械 电动空气压缩机 0.6m³/min	台班	37.30	0.010	0.010	0.010	0.100
管子切断套丝机 159mm	台班	21.31	0.010	0.010	0.010	0.012
普通车床 400×1000mm	台班	210.71	—	—	—	0.010
砂轮切割机 400mm	台班	24.71		0.010	0.010	0.012
氩弧焊机 500A	台班	92.58		0.002	0.010	0.030
摇臂钻床 50mm	台班	20.95				0.050
载重汽车 4t	台班	408.97	0.005	0.010	0.010	0.012

工作内容：清洗、组对、安装、焊接（或卡套连接）、固定、通气和气密性试验。　　　　　　　　　　　计量单位：10m

定　额　编　号			A6-7-24	A6-7-25
项　目　名　称			黄铜管（管径mm以内）	
			32	50
基　　价（元）			267.90	387.94
其中	人　工　费（元）		126.98	168.28
	材　料　费（元）		116.76	188.53
	机　械　费（元）		24.16	31.13
名　　称	单位	单价（元）	消　耗　量	
人工 综合工日	工日	140.00	0.907	1.202
材料 管材	m	—	(10.200)	(10.200)
半圆头镀锌螺栓 M2～5×15～50	套	0.09	20.000	20.000
电	kW·h	0.68	1.000	2.000
镀锌管卡子(钢管用) 32	个	1.14	10.000	—
镀锌管卡子(钢管用) 50	个	1.31	—	10.000
镀锌铁丝 φ2.5～1.4	kg	3.57	0.060	0.060
砂轮片 φ100	片	1.71	0.010	0.010
砂轮片 φ400	片	8.97	0.010	0.010
石棉橡胶板	kg	9.40	0.500	0.500
铈钨棒	g	0.38	0.142	0.142
铁砂布	张	0.85	1.000	1.000
铜氩弧焊丝	kg	41.03	0.084	0.110
位号牌	个	2.14	20.000	30.000
细白布	m	3.08	0.050	0.050
氩气	m³	19.59	0.071	0.071
仪表接头	套	8.55	5.000	10.000
钻头 φ6～13	个	2.14	0.400	0.750
其他材料费占材料费	%	—	5.000	5.000
机械 电动空气压缩机 0.6m³/min	台班	37.30	0.100	0.100
管子切断套丝机 159mm	台班	21.31	0.012	0.015
普通车床 400×1000mm	台班	210.71	0.030	0.030
砂轮切割机 400mm	台班	24.71	0.015	0.015
氩弧焊机 500A	台班	92.58	0.070	0.120
摇臂钻床 50mm	台班	20.95	0.100	0.150
载重汽车 4t	台班	408.97	0.012	0.015

287

工作内容：准备、清洗、定位、划线、切断、煨弯、组对、焊接、接头连接、固定、强度试验、严密性或
气密性试验。

计量单位：10m

定 额 编 号				A6-7-26	A6-7-27	A6-7-28
项 目 名 称				铝管敷设		
				（管径mm以内）		
				14	22	32
基 价 （元）				148.09	150.03	174.43
其中	人 工 费 （元）			104.30	107.10	119.56
	材 料 费 （元）			39.26	35.18	44.14
	机 械 费 （元）			4.53	7.75	10.73
名 称		单位	单价（元）	消 耗 量		
人工	综合工日	工日	140.00	0.745	0.765	0.854
材料	管材	m	—	(10.300)	(10.300)	(10.300)
	半圆头镀锌螺栓 M2～5×15～50	套	0.09	14.000	20.000	20.000
	电	kW•h	0.68	0.200	0.500	0.600
	镀锌管卡子(钢管用) 15	个	0.51	10.000	—	—
	镀锌管卡子(钢管用) 20	个	0.68	—	10.000	—
	镀锌管卡子(钢管用) 32	个	1.14	—	—	10.000
	钢锯条	条	0.34	0.100	—	—
	铝焊 丝301	kg	29.91	0.035	0.052	0.068
	砂轮片 Φ100	片	1.71	0.002	0.010	0.015
	砂轮片 Φ400	片	8.97	0.003	0.008	0.010
	石棉橡胶板	kg	9.40	0.200	0.250	0.500
	铈钨棒	g	0.38	0.180	0.290	0.360
	铁砂布	张	0.85	0.500	0.500	0.500
	氩气	m³	19.59	0.090	0.150	0.200
	仪表接头	套	8.55	3.000	2.000	2.000
	其他材料费占材料费	%	—	5.000	5.000	5.000
机械	电动弯管机 50mm	台班	24.96	—	0.030	0.030
	管子切断机 60mm	台班	16.63	0.010	0.030	0.040
	砂轮切割机 350mm	台班	22.38	0.010	0.012	0.015
	砂轮切割机 400mm	台班	24.71	0.010	0.012	0.015
	氩弧焊机 500A	台班	92.58	0.020	0.020	0.040
	载重汽车 4t	台班	408.97	0.005	0.010	0.012

工作内容：准备、清洗、定位、划线、切断、煨弯、组对、焊接、接头连接、固定、强度试验、严密性或气密性试验。

计量单位：10m

定　额　编　号					A6-7-29
项　目　名　称					聚乙烯管
					（管径mm以内）
					32
基　　　价（元）					202.66
其中	人　工　费（元）				141.40
	材　料　费（元）				46.83
	机　械　费（元）				14.43
	名　　称	单位	单价（元）	消　耗　量	
人工	综合工日	工日	140.00	1.010	
材料	管材	m	—	（10.300）	
	电	kW·h	0.68	1.000	
	钢锯条	条	0.34	1.000	
	聚氯乙烯焊条	kg	20.77	0.040	
	砂轮片 φ100	片	1.71	0.015	
	塑料管件	套	6.84	6.000	
	塑料卡子	个	0.09	14.000	
	铁砂布	张	0.85	0.500	
	其他材料费占材料费	%	—	5.000	
机械	电动空气压缩机 0.6m³/min	台班	37.30	0.220	
	砂轮切割机 350mm	台班	22.38	0.150	
	载重汽车 4t	台班	408.97	0.007	

四、管缆敷设

工作内容：切断、煨弯、缆头处理、卡套连接、固定、通气试验。 计量单位：10m

定 额 编 号				A6-7-30	A6-7-31	A6-7-32	A6-7-33
项 目 名 称				尼龙管缆（管径mm以内）			
				单芯φ6	单芯φ8	单芯φ10	7芯φ6
基 价 （元）				46.67	58.94	74.44	134.06
其中	人 工 费 （元）			27.16	37.38	52.36	73.78
	材 料 费 （元）			19.14	19.14	19.66	56.67
	机 械 费 （元）			0.37	2.42	2.42	3.61
名 称		单位	单价（元）	消 耗 量			
人工	综合工日	工日	140.00	0.194	0.267	0.374	0.527
材料	管材	m	—	(10.300)	(10.300)	(10.300)	(10.300)
	半圆头镀锌螺栓 M2～5×15～50	套	0.09	—	—	2.000	4.000
	镀锌电线管卡子 15	个	0.31	—	—	1.000	2.000
	钢锯条	条	0.34	0.100	0.100	0.110	0.150
	尼龙扎带(综合)	根	0.07	2.500	2.500	2.500	1.000
	石棉橡胶板	kg	9.40	0.080	0.080	0.080	0.140
	铁砂布	张	0.85	0.200	0.200	0.200	0.300
	仪表接头	套	8.55	2.000	2.000	2.000	6.000
	其他材料费占材料费	%	—	5.000	5.000	5.000	5.000
机械	电动空气压缩机 0.6m³/min	台班	37.30	0.010	0.010	0.010	0.020
	载重汽车 4t	台班	408.97	—	0.005	0.005	0.007

工作内容：切断、煨弯、缆头处理、卡套连接、固定、通气试验。 计量单位：10m

定 额 编 号			A6-7-34	A6-7-35	A6-7-36	A6-7-37
项 目 名 称			铜管缆(管径mm以内)			
			单芯φ6	单芯φ8	单芯φ10	7芯φ6
基 价（元）			60.53	85.22	90.68	163.77
其中	人 工 费（元）		40.46	63.00	67.90	84.98
	材 料 费（元）		19.23	19.28	19.80	74.47
	机 械 费（元）		0.84	2.94	2.98	4.32
名 称	单位	单价（元）	消 耗 量			
人工	综合工日	工日	140.00	0.289	0.450	0.485	0.607
材料	管材	m	—	(10.300)	(10.300)	(10.300)	(10.300)
	半圆头镀锌螺栓 M2～5×15～50	套	0.09	—	—	2.000	4.000
	镀锌电线管卡子 15	个	0.31	—	—	1.000	2.000
	钢锯条	条	0.34	0.150	0.150	0.150	0.500
	尼龙扎带(综合)	根	0.07	2.200	2.200	2.200	1.000
	砂轮片 φ100	片	1.71	—	0.005	0.005	0.010
	砂轮片 φ400	片	8.97	—	0.005	0.005	0.010
	石棉橡胶板	kg	9.40	0.080	0.080	0.080	0.100
	铁砂布	张	0.85	0.300	0.300	0.300	0.300
	仪表接头	套	8.55	2.000	2.000	2.000	8.000
	其他材料费占材料费	%	—	5.000	5.000	5.000	5.000
机械	电动空气压缩机 0.6m³/min	台班	37.30	0.010	0.010	0.010	0.020
	砂轮切割机 350mm	台班	22.38	0.010	0.011	0.012	0.015
	砂轮切割机 400mm	台班	24.71	0.010	0.011	0.012	0.015
	载重汽车 4t	台班	408.97	—	0.005	0.005	0.007

工作内容：切断、煨弯、缆头处理、卡套连接、固定、通气试验。 计量单位：10m

定 额 编 号				A6-7-38	A6-7-39	A6-7-40	A6-7-41
项 目 名 称				不锈钢管缆(管径mm以内)			
				单芯φ6	单芯φ8	单芯φ10	7芯φ6
基 价 （元）				85.47	95.43	100.63	178.14
其中	人 工 费 （元）			63.84	70.00	74.76	96.18
	材 料 费 （元）			19.09	22.89	22.98	77.88
	机 械 费 （元）			2.54	2.54	2.89	4.08
名 称		单位	单价(元)	消 耗 量			
人工	综合工日	工日	140.00	0.456	0.500	0.534	0.687
材料	管材	m	—	(10.300)	(10.300)	(10.300)	(10.300)
	半圆头镀锌螺栓 M2～5×15～50	套	0.09	—	10.000	10.000	12.000
	不锈钢管卡 15	个	0.60	—	5.000	5.000	6.000
	钢锯条	条	0.34	0.200	0.250	0.250	0.400
	尼龙扎带(综合)	根	0.07	12.000	7.000	7.000	6.000
	砂轮片 φ100	片	1.71	—	0.005	0.005	0.010
	砂轮片 φ400	片	8.97	—	0.005	0.005	0.010
	铁砂布	张	0.85	0.200	0.200	0.300	0.500
	仪表接头	套	8.55	2.000	2.000	2.000	8.000
	其他材料费占材料费	%	—	5.000	5.000	5.000	5.000
机械	电动空气压缩机 0.6m³/min	台班	37.30	0.010	0.010	0.010	0.020
	砂轮切割机 350mm	台班	22.38	—	—	0.010	0.010
	砂轮切割机 400mm	台班	24.71	0.005	0.005	0.010	0.010
	载重汽车 4t	台班	408.97	0.005	0.005	0.005	0.007

工作内容：切断、煨弯、缆头处理、卡套连接、固定、通气试验。 计量单位：10m

定　额　编　号				A6-7-42	A6-7-43
项　目　名　称				伴热一体化管缆(缆芯以内)	
				单芯	4芯
基　　价（元）				221.17	390.83
其中	人　工　费（元）			155.26	265.30
	材　料　费（元）			50.16	95.81
	机　械　费（元）			15.75	29.72
	名　　称	单位	单价（元）	消　　耗　　量	
人工	综合工日	工日	140.00	1.109	1.895
材料	管材	m	—	(10.300)	(10.300)
	半圆头镀锌螺栓 M2～5×15～50	套	0.09	12.000	12.000
	不锈钢氩弧焊丝 1Cr18Ni9Ti	kg	51.28	0.068	0.135
	镀锌钢管卡子 DN15	个	0.85	6.000	—
	镀锌钢管卡子 DN50	个	1.35	—	6.000
	钢锯条	条	0.34	0.500	1.000
	尼龙扎带(综合)	根	0.07	6.000	6.000
	砂轮片 φ100	片	1.71	0.016	0.020
	砂轮片 φ400	片	8.97	0.016	0.020
	铈钨棒	g	0.38	0.224	0.448
	酸洗膏	kg	6.56	0.020	0.040
	铁砂布	张	0.85	0.500	0.500
	细白布	m	3.08	0.050	0.070
	氩气	m³	19.59	0.120	0.240
	仪表接头	套	8.55	4.000	8.000
	其他材料费占材料费	%	—	5.000	5.000
机械	电动空气压缩机 0.6m³/min	台班	37.30	0.010	0.010
	砂轮切割机 350mm	台班	22.38	0.040	0.050
	砂轮切割机 400mm	台班	24.71	0.040	0.050
	试压泵 2.5MPa	台班	14.62	0.010	0.020
	氩弧焊机 500A	台班	92.58	0.100	0.200
	载重汽车 4t	台班	408.97	0.010	0.020

五、仪表设备与管路伴热

工作内容:伴热管:敷设(或缠绕)、焊接、除锈、防腐、强度和气密性试验。　　　　　　　计量单位:10m

定　额　编　号			A6-7-44	A6-7-45	A6-7-46	A6-7-47
项　目　名　称			不锈钢管伴热管(管径mm以内)			
			10	14	18	22
基　　　价　(元)			90.90	126.63	154.61	184.46
其中	人　工　费　(元)		81.90	116.06	143.36	172.20
	材　料　费　(元)		3.22	4.56	4.63	5.55
	机　械　费　(元)		5.78	6.01	6.62	6.71
名　　　称	单位	单价(元)	消　　耗　　量			
人工 综合工日	工日	140.00	0.585	0.829	1.024	1.230
材料 管材	m	—	(10.300)	(10.300)	(10.300)	(10.300)
不锈钢焊条	kg	38.46	0.010	0.010	0.015	0.015
电	kW·h	0.68	0.100	0.120	0.130	0.140
镀锌铁丝 φ4.0～2.8	kg	3.57	0.050	0.050	0.050	0.050
棉纱头	kg	6.00	0.050	0.050	0.050	0.050
砂轮片 φ100	片	1.71	0.001	0.005	0.005	0.080
砂轮片 φ400	片	8.97	0.001	0.005	0.005	0.080
铈钨棒	g	0.38	0.112	0.224	0.224	0.224
酸洗膏	kg	6.56	0.050	0.050	0.030	0.040
铁砂布	张	0.85	0.500	0.500	0.500	0.500
细白布	m	3.08	0.050	0.050	0.050	0.050
氩气	m³	19.59	0.060	0.120	0.120	0.120
其他材料费占材料费	%	—	5.000	5.000	5.000	5.000
机械 砂轮切割机 350mm	台班	22.38	0.010	0.015	0.018	0.020
砂轮切割机 400mm	台班	24.71	0.010	0.015	0.018	0.020
试压泵 2.5MPa	台班	14.62	0.020	0.020	0.020	0.020
氩弧焊机 500A	台班	92.58	0.010	0.010	0.015	0.015
载重汽车 4t	台班	408.97	0.010	0.010	0.010	0.010

工作内容：伴热管：敷设(或缠绕)、焊接、除锈、防腐、强度和气密性试验。　　　　　　　　　　　　计量单位：10m

定　额　编　号			A6-7-48	A6-7-49	A6-7-50	A6-7-51
项　目　名　称			碳钢管伴热管(管径mm以内)			
			10	14	18	22
基　　价（元）			79.27	106.50	144.06	162.06
其中	人　工　费（元）		69.86	96.04	133.28	151.20
	材　料　费（元）		4.53	5.58	5.73	5.81
	机　械　费（元）		4.88	4.88	5.05	5.05
名　　　称	单位	单价（元）	消　　耗　　量			
人工	综合工日	工日	140.00	0.499	0.686	0.952	1.080
材料	管材	m	—	(10.350)	(10.350)	(10.350)	(10.350)
	电	kW·h	0.68	0.140	0.160	0.180	0.200
	镀锌铁丝 φ4.0～2.8	kg	3.57	0.050	0.050	0.050	0.050
	酚醛防锈漆	kg	6.15	0.360	0.370	0.380	0.390
	钢锯条	条	0.34	0.500	0.500	0.700	0.700
	棉纱头	kg	6.00	0.050	0.050	0.050	0.050
	碳钢气焊条	kg	9.06	0.032	0.064	0.064	0.064
	铁砂布	张	0.85	0.500	0.500	0.500	0.500
	氧气	m³	3.63	0.084	0.168	0.168	0.168
	乙炔气	kg	10.45	0.032	0.064	0.064	0.064
	其他材料费占材料费	%	—	5.000	5.000	5.000	5.000
机械	管子切断机 60mm	台班	16.63	0.030	0.030	0.040	0.040
	试压泵 2.5MPa	台班	14.62	0.020	0.020	0.020	0.020
	载重汽车 4t	台班	408.97	0.010	0.010	0.010	0.010

工作内容：伴热管:敷设(或缠绕)、焊接、除锈、防腐、强度和气密性试验。　　　　　　　计量单位：10m

定　额　编　号				A6-7-52	A6-7-53	A6-7-54	A6-7-55
项　目　名　称				铜管伴热管(管径mm以内)			
				10	14	18	22
基　　　　价（元）				48.40	84.82	102.73	121.94
其中	人　工　费（元）			39.34	74.34	89.04	105.98
	材　料　费（元）			2.54	3.25	3.93	5.04
	机　械　费（元）			6.52	7.23	9.76	10.92
名　　　称		单位	单价（元）	消　　耗　　量			
人工	综合工日	工日	140.00	0.281	0.531	0.636	0.757
材料	管材	m	—	(10.300)	(10.300)	(10.300)	(10.300)
	镀锌铁丝 φ4.0～2.8	kg	3.57	—	0.050	0.050	0.050
	钢锯条	条	0.34	0.100	0.300	0.400	0.500
	棉纱头	kg	6.00	0.050	0.050	0.050	0.050
	砂轮片 φ100	片	1.71	0.001	0.005	0.008	0.010
	铈钨棒	g	0.38	0.046	0.045	0.057	0.060
	铁砂布	张	0.85	0.500	0.500	0.500	0.500
	铜气焊丝	kg	37.61	—	0.009	0.012	0.018
	铜氩弧焊丝	kg	41.03	0.029	0.027	0.034	0.047
	氩气	m³	19.59	0.023	0.023	0.029	0.040
	氧气	m³	3.63	—	0.024	0.032	0.039
	乙炔气	kg	10.45	—	0.008	0.013	0.015
	其他材料费占材料费	%	—	5.000	5.000	5.000	5.000
机械	管子切断机 60mm	台班	16.63	—	0.015	0.020	0.020
	砂轮切割机 350mm	台班	22.38	0.010	0.010	0.015	0.020
	砂轮切割机 400mm	台班	24.71	0.010	0.010	0.015	0.020
	氩弧焊机 500A	台班	92.58	0.030	0.035	0.050	0.060
	载重汽车 4t	台班	408.97	0.008	0.008	0.010	0.010

工作内容：伴热带(元件)敷设(安装)、绝缘接地、控制及保护电路测试。　　　　　　　　计量单位：100m

定　额　编　号					A6-7-56
项　目　名　称					电伴热带/伴热电缆
					伴热电缆
基　　　　　价（元）					467.42
其中	人　工　费（元）				428.40
	材　料　费（元）				32.81
	机　械　费（元）				6.21
名　　　称		单位	单价（元）	消　　耗　　量	
人工	综合工日	工日	140.00	3.060	
材料	电热带	m	—	(102.000)	
	绝缘材料(复合丁腈)	m²	—	(11.000)	
	电	kW·h	0.68	0.300	
	电缆卡子(综合)	个	0.27	4.000	
	接地线 5.5～16mm²	m	4.27	3.500	
	耐高温铝箔玻璃纤维带 50m/卷	卷	4.70	2.300	
	铁砂布	张	0.85	0.100	
	校验材料费	元	1.00	4.120	
	其他材料费占材料费	%	—	5.000	
机械	铭牌打印机	台班	31.01	0.018	
	手持式万用表	台班	4.07	0.200	
	数字电压表	台班	5.77	0.100	
	载重汽车 4t	台班	408.97	0.010	
	兆欧表	台班	5.76	0.030	

工作内容：伴热带(元件)敷设(安装)、绝缘接地、控制及保护电路测试。　　　　　计量单位：个

定　额　编　号				A6-7-57	A6-7-58
项　目　名　称				电伴热带/伴热电缆	
				接线盒	终端头制安
基　　　　价（元）				12.76	36.79
其中	人　工　费（元）			8.54	29.40
	材　料　费（元）			4.22	6.48
	机　械　费（元）			—	0.91
名　　称		单位	单价（元）	消　　耗　　量	
人工	综合工日	工日	140.00	0.061	0.210
材料	接线盒	个	—	(1.000)	—
	尾端盒	个	—	—	(1.000)
	白布	m	6.14	—	0.050
	半圆头镀锌螺栓 M6～12×22～80	套	0.15	4.000	—
	标签纸(综合)	m	7.11	—	0.050
	接地线 5.5～16mm²	m	4.27	0.800	0.600
	接线铜端子头	个	0.30	—	2.200
	尼龙扎带(综合)	根	0.07	—	0.500
	塑料胶带	m	0.60	—	0.100
	铁砂布	张	0.85	—	0.045
	位号牌	个	2.14	—	1.000
	线号套管(综合)	m	0.60	—	0.020
	其他材料费占材料费	%	—	5.000	5.000
机械	接地电阻测试仪	台班	3.35	—	0.050
	铭牌打印机	台班	31.01	—	0.012
	手持式万用表	台班	4.07	—	0.020
	线号打印机	台班	3.96	—	0.030
	兆欧表	台班	5.76	—	0.030

工作内容：伴热带(元件)敷设(安装)、绝缘接地、控制及保护电路测试。计量单位：根

定　额　编　号				A6-7-59	
项　目　名　称				伴热元件	
基　　　　价（元）				**45.99**	
其中	人　工　费（元）			39.76	
	材　料　费（元）			5.37	
	机　械　费（元）			0.86	
名　　　称	单位	单价（元）	消　　耗　　量		
人工	综合工日	工日	140.00	0.284	
材料	管状电热带	根	—	(1.000)	
	电	kW·h	0.68	0.100	
	接地线 5.5～16mm²	m	4.27	1.000	
	校验材料费	元	1.00	0.772	
	其他材料费占材料费	%	—	5.000	
机械	铭牌打印机	台班	31.01	0.012	
	手持式万用表	台班	4.07	0.050	
	数字电压表	台班	5.77	0.050	

六、仪表设备与管路脱脂

工作内容：表计拆装、浸泡、脱脂、擦洗、检查、封口、送检。

计量单位：块

定 额 编 号				A6-7-60
项 目 名 称				压力表
基 价（元）				38.40
其中	人 工 费（元）			26.74
	材 料 费（元）			11.66
	机 械 费（元）			—
名 称	单位	单价（元）	消 耗 量	
人工 综合工日	工日	140.00	0.191	
材料 白滤纸	张	0.68	2.000	
酒精	kg	6.40	0.100	
脱脂剂	kg	8.55	1.000	
脱脂用黑光灯	组	12.39	0.020	
细白布	m	3.08	0.100	
其他材料费占材料费	%	—	5.000	

工作内容：表计拆装、浸泡、脱脂、擦洗、检查、封口、送检。 计量单位：台

定 额 编 号					A6-7-61
项 目 名 称					变送器调节阀
基 价 （元）					124.79
其中	人 工 费 （元）				52.36
	材 料 费 （元）				72.43
	机 械 费 （元）				—
名 称		单位	单价（元）	消 耗 量	
人工	综合工日	工日	140.00	0.374	
材料	白滤纸	张	0.68	6.000	
	酒精	kg	6.40	0.500	
	脱脂剂	kg	8.55	7.000	
	脱脂用黑光灯	组	12.39	0.050	
	细白布	m	3.08	0.400	
	其他材料费占材料费	%	—	5.000	

工作内容：表计拆装、浸泡、脱脂、擦洗、检查、封口、送检。 计量单位：块

定 额 编 号				A6-7-62
项 目 名 称				孔板
基 价（元）				44.22
其中	人 工 费（元）			19.60
	材 料 费（元）			24.62
	机 械 费（元）			—
名 称	单位	单价（元）	消 耗 量	
人工	综合工日	工日	140.00	0.140
材料	白滤纸	张	0.68	2.000
	酒精	kg	6.40	0.500
	脱脂剂	kg	8.55	2.050
	脱脂用黑光灯	组	12.39	0.010
	细白布	m	3.08	0.400
	其他材料费占材料费	%	—	5.000

工作内容：表计拆装、浸泡、脱脂、擦洗、检查、封口、送检。 计量单位：个

定 额 编 号			A6-7-63
项 目 名 称			仪表阀门
基 价（元）			32.87
其中	人 工 费（元）		20.30
	材 料 费（元）		12.57
	机 械 费（元）		—
名 称	单位	单价（元）	消 耗 量
人工 综合工日	工日	140.00	0.145
材料 白滤纸	张	0.68	3.000
酒精	kg	6.40	0.100
脱脂剂	kg	8.55	1.000
脱脂用黑光灯	组	12.39	0.010
细白布	m	3.08	0.200
其他材料费占材料费	%	—	5.000

工作内容：表计拆装、浸泡、脱脂、擦洗、检查、封口、送检。 计量单位：套

定 额 编 号	A6-7-64
项 目 名 称	仪表附件
基 价（元）	12.21

其中	人 工 费（元）	5.88
	材 料 费（元）	6.33
	机 械 费（元）	—

	名 称	单位	单价（元）	消 耗 量
人工	综合工日	工日	140.00	0.042
材料	白滤纸	张	0.68	1.000
	酒精	kg	6.40	0.100
	脱脂剂	kg	8.55	0.500
	脱脂用黑光灯	组	12.39	0.010
	细白布	m	3.08	0.100
	其他材料费占材料费	%	—	5.000

304

工作内容：表计拆装、浸泡、脱脂、擦洗、检查、封口、送检。　　　　　　　　计量单位：10m

定　额　编　号	A6-7-65
项　目　名　称	仪表管路
基　　　价（元）	67.23

其中	人　工　费（元）	45.08
	材　料　费（元）	19.91
	机　械　费（元）	2.24

	名　　称	单位	单价（元）	消　耗　量
人工	综合工日	工日	140.00	0.322
材料	白滤纸	张	0.68	4.000
	镀锌铁丝 φ2.5～1.4	kg	3.57	0.100
	酒精	kg	6.40	0.300
	脱脂剂	kg	8.55	1.500
	脱脂用黑光灯	组	12.39	0.030
	细白布	m	3.08	0.250
	其他材料费占材料费	%	—	5.000
机械	电动空气压缩机 0.6m³/min	台班	37.30	0.060

第八章 自动化线路、通信

说　　明

一、本章内容包括自动化仪表线路（系统电缆、自动化电缆、光缆、同轴电缆）敷设、通信设备安装和试验、其他项目安装调试。

二、本章包括以下工作内容：

领料、开箱检查、准备、运输、敷设、固定、绝缘检查、校线、挂牌、记录等，此外还包括下列内容：

1. 系统电缆敷设带插头、插头检查、敷设时揭盖地板。

2. 自动化电缆终端头制作：AC、DC接地线焊接，接地电阻测试，校接线，套线号，电缆测试。

3. 光缆敷设、接头测试、熔接、接续、接头盒安装、地线装置安装、成套附件安装、复测衰耗、安装加感线圈、包封外护套、充气试验。

4. 光缆成端接头：活接头制作、固定、测试衰耗、光缆终端头固定。

5. GPS收发机安装测试、无线电台、无线电台天线、环形天线、增益天线安装。

6. 中继段测试：光纤特性测试、铜导线电气性能测试、护套对地测试、障碍处理。

7. 通信设备：单元检查、功能试验，电话装置调整功放和放大级电压、电平、振荡输出电平、电源电压、工作电压及感应电话的谐振频率，以及扬声器音量、音响信号、通话、呼叫试验等。

三、本章不包括以下工作内容：

1. 支架、机架、框架、托架、塔架制作与安装。

2. 光中继器埋设。

3. 挖填土工程、开挖路面工程。

4. 不间断电源及蓄电池安装和配套的发电机组。

5. 保护管和接地系统安装与调试。

工程量计算规则

一、电缆、光缆、同轴电缆敷设以"100m"为计量单位，敷设长度按延长米计算。电缆接至现场仪表处增加1.5m的预留长度。带专用插头的系统电缆按芯数以"根"为计量单位。

二、自动化电缆敷设适用控制电缆、仪表电源电缆、屏蔽或非屏蔽电缆（线）、补偿导线（缆）等仪表所用电缆（线），综合沿桥架支架、电缆沟或穿管敷设，不区分安装方式。

三、光缆接头以"芯/束"为计量单位，光缆成端头以"个"为计量单位。

四、穿线盒以"10个"为计量单位，预算工程量计算以每10m配管2.8个穿线盒考虑，材料费按实计算。

五、通信设备中扩音对讲系统安装试验。

1. 扩音对讲话站安装以"台"作为计量单位，系统连接采用总线式连接和集中供电形式。每个系统具有广播和对讲功能、独立电源和功放功能，都有呼叫按钮。扩音对讲话站分为无主机形式和有主机形式，无主机形式具有多通道系统，系统内话站广播和通话不需要主机控制，有主机形式增加数字程控调度机。扩音对讲话站安装分为室内和室外，安装形式有普通型、防爆型、防水型、壁挂式、落地式、台面安装式。

2. 数字程控调度机安装试验以"台"作为计量单位，它具有数字程控调度系统的所有功能，包括内外线群呼、组呼、一键呼、提机热呼、强插强拆、分机多机一号连选等多种功能，并为防爆扩音对讲系统分机提供信号源，为扩音电话站提供功放电源，是整个扩音对讲系统的中心和系统电缆的配线汇接机柜。

六、数字程序指令呼叫系统安装试验。

1. 数字程控指令电话系统主机安装试验以主机容量"路"为步距，以"套"为计量单位，包括系统电源等模块。主机容量"路"是"个呼＋齐呼＋组呼"的呼叫通路数量。数字程控指令电话系统用于指挥调度、应急广播通信、指令电话通信（与交换机、调度机相连）、指令电话扩音等。

2. 数字程序指令呼叫系统设备安装校接线按40门组成一套计算安装工程量。

3. 数字程序指令呼叫系统试验按主放大器功率计算。

七、金属挠性管不论长短按"10根"为计量单位，包括接头安装、防爆挠性管的密封。

八、电缆和配管支架、托架制作与安装，执行第四册《电气设备安装工程》相应项目，桥架支撑和托臂是成品件时，执行本册定额相应项目。

九、GPS接收机主要由GPS接收机天线单元、GPS接收机主机单元、电源三部分组成。GPS接收机安装于运动的物体上，天线置于接收机内。测试内容是对接收机接收信号进行跟踪、处理和量测。安装测试以"台"为计量单位。无线电台室内壁挂或天花板上安装，以"台"为计量单位。无线电台天线按4扇一组计算，用于工业装置区，范围较小。如覆盖区域较广，应执行第十一册《通信设备安装工程》。无线电台天线塔架、支架制作安装执行第四册《电气安装工程》相应项目。

十、孔洞封堵防爆胶泥和发泡剂以"kg"为计量单位。

十一、接地系统接地极、接地母线安装和系统试验、降阻剂埋设，执行第四册《电气设备安装工程》相应项目。采用铜包钢材质的接地极和接地母线需要焊接时，执行本册铜包钢焊接定额，以一个焊接"点"为计量单位。

十二、光缆敷设为多模光缆，用于局域网，不适用单模光缆。

十三、供电电源和不间断电源安装试验，执行第四册《电气设备安装工程》相应项目。

一、自动化线路敷设

1. 自动化线缆敷设

工作内容：绝缘检查、敷设、固定、挂牌。 计量单位：根

定 额 编 号			A6-8-1	A6-8-2	A6-8-3	A6-8-4
项 目 名 称			带专用插头系统电缆敷设			
			10芯	20芯	36芯	50芯
基 价（元）			30.35	34.86	41.35	48.10
其中	人 工 费（元）		22.12	26.18	32.20	37.66
	材 料 费（元）		5.01	5.01	5.01	5.01
	机 械 费（元）		3.22	3.67	4.14	5.43
名 称	单位	单价（元）	消 耗 量			
人工	综合工日	工日	140.00	0.158	0.187	0.230	0.269
材料	系统电缆	根	—	(1.000)	(1.000)	(1.000)	(1.000)
	尼龙扎带(综合)	根	0.07	7.000	7.000	7.000	7.000
	位号牌	个	2.14	2.000	2.000	2.000	2.000
	其他材料费占材料费	%	—	5.000	5.000	5.000	5.000
机械	接地电阻测试仪	台班	3.35	0.050	0.050	0.050	0.050
	铭牌打印机	台班	31.01	0.024	0.024	0.024	0.024
	手持式万用表	台班	4.07	0.064	0.074	0.090	0.105
	载重汽车 4t	台班	408.97	0.005	0.006	0.007	0.010

工作内容：绝缘检查、敷设、固定、挂牌。

计量单位：100m

定 额 编 号			A6-8-5	A6-8-6	A6-8-7	A6-8-8
项 目 名 称			通信线缆(对以内)			
			4	25	50	50以上
基 价 （元）			60.77	115.85	147.04	185.16
其 中	人 工 费（元）		59.50	111.02	137.90	171.78
	材 料 费（元）		1.27	0.74	0.96	1.11
	机 械 费（元）		—	4.09	8.18	12.27
名 称	单位	单价(元)	消 耗 量			
人 工	综合工日	工日	140.00	0.425	0.793	0.985	1.227
材 料	超五类屏蔽双绞线	m	—	(102.000)	(102.000)	(102.000)	(102.000)
	镀锌铁丝 φ2.5～1.4	kg	3.57	0.300	0.100	0.100	0.100
	尼龙扎带(综合)	根	0.07	2.000	5.000	8.000	10.000
	其他材料费占材料费	%	—	5.000	5.000	5.000	5.000
机 械	载重汽车 4t	台班	408.97	—	0.010	0.020	0.030

工作内容：开箱检查、架线盘、敷设、锯断、固定、临时封头。 计量单位：100m

定 额 编 号				A6-8-9	A6-8-10	A6-8-11	A6-8-12
项 目 名 称				自动化电缆敷设(1.5mm²以内)			
				2芯	4芯以下	6芯以下	12芯以下
基 价 （元）				150.40	201.71	229.88	236.50
其中	人 工 费 （元）			132.16	181.02	209.30	212.52
	材 料 费 （元）			18.24	18.24	17.72	14.96
	机 械 费 （元）			—	2.45	2.86	9.02
	名 称	单位	单价(元)	消 耗 量			
人工	综合工日	工日	140.00	0.944	1.293	1.495	1.518
材料	电缆	m	—	(102.000)	(102.000)	(102.000)	(102.000)
	半圆头镀锌螺栓 M2~5×15~50	套	0.09	12.000	12.000	12.000	10.000
	镀锌电缆卡子(综合)	个	2.30	6.000	6.000	6.000	5.000
	镀锌铁丝 φ2.5~1.4	kg	3.57	0.300	0.300	0.200	0.200
	钢锯条	条	0.34	1.000	1.000	1.000	1.000
	绝缘胶布 20m/卷	卷	2.14	0.300	0.300	0.200	0.100
	棉纱头	kg	6.00	0.050	0.050	0.050	0.050
	尼龙扎带(综合)	根	0.07	2.000	2.000	3.000	4.000
	其他材料费占材料费	%	—	5.000	5.000	5.000	5.000
机械	汽车式起重机 16t	台班	958.70	—	—	—	0.006
	载重汽车 4t	台班	408.97	—	0.006	0.007	0.008

315

工作内容：开箱检查、架线盘、敷设、锯断、固定、临时封头。　　　　　　　　　　　计量单位：100m

定　额　编　号			A6-8-13	A6-8-14	A6-8-15
项　目　名　称			自动化电缆敷设(1.5mm²以内)		
			21芯以下	27芯以下	39芯以下
基　　　　价（元）			263.55	326.53	374.69
其中	人　工　费（元）		235.06	299.74	342.44
	材　料　费（元）		14.55	11.34	11.33
	机　械　费（元）		13.94	15.45	20.92
名　　　称	单位	单价（元）	消　　耗　　量		
人工 综合工日	工日	140.00	1.679	2.141	2.446
材料 电缆	m	—	(102.000)	(102.000)	(102.000)
半圆头镀锌螺栓 M2～5×15～50	套	0.09	10.000	8.000	8.000
镀锌电缆卡子(综合)	个	2.30	5.000	4.000	4.000
镀锌铁丝 φ2.5～1.4	kg	3.57	0.150	—	—
钢锯条	条	0.34	0.500	0.500	0.300
绝缘胶布 20m/卷	卷	2.14	0.080	0.060	0.060
棉纱头	kg	6.00	0.050	0.050	0.060
尼龙扎带(综合)	根	0.07	4.000	4.000	4.000
其他材料费占材料费	%	—	5.000	5.000	5.000
机械 汽车式起重机 16t	台班	958.70	0.009	0.011	0.015
载重汽车 4t	台班	408.97	0.013	0.012	0.016

工作内容：开箱检查、架线盘、敷设、锯断、固定、临时封头。 计量单位：100m

定　额　编　号			A6-8-16	A6-8-17	A6-8-18
项　目　名　称			自动化电缆敷设(1.5mm²以内)		
			48芯以下	54芯以下	60芯以下
基　　　价（元）			1028.00	1080.55	1211.83
其中	人　工　费（元）		395.92	444.78	568.12
	材　料　费（元）		606.78	606.78	607.06
	机　械　费（元）		25.30	28.99	36.65
名　　　称	单位	单价（元）	消　　耗　　量		
人工	综合工日	工日	140.00	2.828	3.177	4.058
材料	半圆头镀锌螺栓 M2~5×15~50	套	0.09	8.000	8.000	8.000
	电缆	m	5.56	102.000	102.000	102.000
	镀锌电缆卡子(综合)	个	2.30	4.000	4.000	4.000
	钢锯条	条	0.34	0.300	0.300	0.300
	绝缘胶布 20m/卷	卷	2.14	0.050	0.050	0.060
	棉纱头	kg	6.00	0.060	0.060	0.100
	尼龙扎带(综合)	根	0.07	4.000	4.000	4.000
	其他材料费占材料费	%	—	5.000	5.000	5.000
机械	汽车式起重机 16t	台班	958.70	0.017	0.020	0.025
	载重汽车 4t	台班	408.97	0.022	0.024	0.031

工作内容：开箱检查、架线盘、敷设、锯断、固定、临时封头。 计量单位：100m

定 额 编 号				A6-8-19	A6-8-20	A6-8-21	A6-8-22
项 目 名 称				自动化电缆敷设(1.5mm²以上)			
				2芯	4芯以下	6芯以下	12芯以下
基 价 （元）				760.44	817.20	842.84	871.08
其中	人 工 费 （元）			146.72	200.62	228.76	250.60
	材 料 费 （元）			613.72	613.72	610.81	610.09
	机 械 费 （元）			—	2.86	3.27	10.39
名 称		单位	单价（元）	消 耗 量			
人工	综合工日	工日	140.00	1.048	1.433	1.634	1.790
材料	半圆头镀锌螺栓 M2～5×15～50	套	0.09	12.000	12.000	10.000	10.000
	电缆	m	5.56	102.000	102.000	102.000	102.000
	镀锌电缆卡子(综合)	个	2.30	6.000	6.000	5.000	5.000
	镀锌铁丝 φ2.5～1.4	kg	3.57	0.300	0.300	0.200	0.200
	钢锯条	条	0.34	1.000	1.000	1.000	0.500
	绝缘胶布 20m/卷	卷	2.14	0.300	0.300	0.300	0.025
	棉纱头	kg	6.00	0.050	0.050	0.050	0.050
	尼龙扎带(综合)	根	0.07	2.000	2.000	3.000	4.000
	其他材料费占材料费	%	—	5.000	5.000	5.000	5.000
机械	汽车式起重机 16t	台班	958.70	—	—	—	0.007
	载重汽车 4t	台班	408.97	—	0.007	0.008	0.009

工作内容：开箱检查、架线盘、敷设、锯断、固定、临时封头。 计量单位：100m

定 额 编 号				A6-8-23	A6-8-24	A6-8-25
项 目 名 称				自动化电缆敷设(1.5mm²以上)		
				21芯以下	27芯以下	39芯以下
基 价（元）				892.40	951.90	986.64
其中	人 工 费（元）			268.66	330.68	360.92
	材 料 费（元）			607.47	604.40	604.39
	机 械 费（元）			16.27	16.82	21.33
名 称		单位	单价（元）	消 耗 量		
人工	综合工日	工日	140.00	1.919	2.362	2.578
材料	半圆头镀锌螺栓 M2～5×15～50	套	0.09	8.000	6.000	6.000
	电缆	m	5.56	102.000	102.000	102.000
	镀锌电缆卡子	套	2.30	—	3.000	3.000
	镀锌电缆卡子(综合)	个	2.30	4.000	—	—
	镀锌铁丝 φ2.5～1.4	kg	3.57	0.150	—	—
	钢锯条	条	0.34	0.500	0.500	0.300
	绝缘胶布 20m/卷	卷	2.14	0.100	0.080	0.080
	棉纱头	kg	6.00	0.050	0.050	0.060
	尼龙扎带(综合)	根	0.07	4.000	6.000	6.000
	其他材料费占材料费	%	—	5.000	5.000	5.000
机械	汽车式起重机 16t	台班	958.70	0.011	0.012	0.015
	载重汽车 4t	台班	408.97	0.014	0.013	0.017

工作内容：开箱检查、架线盘、敷设、锯断、固定、临时封头。 计量单位：100m

定 额 编 号			A6-8-26	A6-8-27	A6-8-28
项 目 名 称			自动化电缆敷设(1.5mm²以上)		
			48芯以下	54芯以下	60芯以下
基 价（元）			461.18	508.24	641.98
其中	人 工 费（元）		425.60	469.56	594.44
	材 料 费（元）		8.92	8.87	9.12
	机 械 费（元）		26.66	29.81	38.42
名 称	单位	单价(元)	消 耗 量		
人工	综合工日	工日	140.00	3.040	3.354	4.246
材 料	电缆	m	—	(102.000)	(102.000)	(102.000)
	半圆头镀锌螺栓 M2～5×15～50	套	0.09	6.000	6.000	6.000
	镀锌电缆卡子	套	2.30	3.000	3.000	3.000
	钢锯条	条	0.34	0.300	0.300	0.300
	绝缘胶布 20m/卷	卷	2.14	0.080	0.060	0.060
	棉纱头	kg	6.00	0.060	0.060	0.100
	尼龙扎带(综合)	根	0.07	6.000	6.000	6.000
	其他材料费占材料费	%	—	5.000	5.000	5.000
机 械	汽车式起重机 16t	台班	958.70	0.018	0.020	0.026
	载重汽车 4t	台班	408.97	0.023	0.026	0.033

工作内容：制作、固定、校线、套线号、绝缘测定、接地、挂牌。　　　　　　　　　　　　　　　计量单位：个

定　额　编　号			A6-8-29	A6-8-30	A6-8-31	A6-8-32
项　目　名　称			电缆终端头制作安装(芯以下)			
			2芯	4芯	6芯	12芯
基　　　　价（元）			22.91	29.06	34.81	48.93
其中	人　工　费（元）		12.88	17.36	21.56	31.78
	材　料　费（元）		8.21	9.45	10.57	13.93
	机　械　费（元）		1.82	2.25	2.68	3.22
名　　　称	单位	单价（元）	消　　耗　　量			
人工	综合工日	工日	140.00	0.092	0.124	0.154	0.227

名　　　称	单位	单价（元）				
人工 综合工日	工日	140.00	0.092	0.124	0.154	0.227
半圆头镀锌螺栓 M2～5×15～50	套	0.09	1.000	1.000	1.000	1.000
标签纸(综合)	m	7.11	0.050	0.070	0.080	0.140
镀锌电缆卡子(综合)	个	2.30	0.500	0.500	0.500	0.500
接地线 5.5～16mm²	m	4.27	0.600	0.600	0.600	0.600
接线铜端子头	个	0.30	2.200	4.400	6.600	13.200
尼龙扎带(综合)	根	0.07	0.500	0.500	0.500	0.500
塑料胶布带 20mm×50m	卷	13.06	0.020	0.040	0.050	0.100
铁砂布	张	0.85	0.100	0.200	0.400	0.540
铜芯塑料绝缘软电线 BVR-1.5mm²	m	0.60	0.500	0.500	0.500	0.500
位号牌	个	2.14	1.000	1.000	1.000	1.000
细白布	m	3.08	0.050	0.050	0.050	0.050
线号套管(综合)	m	0.60	0.050	0.100	0.150	0.200
其他材料费占材料费	%	—	5.000	5.000	5.000	5.000
电缆测试仪	台班	15.89	0.010	0.010	0.010	0.010
对讲机(一对)	台班	4.19	0.030	0.039	0.047	0.065
接地电阻测试仪	台班	3.35	0.050	0.050	0.050	0.050
铭牌打印机	台班	31.01	0.012	0.012	0.012	0.012
手持式万用表	台班	4.07	0.030	0.039	0.047	0.065
数字式快速对线仪	台班	68.53	0.010	0.015	0.020	0.025
线号打印机	台班	3.96	0.004	0.008	0.012	0.024
兆欧表	台班	5.76	0.030	0.030	0.030	0.030

工作内容：制作、固定、校线、套线号、绝缘测定、接地、挂牌。　　　　　　　　　　计量单位：个

定　额　编　号			A6-8-33	A6-8-34	A6-8-35
项　目　名　称			电缆终端头制作安装(芯以下)		
			21芯	27芯	39芯
基　　价（元）			62.99	77.13	106.62
其中	人　工　费（元）		40.32	49.84	71.12
	材　料　费（元）		18.89	22.63	29.68
	机　械　费（元）		3.78	4.66	5.82
名　　　称	单位	单价(元)	消　　耗　　量		
人工	综合工日	工日	140.00	0.288	0.356	0.508
材料	半圆头镀锌螺栓 M2～5×15～50	套	0.09	1.000	1.000	1.000
	标签纸(综合)	m	7.11	0.200	0.300	0.400
	镀锌电缆卡子(综合)	个	2.30	0.500	0.500	0.500
	接地线 5.5～16mm²	m	4.27	0.600	0.600	0.600
	接线铜端子头	个	0.30	23.100	27.700	42.900
	尼龙扎带(综合)	根	0.07	0.500	0.500	0.500
	塑料胶布带 20mm×50m	卷	13.06	0.200	0.300	0.400
	铁砂布	张	0.85	0.450	0.540	0.600
	铜芯塑料绝缘软电线 BVR-1.5mm²	m	0.60	0.500	0.500	0.500
	位号牌	个	2.14	1.000	1.000	1.000
	细白布	m	3.08	0.050	0.050	0.050
	线号套管(综合)	m	0.60	0.350	0.510	0.650
	其他材料费占材料费	%	—	5.000	5.000	5.000
机械	电缆测试仪	台班	15.89	0.010	0.010	0.010
	对讲机(一对)	台班	4.19	0.083	0.101	0.147
	接地电阻测试仪	台班	3.35	0.050	0.050	0.050
	铭牌打印机	台班	31.01	0.012	0.012	0.012
	手持式万用表	台班	4.07	0.083	0.101	0.147
	数字式快速对线仪	台班	68.53	0.030	0.040	0.050
	线号打印机	台班	3.96	0.042	0.054	0.078
	兆欧表	台班	5.76	0.030	0.030	0.030

工作内容：制作、固定、校线、套线号、绝缘测定、接地、挂牌。 计量单位：个

定　额　编　号				A6-8-36	A6-8-37	A6-8-38
项　目　名　称				电缆终端头制作安装(芯以下)		
				48芯	54芯	60芯
基　　价（元）				128.23	143.79	162.46
其中	人　工　费（元）			87.64	99.12	113.54
	材　料　费（元）			33.72	36.89	40.22
	机　械　费（元）			6.87	7.78	8.70
名　　称		单位	单价（元）	消　　耗　　量		
人工	综合工日	工日	140.00	0.626	0.708	0.811
材料	半圆头镀锌螺栓 M2～5×15～50	套	0.09	1.000	1.000	1.000
	标签纸(综合)	m	7.11	0.500	0.600	0.700
	镀锌电缆卡子(综合)	个	2.30	0.500	0.500	0.500
	接地线 5.5～16mm²	m	4.27	0.600	0.600	0.600
	接线铜端子头	个	0.30	52.800	59.400	66.000
	尼龙扎带(综合)	根	0.07	0.500	0.500	0.500
	塑料胶布带 20mm×50m	卷	13.06	0.400	0.400	0.400
	铁砂布	张	0.85	0.700	1.000	1.500
	铜芯塑料绝缘软电线 BVR-1.5mm²	m	0.60	0.500	0.500	0.500
	位号牌	个	2.14	1.000	1.000	1.000
	细白布	m	3.08	0.050	0.050	0.050
	线号套管(综合)	m	0.60	0.780	0.900	1.000
	其他材料费占材料费	%	—	5.000	5.000	5.000
机械	电缆测试仪	台班	15.89	0.010	0.010	0.010
	对讲机(一对)	台班	4.19	0.182	0.204	0.227
	接地电阻测试仪	台班	3.35	0.050	0.050	0.050
	铭牌打印机	台班	31.01	0.012	0.012	0.012
	手持式万用表	台班	4.07	0.182	0.204	0.227
	数字式快速对线仪	台班	68.53	0.060	0.070	0.080
	线号打印机	台班	3.96	0.096	0.108	0.120
	兆欧表	台班	5.76	0.030	0.030	0.030

工作内容：制作、固定、校线、套线号、绝缘测定、接地、挂牌。　　　　　　　　　　　计量单位：个

定　额　编　号				A6-8-39	A6-8-40	A6-8-41	A6-8-42
项　目　名　称				通信专用缆线终端(对芯)			
				4	25	50	每增4对芯
基　　　　价（元）				7.04	18.52	29.36	4.73
其中	人　工　费（元）			4.06	6.86	8.82	2.66
	材　料　费（元）			1.88	9.89	18.22	1.40
	机　械　费（元）			1.10	1.77	2.32	0.67
名　　　称		单位	单价（元）	消　　　耗　　　量			
人工	综合工日	工日	140.00	0.029	0.049	0.063	0.019
材料	标签纸(综合)	m	7.11	—	0.100	0.100	—
	电缆线接头	个	1.28	1.000	6.000	12.000	1.000
	清洁布 250×250	块	2.56	0.200	0.400	0.500	0.020
	其他材料费占材料费	%	—	5.000	5.000	5.000	5.000
机械	对讲机(一对)	台班	4.19	0.012	0.020	0.026	0.008
	网络测试仪	台班	105.43	0.010	0.016	0.021	0.006

2.光缆敷设

工作内容：敷设、复测试验、接头熔接、接续、成套附件安装、固定、挂牌。　　　　　　计量单位：100m

定　额　编　号				A6-8-43	A6-8-44	A6-8-45
项　目　名　称				光缆敷设6芯束以下		
				沿桥架支架	沿电缆沟/埋地	穿保护管
基　　　　　价　（元）				505.39	469.06	550.91
其中	人　工　费　（元）			152.32	118.58	197.12
	材　料　费　（元）			349.59	347.00	350.31
	机　械　费　（元）			3.48	3.48	3.48
名　　称		单位	单价（元）	消　　耗　　量		
人工	综合工日	工日	140.00	1.088	0.847	1.408
材料	半圆头镀锌螺栓 M2～5×15～50	套	0.09	10.000	—	8.000
	电缆卡子(综合)	个	0.27	5.000	—	4.000
	镀锌铁丝 φ2.5～1.4	kg	3.57	—	—	0.300
	光缆	m	3.24	102.000	102.000	102.000
	尼龙扎带(综合)	根	0.07	3.000	—	4.000
	其他材料费占材料费	%	—	5.000	5.000	5.000
机械	汽车式起重机 16t	台班	958.70	0.002	0.002	0.002
	载重汽车 15t	台班	779.76	0.002	0.002	0.002

工作内容：敷设、复测试验、接头熔接、接续、成套附件安装、固定、挂牌。　　　　　计量单位：100m

定　额　编　号				A6-8-46	A6-8-47
项　目　名　称				光缆敷设12芯束以下	
				沿桥架支架	沿电缆沟/埋地
基　　价（元）				578.52	492.05
其中	人　工　费（元）			220.64	136.36
	材　料　费（元）			349.19	347.00
	机　械　费（元）			8.69	8.69
名　　称		单位	单价(元)	消　　耗　　量	
人工	综合工日	工日	140.00	1.576	0.974
材料	半圆头镀锌螺栓 M2～5×15～50	套	0.09	8.000	—
	电缆卡子(综合)	个	0.27	4.000	—
	光缆	m	3.24	102.000	102.000
	尼龙扎带(综合)	根	0.07	4.000	—
	其他材料费占材料费	%	—	5.000	5.000
机械	汽车式起重机 16t	台班	958.70	0.005	0.005
	载重汽车 15t	台班	779.76	0.005	0.005

326

工作内容：敷设、复测试验、接头熔接、接续、成套附件安装、固定、挂牌；成端头、堵头制作、固定、绝缘试验、特性及电气性能测试、护层对地测试。

计量单位：个

定 额 编 号			A6-8-48	A6-8-49	A6-8-50
项 目 名 称			光缆接头制作（芯/束以下）		光缆成端头
			6	12	
基 价 （元）			120.76	166.82	47.49
其中	人 工 费 （元）		67.34	103.32	39.76
	材 料 费 （元）		39.88	40.29	2.52
	机 械 费 （元）		13.54	23.21	5.21
名 称	单位	单价（元）	消 耗 量		
人工 综合工日	工日	140.00	0.481	0.738	0.284
材料 成套附件	套	—	(1.000)	(1.000)	—
地线装置	套	—	(1.010)	(1.010)	—
光缆接头盒	套	—	(1.000)	(1.000)	—
光缆终端活接头及附件	套	—	—	—	(1.010)
加感线圈	个	—	(1.010)	(1.010)	—
接续材料	套	—	(6.000)	(12.000)	—
熔接接头及器材	套	—	(1.000)	(1.000)	—
环氧树脂	kg	32.08	1.000	1.000	—
六角螺栓 M6～10×20～70	套	0.17	1.000	1.000	—
位号牌	个	2.14	1.000	1.000	1.000
细白布	m	3.08	1.000	1.000	—
校验材料费	元	1.00	0.510	0.901	0.258
其他材料费占材料费	%	—	5.000	5.000	5.000
机械 光功率计	台班	56.13	0.109	0.179	0.054
光纤测试仪	台班	34.18	0.072	0.119	0.036
光纤熔接机	台班	108.56	0.030	0.060	—
铭牌打印机	台班	31.01	0.012	0.012	0.012
手持光损耗测试仪	台班	5.26	0.036	0.060	—
手提式光纤多用表	台班	15.93	0.072	0.119	0.036

工作内容：敷设、复测试验、接头熔接、接续、成套附件安装、固定、挂牌；成端头、堵头制作、固定、
绝缘试验、特性及电气性能测试、护层对地测试。

计量单位：段

定 额 编 号				A6-8-51
项 目 名 称				光缆中继段测试
基 价（元）				**94.20**
其中	人 工 费（元）			75.46
	材 料 费（元）			2.03
	机 械 费（元）			16.71
名 称	单位	单价（元）	消 耗 量	
人工	综合工日	工日	140.00	0.539	
材料	校验材料费	元	1.00	1.931	
	其他材料费占材料费	%	—	5.000	
机械	高稳定度光源	台班	35.28	0.132	
	光功率计	台班	56.13	0.132	
	光纤测试仪	台班	34.18	0.088	
	手持光损耗测试仪	台班	5.26	0.044	
	手提式光纤多用表	台班	15.93	0.088	

工作内容：敷设、复测试验、接头熔接、接续、成套附件安装、固定、挂牌；成端头、堵头制作、固定，
绝缘试验、特性及电气性能测试、护层对地测试。

计量单位：台

定　额　编　号				A6-8-52
项　目　名　称				光电端机
基　　　　　价（元）				218.94
其中	人　工　费（元）			168.84
	材　料　费（元）			12.28
	机　械　费（元）			37.82
名　　　称	单位	单价（元）	消　耗　量	
人工	综合工日	工日	140.00	1.206
材料	接地线 5.5～16mm²	m	4.27	1.000
	六角螺栓 M6～10×20～70	套	0.17	4.000
	位号牌	个	2.14	1.000
	细白布	m	3.08	0.200
	校验材料费	元	1.00	3.991
	其他材料费占材料费	%	—	5.000
机械	高稳定度光源	台班	35.28	0.300
	光功率计	台班	56.13	0.300
	光纤测试仪	台班	34.18	0.200
	铭牌打印机	台班	31.01	0.012
	手提式光纤多用表	台班	15.93	0.200

3.同轴电缆敷设

工作内容：运输、开箱检查、架线盘、敷设、锯断、固定、临时封头。　　　　　　　　　计量单位：100m

定　额　编　号			A6-8-53	A6-8-54	A6-8-55
项　目　名　称			沿桥架/支架敷设(芯以下)		穿管敷设
			2	8	
基　　　价（元）			115.25	156.84	168.64
其中	人　工　费（元）		111.44	139.86	161.28
	材　料　费（元）		3.81	3.30	0.52
	机　械　费（元）		—	13.68	6.84
名　　　称		单位	单价（元）	消　　耗　　量	
人工	综合工日	工日	140.00	0.796	0.999	1.152
材料	同轴电缆	m	—	(102.000)	(102.000)	(102.000)
	半圆头镀锌螺栓 M2～5×15～50	套	0.09	12.000	9.000	—
	电缆卡子(综合)	个	0.27	6.000	4.500	—
	钢锯条	条	0.34	0.500	0.500	0.500
	绝缘胶布 20m/卷	卷	2.14	0.005	0.010	0.010
	棉纱头	kg	6.00	0.020	0.050	0.050
	尼龙扎带(综合)	根	0.07	9.000	9.000	—
	其他材料费占材料费	%	—	5.000	5.000	5.000
机械	汽车式起重机 16t	台班	958.70	—	0.010	0.005
	载重汽车 4t	台班	408.97	—	0.010	0.005

工作内容：运输、开箱检查、架线盘、敷设、锯断、固定、临时封头。 计量单位：个

定 额 编 号			A6-8-56	A6-8-57
项 目 名 称			同轴电缆终端头制作	
			2芯	8芯
基 价 （元）			11.79	23.17
其中	人 工 费 （元）		6.86	17.08
	材 料 费 （元）		4.89	5.91
	机 械 费 （元）		0.04	0.18
名 称	单位	单价（元）	消 耗 量	
人工	综合工日	工日	140.00	0.049	0.122
材料	同轴电缆终端接头及附件	套	—	(1.000)	(1.000)
	接地线 5.5～16mm²	m	4.27	1.000	1.000
	铁砂布	张	0.85	0.300	1.000
	校验材料费	元	1.00	0.129	0.510
	其他材料费占材料费	%	—	5.000	5.000
机械	手持式万用表	台班	4.07	0.011	0.044

二、通信设备安装和试验

1.扩音对讲系统安装调试

工作内容：安装、对号、校接线、单元检查、调整、呼叫、通话系统试验。　　　　　计量单位：台

定 额 编 号				A6-8-58	A6-8-59	A6-8-60
项 目 名 称				扩音对讲话站		
				室外普通式	防爆型	防水型
基 价（元）				37.56	49.52	37.56
其中	人 工 费（元）			34.30	40.32	34.30
	材 料 费（元）			3.02	8.79	3.02
	机 械 费（元）			0.24	0.41	0.24
名 称		单位	单价（元）	消 耗 量		
人工	综合工日	工日	140.00	0.245	0.288	0.245
材料	接地线 5.5～16mm²	m	4.27	—	1.000	—
	六角螺栓 M10×20～50	套	0.43	4.000	4.000	4.000
	密封剂	kg	9.02	—	0.025	—
	膨胀螺栓 M10	套	0.25	—	4.000	—
	清洁布 250×250	块	2.56	0.300	0.300	0.300
	校验材料费	元	1.00	0.386	0.386	0.386
	其他材料费占材料费	%	—	5.000	5.000	5.000
机械	对讲机(一对)	台班	4.19	0.036	0.036	0.036
	接地电阻测试仪	台班	3.35	—	0.050	—
	手持式万用表	台班	4.07	0.022	0.022	0.022

工作内容：安装、对号、校接线、单元检查、调整、呼叫、通话系统试验。　　　　　　　计量单位：台

定　额　编　号			A6-8-61	A6-8-62	A6-8-63
项　目　名　称			扩音对讲话站		扩音对讲转接器
			室内壁挂式	桌面安装	扩音对讲转接器
基　　　　价（元）			36.35	18.47	17.89
其中	人　工　费（元）		32.62	17.08	14.42
	材　料　费（元）		3.49	1.15	3.15
	机　械　费（元）		0.24	0.24	0.32
名　　　称	单位	单价（元）	消　　耗　　量		
人工 综合工日	工日	140.00	0.233	0.122	0.103
材料 六角螺栓 M10×20～50	套	0.43	4.000	—	4.000
密封剂	kg	9.02	0.050	—	—
清洁布 250×250	块	2.56	0.300	0.300	0.300
校验材料费	元	1.00	0.386	0.386	0.515
其他材料费占材料费	%	—	5.000	—	5.000
机械 对讲机(一对)	台班	4.19	0.036	0.036	0.048
手持式万用表	台班	4.07	0.022	0.022	0.029

工作内容：安装、对号、校接线、单元检查、调整、呼叫、通话系统试验。 计量单位：台

定 额 编 号				A6-8-64	A6-8-65
项 目 名 称				扩音对讲话站	
				电源控制箱	数字程控调度机
基 价（元）				328.86	447.92
其中	人 工 费（元）			312.34	416.78
	材 料 费（元）			15.20	22.77
	机 械 费（元）			1.32	8.37
名 称		单位	单价（元）	消 耗 量	
人工	综合工日	工日	140.00	2.231	2.977
材料	电	kW•h	0.68	0.300	0.300
	接地线 5.5～16mm²	m	4.27	1.000	1.000
	六角螺栓 M14×14～75	套	0.85	4.000	4.000
	膨胀螺栓 M10	套	0.25	4.000	4.000
	清洁布 250×250	块	2.56	0.500	0.500
	塑料胶带	m	0.60	3.000	—
	细白布	m	3.08	0.400	0.400
	校验材料费	元	1.00	1.287	10.299
	其他材料费占材料费	%	—	5.000	5.000
机械	对讲机(一对)	台班	4.19	0.120	0.960
	接地电阻测试仪	台班	3.35	0.050	0.050
	手持式万用表	台班	4.07	0.066	0.528
	数字电压表	台班	5.77	0.066	0.352

334

工作内容：安装、对号、校接线、单元检查、调整、呼叫、通话系统试验。　　　　　　　　　计量单位：台

定　额　编　号				A6-8-66	A6-8-67
项　目　名　称				扩音对讲话机安装	
				普通型	防爆带箱型
基　　　价（元）				6.23	3729.40
其中	人　工　费（元）			5.74	26.32
	材　料　费（元）			0.32	3702.91
	机　械　费（元）			0.17	0.17
名　　　称		单位	单价(元)	消　　耗　　量	
人工	综合工日	工日	140.00	0.041	0.188
材料	防爆阻燃密封剂	kg	141.03	—	25.000
	六角螺栓 M6～10×20～70	套	0.17	—	4.000
	细白布	m	3.08	0.100	0.050
	其他材料费占材料费	%	—	5.000	5.000
机械	接地电阻测试仪	台班	3.35	0.050	0.050

工作内容：安装、对号、校接线、单元检查、调整、呼叫、通话系统试验。 计量单位：台

定 额 编 号				A6-8-68	A6-8-69
项 目 名 称				扩音对讲话机安装	
				无线普通型	无线防爆带箱型
基 价（元）				10.34	28.27
其中	人 工 费（元）			8.82	26.04
	材 料 费（元）			0.54	1.25
	机 械 费（元）			0.98	0.98
名 称		单位	单价（元）	消 耗 量	
人工	综合工日	工日	140.00	0.063	0.186
材料	六角螺栓 M6～10×20～70	套	0.17	—	4.000
	校验材料费	元	1.00	0.510	0.510
	其他材料费占材料费	%	—	5.000	5.000
机械	对讲机(一对)	台班	4.19	0.048	0.048
	接地电阻测试仪	台班	3.35	0.050	0.050
	手持式万用表	台班	4.07	0.150	0.150

工作内容：安装、对号、校接线、单元检查、调整、呼叫、通话系统试验。 计量单位：台

定 额 编 号				A6-8-70	A6-8-71	A6-8-72
项 目 名 称				扩音设备安装		
				防爆防水扬声器	扩音转接器	阻抗均衡器
基 价（元）				63.79	14.09	10.68
其中	人 工 费（元）			34.44	12.74	9.66
	材 料 费（元）			6.56	0.81	0.67
	机 械 费（元）			22.79	0.54	0.35
名 称		单位	单价（元）	消 耗 量		
人工	综合工日	工日	140.00	0.246	0.091	0.069
材料	电	kW·h	0.68	0.210	—	—
	接地线 5.5～16mm²	m	4.27	1.000	—	—
	六角螺栓 M6～10×20～70	套	0.17	4.000	—	—
	膨胀螺栓 M10	套	0.25	4.000	—	—
	清洁布 250×250	块	2.56	—	0.200	0.200
	细白布	m	3.08	0.050	—	—
	校验材料费	元	1.00	—	0.258	0.129
	其他材料费占材料费	%	—	5.000	5.000	5.000
机械	对讲机(一对)	台班	4.19	—	0.048	0.032
	接地电阻测试仪	台班	3.35	0.050	—	—
	平台作业升降车 9m	台班	282.78	0.080	—	—
	手持式万用表	台班	4.07	—	0.034	0.022
	数字电压表	台班	5.77	—	0.034	0.022

工作内容：安装、对号、校接线、单元检查、调整、呼叫、通话系统试验。 计量单位：台

定　额　编　号				A6-8-73	A6-8-74
项　目　名　称				扩音设备安装	
				防爆增音器	吸顶式音箱
基　　　　价（元）				12.67	25.76
其中	人　工　费（元）			11.06	25.76
	材　料　费（元）			1.17	—
	机　械　费（元）			0.44	—
名　　称		单位	单价(元)	消　　耗　　量	
人工	综合工日	工日	140.00	0.079	0.184
材料	六角螺栓 M6～10×20～70	套	0.17	2.000	—
	清洁布 250×250	块	2.56	0.200	—
	校验材料费	元	1.00	0.258	—
	其他材料费占材料费	%	—	5.000	5.000
机械	对讲机(一对)	台班	4.19	0.040	—
	手持式万用表	台班	4.07	0.028	—
	数字电压表	台班	5.77	0.028	—

338

工作内容：安装、对号、校接线、单元检查、调整、呼叫、通话系统试验。 计量单位：台

定 额 编 号			A6-8-75	A6-8-76
项 目 名 称			扩音设备安装	
			壁挂式音箱	扩音调度台
基 价（元）			16.42	43.65
其中	人 工 费（元）		15.54	31.08
	材 料 费（元）		0.88	1.75
	机 械 费（元）		—	10.82
名 称	单位	单价（元）	消 耗 量	
人工	综合工日	工日	140.00	0.111	0.222
材料	六角螺栓 M6～10×20～70	套	0.17	4.000	—
	清洁布 250×250	块	2.56	—	0.400
	细白布	m	3.08	0.050	—
	校验材料费	元	1.00	—	0.644
	其他材料费占材料费	%	—	5.000	5.000
机械	对讲机(一对)	台班	4.19	—	0.120
	手持式万用表	台班	4.07	—	0.084
	数字电压表	台班	5.77	—	0.084
	综合测试仪	台班	395.46	—	0.024

工作内容：安装、对号、校接线、单元检查、调整、呼叫、通话系统试验。 计量单位：套

定　额　编　号				A6-8-77	A6-8-78	A6-8-79
项　目　名　称				对讲电话调试		
				集中放大式	相互式	复合式
基　　　价（元）				701.76	409.32	941.08
其中	人　工　费（元）			471.66	275.24	629.02
	材　料　费（元）			13.52	7.84	17.98
	机　械　费（元）			216.58	126.24	294.08
名　　　称		单位	单价（元）	消　　耗　　量		
人工	综合工日	工日	140.00	3.369	1.966	4.493
材料	校验材料费	元	1.00	12.874	7.467	17.122
	其他材料费占材料费	%	—	5.000	5.000	5.000
机械	对讲机（一对）	台班	4.19	2.400	1.400	3.200
	接地电阻测试仪	台班	3.35	0.050	—	—
	手持式万用表	台班	4.07	1.680	0.980	2.240
	数字电压表	台班	5.77	1.680	0.980	3.200
	综合测试仪	台班	395.46	0.480	0.280	0.640

2.自动指令呼叫系统和载波电话安装试验

工作内容：安装、对号、校接线、单元检查、调整、呼叫、通话系统试验。　　　　　　　　计量单位：路

定　额　编　号			A6-8-80	A6-8-81	A6-8-82	A6-8-83
项　目　名　称			数字程控指令呼叫主机机柜安装试验(容量)			
			16	32	48	60
基　　　价（元）			329.15	489.77	921.01	1131.60
其中	人　工　费（元）		310.66	468.86	895.58	1103.48
	材　料　费（元）		15.85	17.20	19.20	20.55
	机　械　费（元）		2.64	3.71	6.23	7.57
名　　称	单位	单价（元）	消　　耗　　量			
人工 综合工日	工日	140.00	2.219	3.349	6.397	7.882
材料 接地线 5.5～16mm^2	m	4.27	1.500	1.500	1.500	1.500
六角螺栓 M14×14～75	套	0.85	4.000	4.000	4.000	4.000
膨胀螺栓 M10	套	0.25	2.000	2.000	2.000	2.000
细白布	m	3.08	0.300	0.300	0.500	0.500
校验材料费	元	1.00	3.862	5.150	6.437	7.724
其他材料费占材料费	%	—	5.000	5.000	5.000	5.000
机械 对讲机(一对)	台班	4.19	0.330	0.440	0.550	0.660
接地电阻测试仪	台班	3.35	0.050	0.050	0.050	0.050
手持式万用表	台班	4.07	0.226	0.374	0.881	1.096
兆欧表	台班	5.76	0.030	0.030	0.030	0.030

工作内容：安装、对号、校接线、单元检查、调整、呼叫、通话系统试验。 计量单位：个

定 额 编 号				A6-8-84
项 目 名 称				数字程控指令呼叫主机机柜安装试验(容量)
				系统电源模块
基 价（元）				24.57
其中	人 工 费（元）			23.66
	材 料 费（元）			0.68
	机 械 费（元）			0.23
名 称	单位	单价(元)	消 耗 量	
人工	综合工日	工日	140.00	0.169
材料	校验材料费	元	1.00	0.644
	其他材料费占材料费	%	—	5.000
机械	对讲机（一对）	台班	4.19	0.055

342

工作内容：安装、对号、校接线、单元检查、调整、呼叫、通话系统试验。　　　　　　　计量单位：套

定　额　编　号				A6-8-85
项　目　名　称				自动指令呼叫设备安装校线(40门)
基　　　价（元）				968.42
其中	人　工　费（元）			900.20
	材　料　费（元）			64.03
	机　械　费（元）			4.19
名　　　称		单位	单价（元）	消　耗　量
人工	综合工日	工日	140.00	6.430
材料	接地线 5.5～16mm²	m	4.27	4.000
	六角螺栓 M10×20～50	套	0.43	52.000
	膨胀螺栓 M10	套	0.25	80.000
	细白布	m	3.08	0.500
	其他材料费占材料费	%	—	5.000
机械	手持式万用表	台班	4.07	1.030

343

工作内容：安装、对号、校接线、单元检查、调整、呼叫、通话系统试验。 计量单位：套

定　额　编　号				A6-8-86	A6-8-87
项　目　名　称				自动指令呼叫装置调试	
				主放大器1kW	主放大器3kW
基　　　　　价（元）				893.74	1100.16
其中	人　工　费（元）			449.68	553.42
	材　料　费（元）			12.84	15.82
	机　械　费（元）			431.22	530.92
名　　　称		单位	单价（元）	消　　耗　　量	
人工	综合工日	工日	140.00	3.212	3.953
材料	校验材料费	元	1.00	12.230	15.063
	其他材料费占材料费	%	—	5.000	5.000
机械	PCM话路特性测试仪	台班	99.95	0.839	1.033
	对讲机（一对）	台班	4.19	1.049	1.291
	手持式万用表	台班	4.07	1.258	1.549
	数字电压表	台班	5.77	1.049	1.291
	综合测试仪	台班	395.46	0.839	1.033

工作内容：安装、对号、校接线、单元检查、调整、呼叫、通话系统试验。　　　　　　　　　　　计量单位：套

定　额　编　号			A6-8-88	A6-8-89	A6-8-90
项　目　名　称			载波电话安装调试		
			固定局	移动局	系统调试
基　　　价（元）			135.88	181.84	1207.10
其中	人　工　费（元）		126.84	168.28	951.30
	材　料　费（元）		4.14	8.20	27.04
	机　械　费（元）		4.90	5.36	228.76
名　　称		单位	单价（元）	消　　耗　　量	
人工	综合工日	工日	140.00	0.906	1.202	6.795
材料	电	kW·h	0.68	0.500	—	—
	六角螺栓 M10×20～50	套	0.43	—	10.000	—
	膨胀螺栓 M10	套	0.25	4.000	—	—
	塑料胶布带 20mm×50m	卷	13.06	0.050	0.050	—
	细白布	m	3.08	0.300	0.300	—
	校验材料费	元	1.00	1.030	1.931	25.748
	其他材料费占材料费	%	—	5.000	5.000	5.000
机械	PCM话路特性测试仪	台班	99.95	—	—	1.760
	笔记本电脑	台班	9.38	—	—	1.760
	对讲机(一对)	台班	4.19	0.341	0.452	3.080
	手持式万用表	台班	4.07	—	—	2.640
	数字电压表	台班	5.77	—	—	2.200
	载重汽车 2t	台班	346.86	0.010	0.010	—

工作内容：安装、对号、校接线、单元检查、调整、呼叫、通话系统试验。 计量单位：台

定 额 编 号					A6-8-91	A6-8-92
项 目 名 称					GPS收发机安装测试	无线电台
基 价 （元）					18.37	27.48
其中	人 工 费 （元）				8.82	22.82
	材 料 费 （元）				2.23	0.26
	机 械 费 （元）				7.32	4.40
	名 称	单位	单价（元）		消 耗 量	
人工	综合工日	工日	140.00		0.063	0.163
材料	电	kW·h	0.68		0.500	—
	膨胀螺栓 M10	套	0.25		4.000	—
	塑料胶布带 20mm×50m	卷	13.06		0.050	—
	校验材料费	元	1.00		0.129	0.258
	其他材料费占材料费	%	—		5.000	—
机械	笔记本电脑	台班	9.38		0.028	0.069
	对讲机（一对）	台班	4.19		0.028	0.069
	载重汽车 2t	台班	346.86		0.020	0.010

工作内容：安装、对号、校接线、单元检查、调整、呼叫、通话系统试验。 计量单位：组

定　额　编　号				A6-8-93	A6-8-94	A6-8-95
项　目　名　称				无线电台天线（4扇/组）	环形天线安装	增益天线安装
基　　　价（元）				230.32	64.77	71.29
其中	人　工　费（元）			192.92	58.66	65.38
	材　料　费（元）			0.39	1.98	1.43
	机　械　费（元）			37.01	4.13	4.48
名　　称		单位	单价（元）	消　　耗　　量		
人工	综合工日	工日	140.00	1.378	0.419	0.467
材料	六角螺栓 M6～8×20～50	套	0.09	—	4.000	4.000
	塑料胶布带 20mm×50m	卷	13.06	—	0.050	—
	细白布	m	3.08	—	0.200	0.200
	校验材料费	元	1.00	0.386	0.258	0.386
	其他材料费占材料费	%	—	—	5.000	5.000
机械	对讲机（一对）	台班	4.19	0.554	0.154	0.199
	手持式万用表	台班	4.07	—	0.004	0.044
	载重汽车 2t	台班	346.86	0.100	0.010	0.010

三、其他项目安装

工作内容：防爆挠性管的密封、接头安装。

计量单位：10个

定　额　编　号				A6-8-96	A6-8-97
项　目　名　称				金属穿线盒	
				普通型	防爆型
基　　　价（元）				67.06	93.25
其中	人　工　费（元）			65.52	81.34
	材　料　费（元）			1.54	11.91
	机　械　费（元）			—	—
名　　　称	单位	单价（元）		消　耗　量	
人工	综合工日	工日	140.00	0.468	0.581
材料	穿线盒	个	—	(10.200)	(10.200)
	防爆阻燃密封剂	kg	141.03	—	0.080
	棉纱头	kg	6.00	0.100	—
	清洁剂 500mL	瓶	8.66	0.100	—
	细白布	m	3.08	—	0.020
	其他材料费占材料费	%	—	5.000	5.000

工作内容：防爆挠性管的密封、接头安装。 计量单位：10根

定 额 编 号				A6-8-98	A6-8-99
项 目 名 称				金属挠性管安装	
				普通型	防爆型
基 价（元）				68.18	81.81
其中	人 工 费（元）			64.82	79.52
	材 料 费（元）			3.36	2.29
	机 械 费（元）			—	—
名 称	单位	单价（元）		消 耗 量	
人工	综合工日	工日	140.00	0.463	0.568
材料	挠性管（带接头）	根	—	(10.100)	(10.100)
	防爆阻燃密封剂	kg	141.03	—	0.015
	棉纱头	kg	6.00	0.100	—
	清洁剂 500mL	瓶	8.66	0.300	—
	细白布	m	3.08	—	0.020
	其他材料费占材料费	%	—	5.000	5.000

工作内容：防爆挠性管的密封、接头安装。

计量单位：10个

定 额 编 号				A6-8-100	A6-8-101
项 目 名 称				电缆密封接头	
				普通型	防爆型
基 价（元）				31.39	46.45
其中	人 工 费（元）			31.36	44.94
	材 料 费（元）			0.03	1.51
	机 械 费（元）			—	—
名 称		单位	单价（元）	消 耗 量	
人工	综合工日	工日	140.00	0.224	0.321
材料	电缆密封接头	套	—	(10.200)	(10.200)
	防爆阻燃密封剂	kg	141.03	—	0.010
	细白布	m	3.08	0.010	0.010
	其他材料费占材料费	%	—	5.000	5.000

350

工作内容：防爆挠性管的密封、接头安装。 计量单位：kg

定 额 编 号			A6-8-102	A6-8-103
项 目 名 称			孔洞封堵	
			防爆胶泥	发泡剂
基 价（元）			8.73	31.49
其中	人 工 费（元）		8.54	17.08
	材 料 费（元）		0.19	14.41
	机 械 费（元）		—	—
名 称	单位	单价（元）	消 耗 量	
人工	综合工日	工日	140.00	0.061	0.122
材料	防爆胶泥	kg	—	(1.040)	—
	发泡剂	支	13.02	—	1.040
	棉纱头	kg	6.00	0.030	0.030
	其他材料费占材料费	%	—	5.000	5.000

工作内容：防爆挠性管的密封、接头安装。 计量单位：点

定　额　编　号					A6-8-104
项　目　名　称					铜包钢焊接
基　　　价（元）					97.69
其中	人　工　费（元）				12.18
	材　料　费（元）				85.51
	机　械　费（元）				—
名　　称		单位	单价（元）	消　　耗　　量	
人工	综合工日	工日	140.00	0.087	
材料	点火器具及附件	套	2.22	0.100	
	焊药(铜包钢)	包	80.94	1.000	
	棉纱头	kg	6.00	0.010	
	铁砂布	张	0.85	0.250	
	其他材料费占材料费	%	—	5.000	

第九章 仪表盘、箱、柜及附件安装

说　明

一、本章内容包括各种仪表盘、柜、箱、盒安装，盘柜附件、元件安装与制作，盘、柜校接线。

二、本章包括以下工作内容：

1. 盘柜安装：开箱、检查、清扫、领搬、找正、组装、固定、接地、打印标签。

2. 盘配线、端子板校接线、校线、排线、打印字码、套线号、挂焊锡或压接端子、专用插头检查校线、盘内线路检查。

3. 控制室密封：密封剂领搬、密封、固化、检查。

4. 盘上元件：安装、检查、校接线、试验、接地。

5. 接线箱：安装、接线检查、套线号、接地。

6. 电磁阀箱：箱及箱内阀安装、接线、接地、接管、挂位号牌。

7. 充气式仪表柜充气试压，密封性能试验检测。

三、本章不包括以下工作内容：

1. 支架制作和安装。

2. 盘、箱、柜底座制作和安装。

3. 盘箱柜制作及喷漆。

4. 空调装置。

5. 控制室照明。

工程量计算规则

一、仪表盘、箱、柜安装以"台"为计量单位。基础或支座工程量执行第四册《电气设备安装工程》相应项目。

二、盘上安装元件、部件应计安装工程量。随盘成套的元件、部件已安装，不得另行计算。

三、定额所列校线项目是为成套仪表盘校线设置的，不适用于接线箱、组（插）件箱、计算机盘、柜检查接线。由外部电缆进入箱、柜端子板校接线的工作执行本册定额相应子目。

四、控制室内空调安装、室内照明按相应定额另行计算。

五、仪表盘开孔以"个"为计量单位，每一个开孔尺寸是 80mm×160mm 以内，超过时，按比例增加计算。

六、密封材料以 100kg 为计量单位，包括领搬、密封、固化、检查、清理，凡控制室需要进行密封的工程，均可执行本章定额项目。

七、接线箱按端子数以"台"为计量单位。

八、电磁阀箱按出口点以"台"为计量单位。

一、仪表盘、箱、柜安装

工作内容：开箱、检查、就位、组装、找正、固定、接地、清理、挂牌、校接线。　　　　　　计量单位：台

定　额　编　号			A6-9-1	A6-9-2	A6-9-3
项　目　名　称			大型通道盘	柜式、框架式盘	组合式盘台
基　　　　价（元）			769.74	554.79	665.90
其中	人　工　费（元）		448.28	306.04	375.20
	材　料　费（元）		23.42	15.03	18.21
	机　械　费（元）		298.04	233.72	272.49
名　　　称	单位	单价（元）	消　　耗　　　量		
人工 综合工日	工日	140.00	3.202	2.186	2.680
材料 标签纸(综合)	m	7.11	0.300	0.300	0.300
电	kW•h	0.68	0.200	0.100	0.200
垫铁	kg	4.20	1.200	0.800	1.200
接地线 5.5～16mm²	m	4.27	0.800	0.800	0.800
六角螺栓 M12×20～100	套	0.60	12.000	5.000	6.000
六角螺栓 M6～10×20～70	套	0.17	24.000	12.000	16.000
棉纱头	kg	6.00	0.050	0.050	0.050
其他材料费占材料费	%	—	5.000	5.000	5.000
机械 叉式起重机 3t	台班	495.91	0.200	0.200	0.200
接地电阻测试仪	台班	3.35	0.050	0.050	0.050
汽车式起重机 16t	台班	958.70	0.100	0.060	0.100
手持式万用表	台班	4.07	0.564	0.367	0.450
线号打印机	台班	3.96	0.040	0.020	0.040
载重汽车 8t	台班	501.85	0.200	0.150	0.150

工作内容：开箱、检查、就位、组装、找正、固定、接地、清理、挂牌、校接线。　　　　计量单位：台

定 额 编 号			A6-9-4	A6-9-5	A6-9-6
项 目 名 称			屏式盘	充气式仪表柜	半模拟盘 (1.4m²)
基 价（元）			243.35	685.50	139.10
其 中	人 工 费（元）		104.02	457.52	120.68
	材 料 费（元）		10.56	18.75	7.64
	机 械 费（元）		128.77	209.23	10.78
名 称	单位	单价（元）	消 耗 量		
人工 综合工日	工日	140.00	0.743	3.268	0.862
材 料	标签纸(综合)	m	7.11	0.100	0.200	0.300
	电	kW·h	0.68	0.400	0.600	—
	垫铁	kg	4.20	0.400	0.800	—
	接地线 5.5～16mm²	m	4.27	0.800	1.500	0.050
	六角螺栓 M12×20～100	套	0.60	2.000	—	6.000
	六角螺栓 M6～10×20～70	套	0.17	6.000	—	6.000
	棉纱头	kg	6.00	0.050	0.200	—
	膨胀螺栓 M12	套	0.73	2.000	4.000	—
	位号牌	个	2.14	—	1.000	—
	细白布	m	3.08	—	—	0.100
	其他材料费占材料费	%	—	5.000	5.000	5.000
机 械	叉式起重机 3t	台班	495.91	0.100	—	—
	电动空气压缩机 0.6m³/min	台班	37.30	—	0.300	—
	接地电阻测试仪	台班	3.35	0.050	0.050	—
	铭牌打印机	台班	31.01	—	0.012	—
	汽车式起重机 16t	台班	958.70	0.040	0.100	—
	手持式万用表	台班	4.07	0.106	0.289	0.143
	线号打印机	台班	3.96	0.020	0.020	0.040
	载重汽车 8t	台班	501.85	0.080	0.200	0.020

工作内容：开箱、检查、就位、组装、找正、固定、接地、清理、挂牌、校接线。　　　　　　　　计量单位：台

定　额　编　号				A6-9-7	A6-9-8	A6-9-9
项　目　名　称				操作台	挂式盘	盘、柜转角板、侧壁板
基　　　价（元）				223.39	61.95	44.98
其中	人　工　费（元）			174.86	51.94	38.78
	材　料　费（元）			17.61	9.64	6.20
	机　械　费（元）			30.92	0.37	—
名　　称		单位	单价（元）	消　　耗　　量		
人工	综合工日	工日	140.00	1.249	0.371	0.277
材料	标签纸（综合）	m	7.11	0.300	0.200	—
	电	kW·h	0.68	0.200	0.400	—
	垫铁	kg	4.20	1.200	—	0.600
	接地线 5.5～16mm²	m	4.27	0.800	1.000	—
	六角螺栓 M12×20～100	套	0.60	6.000	—	4.000
	六角螺栓 M6～10×20～70	套	0.17	4.000	—	4.000
	棉纱头	kg	6.00	—	0.050	0.050
	膨胀螺栓 M12	套	0.73	2.000	4.000	—
	细白布	m	3.08	0.100	—	—
	其他材料费占材料费	%	—	5.000	5.000	5.000
机械	叉式起重机 3t	台班	495.91	0.030	—	—
	手持式万用表	台班	4.07	0.204	0.061	—
	线号打印机	台班	3.96	0.040	0.030	—
	载重汽车 8t	台班	501.85	0.030	—	—

工作内容：安装、固定、开孔、校接线、套线号、管件安装、接地、挂牌。　　计量单位：台

定额编号				A6-9-10	A6-9-11	A6-9-12	A6-9-13
项目名称				接线箱/盒(端子数以下)			
				6	14	48	60
基价（元）				**45.94**	**77.20**	**151.95**	**222.04**
其中	人工费（元）			28.70	52.36	111.30	165.48
	材料费（元）			8.78	14.05	18.21	23.58
	机械费（元）			8.46	10.79	22.44	32.98
名称		单位	单价(元)	消耗量			
人工	综合工日	工日	140.00	0.205	0.374	0.795	1.182
材料	管件 DN15以下	套	—	(4.000)	(5.000)	(7.000)	(12.000)
	电	kW·h	0.68	—	0.200	0.400	0.400
	垫铁	kg	4.20	—	—	0.080	1.000
	接地线 5.5～16mm²	m	4.27	1.000	1.500	1.500	1.500
	六角螺栓 M12×20～100	套	0.60	2.000	3.000	4.000	4.000
	棉纱头	kg	6.00	0.020	0.030	0.050	0.050
	膨胀螺栓 M12	套	0.73	—	2.000	4.000	4.000
	铜芯塑料绝缘电线 BV-1.5mm²	m	0.60	1.000	2.000	4.000	6.000
	位号牌	个	2.14	1.000	1.000	1.000	1.000
	线号套管(综合)	m	0.60	0.050	0.100	0.290	0.360
	其他材料费占材料费	%	—	5.000	5.000	5.000	5.000
机械	对讲机(一对)	台班	4.19	0.610	0.112	0.238	0.354
	接地电阻测试仪	台班	3.35	0.050	0.050	0.050	0.050
	铭牌打印机	台班	31.01	0.012	0.012	0.012	0.012
	手持式万用表	台班	4.07	0.093	0.170	0.361	0.536
	数字式快速对线仪	台班	68.53	0.072	0.131	0.278	0.413
	线号打印机	台班	3.96	0.012	0.028	0.096	0.120

工作内容：安装、固定、开孔、校接线、套线号、管件安装、接地、挂牌。 计量单位：台

定 额 编 号				A6-9-14	A6-9-15	A6-9-16	A6-9-17
项 目 名 称				防爆接线箱/盒(端子数以下)			
				6	14	48	60
基 价 （元）				52.31	83.23	160.80	239.97
其中	人 工 费（元）			33.74	53.76	112.56	170.66
	材 料 费（元）			10.61	17.08	24.15	30.99
	机 械 费（元）			7.96	12.39	24.09	38.32
	名 称	单位	单价(元)	消 耗 量			
人工	综合工日	工日	140.00	0.241	0.384	0.804	1.219
材料	管件 DN15以下	套	—	(4.000)	(5.000)	(7.000)	(12.000)
	电	kW·h	0.68	0.200	0.200	0.400	0.400
	垫铁	kg	4.20	—	—	0.080	1.000
	防爆阻燃密封剂	kg	141.03	0.010	0.020	0.040	0.050
	接地线 5.5～16mm²	m	4.27	1.000	1.500	1.500	1.500
	六角螺栓 M12×20～100	套	0.60	—	3.000	4.000	4.000
	膨胀螺栓 M12	套	0.73	2.000	2.000	4.000	4.000
	铜芯塑料绝缘电线 BV-1.5mm²	m	0.60	1.000	2.000	4.000	6.000
	位号牌	个	2.14	1.000	1.000	1.000	1.000
	细白布	m	3.08	0.020	0.080	0.100	0.100
	线号套管(综合)	m	0.60	0.050	0.100	0.290	0.360
	其他材料费占材料费	%	—	5.000	5.000	5.000	5.000
机械	对讲机（一对）	台班	4.19	0.072	0.115	0.241	0.365
	接地电阻测试仪	台班	3.35	0.050	0.050	0.050	0.050
	铭牌打印机	台班	31.01	0.012	0.012	0.012	0.012
	手持式万用表	台班	4.07	0.120	0.191	0.040	0.608
	数字式快速对线仪	台班	68.53	0.096	0.153	0.321	0.486
	线号打印机	台班	3.96	0.012	0.028	0.096	0.120

工作内容：安装、固定、开孔、校接线、套线号、管件或接头安装、接地、挂牌。 计量单位：台

定 额 编 号				A6-9-18	A6-9-19
项 目 名 称				保温(护)箱	
				玻璃钢制	钢制
基 价 （元）				147.70	125.44
其中	人 工 费（元）			103.74	81.48
	材 料 费（元）			43.59	43.59
	机 械 费（元）			0.37	0.37
名 称		单位	单价(元)	消 耗 量	
人工	综合工日	工日	140.00	0.741	0.582
材料	电	kW·h	0.68	0.400	0.400
	垫铁	kg	4.20	0.400	0.400
	棉纱头	kg	6.00	0.050	0.050
	膨胀螺栓 M12	套	0.73	4.000	4.000
	位号牌	个	2.14	1.000	1.000
	仪表接头	套	8.55	4.000	4.000
	其他材料费占材料费	%	—	5.000	5.000
机械	铭牌打印机	台班	31.01	0.012	0.012

362

工作内容：安装、固定、开孔、校接线、套线号、管件或接头安装、接地、挂牌。　　　　　计量单位：台

定　额　编　号				A6-9-20	A6-9-21	A6-9-22
项　目　名　称				电磁阀箱出口点(点以下)		
				5	12	19
基　　　价（元）				160.19	295.92	424.65
其中	人　工　费（元）			76.72	123.48	155.68
	材　料　费（元）			79.67	165.28	258.69
	机　械　费（元）			3.80	7.16	10.28
名　　　称		单位	单价（元）	消　　耗　　量		
人工	综合工日	工日	140.00	0.548	0.882	1.112
材料	垫铁	kg	4.20	0.400	0.400	0.400
	防爆阻燃密封剂	kg	141.03	0.050	0.080	0.150
	接地线 5.5～16mm²	m	4.27	1.500	1.500	1.500
	六角螺栓 M12×20～100	套	0.60	4.000	4.000	4.000
	棉纱头	kg	6.00	0.050	0.050	0.050
	铜芯塑料绝缘电线 BV-1.5mm²	m	0.60	4.000	8.000	15.000
	位号牌	个	2.14	6.000	13.000	20.000
	线号套管(综合)	m	0.60	0.080	0.200	0.300
	仪表接头	套	8.55	5.000	12.000	19.000
	其他材料费占材料费	%	—	5.000	5.000	5.000
机械	对讲机(一对)	台班	4.19	0.164	0.264	0.333
	接地电阻测试仪	台班	3.35	0.050	0.050	0.050
	铭牌打印机	台班	31.01	0.072	0.156	0.240
	手持式万用表	台班	4.07	0.109	0.176	0.222
	线号打印机	台班	3.96	0.025	0.040	0.050
	兆欧表	台班	5.76	0.030	0.030	0.030

二、盘柜附件、元件安装与制作

工作内容：组对、钻孔、安装、固定。

计量单位：个

定　额　编　号				A6-9-23
项　目　名　称				盘柜照明罩
基　　　价（元）				30.89
其中	人　工　费（元）			29.82
	材　料　费（元）			1.07
	机　械　费（元）			—
名　　称	单位	单价（元）	消　耗　量	
人工	综合工日	工日	140.00	0.213
材料	六角螺栓 M6～10×20～70	套	0.17	6.000
	其他材料费占材料费	%	—	5.000

工作内容：组对、钻孔、安装、固定。

计量单位：10个

定　额　编　号	A6-9-24
项　目　名　称	端子板安装
基　　　　价（元）	157.36

其中	人　工　费（元）	12.46
	材　料　费（元）	144.90
	机　械　费（元）	－

	名　称	单位	单价（元）	消　耗　量
人工	综合工日	工日	140.00	0.089
材料	半圆头镀锌螺栓 M2～5×15～50	套	0.09	2.000
	端子板 JX2-2510	组	13.74	10.000
	平头螺钉 M4×15	套	0.21	2.000
	其他材料费占材料费	%	－	5.000

工作内容：组对、钻孔、安装、固定。

计量单位：m

定　额　编　号			A6-9-25	A6-9-26
项　目　名　称			盘内汇流排	
			制作	安装
基　　　价（元）			31.51	12.15
其中	人　工　费（元）		28.00	8.12
	材　料　费（元）		1.55	4.03
	机　械　费（元）		1.96	—
名　　　称		单位	单价（元）	消　耗　量	
人工	综合工日	工日	140.00	0.200	0.058
材料	铜排 25×3	m	—	(1.030)	—
	半圆头铜螺钉带螺母 M4×10	套	0.03	18.000	
	电	kW·h	0.68	0.600	—
	接地线 5.5～16mm²	m	4.27	—	0.800
	平头螺钉 M4×15	套	0.21	—	2.000
	铁砂布	张	0.85	0.500	—
	钻头 φ6～13	个	2.14	0.050	—
	其他材料费占材料费	%	—	5.000	5.000
机械	摇臂钻床 25mm	台班	8.58	0.228	—

工作内容：1.组对、钻孔、安装、固定；2.安装、检查、接线、校线、试验。　　　　　　　　　　计量单位：台

定　额　编　号	A6-9-27
项　目　名　称	稳压稳频供电源
基　　　价（元）	32.84

其中	人　工　费（元）	27.72
	材　料　费（元）	4.73
	机　械　费（元）	0.39

	名　　　称	单位	单价（元）	消　　耗　　量
人工	综合工日	工日	140.00	0.198
材料	半圆头镀锌螺栓 M2～5×15～50	套	0.09	2.000
	焊锡丝	m	0.37	0.050
	接地线 5.5～16mm²	m	4.27	0.800
	铜芯塑料绝缘电线 BV-1.5mm²	m	0.60	0.500
	线号套管(综合)	m	0.60	0.140
	校验材料费	元	1.00	0.510
	其他材料费占材料费	%	—	5.000
机械	手持式万用表	台班	4.07	0.079
	线号打印机	台班	3.96	0.018

工作内容：1.组对、钻孔、安装、固定；2.安装、检查、接线、校线、试验。 计量单位：个

定 额 编 号					A6-9-28	
项 目 名 称					多点切换开关	
基 价（元）					19.32	
其中	人 工 费（元）				16.94	
	材 料 费（元）				2.14	
	机 械 费（元）				0.24	
名 称		单位	单价（元）	消 耗 量		
人工	综合工日	工日	140.00	0.121		
材料	半圆头镀锌螺栓 M2～5×15～50	套	0.09	2.000		
	焊锡丝	m	0.37	0.100		
	铜芯塑料绝缘电线 BV-1.5mm²	m	0.60	1.200		
	线号套管(综合)	m	0.60	0.300		
	真丝绸布 宽900	m	13.15	0.070		
	其他材料费占材料费	%	—	5.000		
机械	手持式万用表	台班	4.07	0.048		
	线号打印机	台班	3.96	0.011		

工作内容：1.组对、钻孔、安装、固定；2.安装、检查、接线、校线、试验。　　　　　　　计量单位：10个

定　额　编　号				A6-9-29	
项　目　名　称				盘上其他元件安装	
基　　价（元）				24.02	
其中	人　工　费（元）			22.40	
	材　料　费（元）			1.36	
	机　械　费（元）			0.26	
名　　称		单位	单价（元）	消　耗　量	
人工	综合工日	工日	140.00	0.160	
材料	焊锡丝	m	0.37	0.500	
	铁砂布	张	0.85	0.500	
	线号套管(综合)	m	0.60	0.050	
	真丝绸布 宽900	m	13.15	0.050	
	其他材料费占材料费	%	—	5.000	
机械	手持式万用表	台班	4.07	0.064	

工作内容：1.组对、钻孔、安装、固定；2.安装、检查、接线、校线、试验。　　　　　　　　　　　计量单位：m

定 额 编 号				A6-9-30	
项 目 名 称				盘内汇线槽安装	
基 价（元）				10.70	
其 中	人 工 费（元）			9.94	
	材 料 费（元）			0.76	
	机 械 费（元）			—	
	名 称	单位	单价(元)	消 耗 量	
人 工	综合工日	工日	140.00	0.071	
材 料	汇线槽	m	—	(1.030)	
	半圆头镀锌螺栓 M2～5×15～50	套	0.09	2.400	
	平头螺钉 M4×15	套	0.21	2.400	
	其他材料费占材料费	%	—	5.000	

工作内容：制作、安装、盘开孔。 计量单位：个

定 额 编 号				A6-9-31	A6-9-32
项 目 名 称				减震器制作	减震器安装
基 价（元）				241.24	61.92
其中	人 工 费（元）			130.48	52.36
	材 料 费（元）			65.79	3.75
	机 械 费（元）			44.97	5.81
名 称		单位	单价（元）	消 耗 量	
人工	综合工日	工日	140.00	0.932	0.374
材料	低碳钢焊条	kg	6.84	0.100	0.050
	电	kW·h	0.68	2.000	0.500
	酚醛防锈漆	kg	6.15	0.220	—
	酚醛调和漆	kg	7.90	0.170	—
	六角螺栓 M10×20～50	套	0.43	—	4.000
	棉纱头	kg	6.00	0.400	0.050
	砂轮片 φ100	片	1.71	0.050	0.010
	砂轮片 φ400	片	8.97	0.050	—
	铁砂布	张	0.85	2.000	1.000
	型钢	kg	3.70	14.400	—
	其他材料费占材料费	%	—	5.000	5.000
机械	砂轮切割机 350mm	台班	22.38	0.500	0.100
	砂轮切割机 400mm	台班	24.71	0.500	—
	直流弧焊机 20kV·A	台班	71.43	0.300	0.050

工作内容：制作、安装、盘开孔。

计量单位：个

定 额 编 号					A6-9-33	A6-9-34
项 目 名 称					仪表盘开孔 80×160以内	控制室密封密封剂 （100kg）
基 价（元）					30.26	1165.40
其 中	人 工 费（元）				25.06	168.42
	材 料 费（元）				5.20	996.98
	机 械 费（元）				—	—
名 称		单位	单价（元）		消 耗 量	
人 工	综合工日	工日	140.00		0.179	1.203
材 料	电	kW·h	0.68		3.000	—
	密封剂	kg	9.02		—	105.000
	棉纱头	kg	6.00		0.050	0.400
	铁砂布	张	0.85		3.000	—
	钻头 φ6～13	个	2.14		0.030	—
	其他材料费占材料费	%	—		5.000	5.000

三、盘、柜校接线

工作内容：电线剥头、打印字码、校线、套线号、压接或焊接端子头、配线、捆扎。　计量单位：10头

定　额　编　号			A6-9-35	A6-9-36	A6-9-37
项　目　名　称			端子板校接线		
			直压式	端头压接式	锡焊式
基　　　价（元）			18.05	26.52	25.30
其中	人　工　费（元）		15.40	19.88	22.12
	材　料　费（元）		1.91	5.69	2.12
	机　械　费（元）		0.74	0.95	1.06
名　　　称		单位	单价（元）	消　　耗　　量	
人工	综合工日	工日	140.00	0.110	0.142	0.158
材料	标签纸（综合）	m	7.11	0.200	0.200	0.200
	焊锡丝	m	0.37	—	—	0.300
	接线铜端子头	个	0.30	—	12.000	—
	铁砂布	张	0.85	0.300	0.300	0.400
	线号套管（综合）	m	0.60	0.240	0.240	0.240
	其他材料费占材料费	%	—	5.000	5.000	5.000
机械	手持式万用表	台班	4.07	0.162	0.208	0.231
	线号打印机	台班	3.96	0.021	0.027	0.030

工作内容：电线剥头、打印字码、校线、套线号、压接或焊接端子头、配线、捆扎。　　计量单位：10个

定　额　编　号				A6-9-38	
项　目　名　称				专用插头安装校	
基　　　　价（元）				31.97	
其中	人　工　费（元）			28.28	
	材　料　费（元）			2.33	
	机　械　费（元）			1.36	
	名　　　称	单位	单价(元)	消　耗　　量	
人工	综合工日	工日	140.00	0.202	
材料	标签纸(综合)	m	7.11	0.300	
	铁砂布	张	0.85	0.100	
	其他材料费占材料费	%	—	5.000	
机械	手持式万用表	台班	4.07	0.296	
	线号打印机	台班	3.96	0.038	

374

工作内容：电线剥头、打印字码、校线、套线号、压接或焊接端子头、配线、捆扎。　　计量单位：10头

定　额　编　号	A6-9-39
项　目　名　称	盘柜接线检查
基　　　价（元）	9.76

其中	人　工　费（元）	7.98
	材　料　费（元）	1.40
	机　械　费（元）	0.38

	名　　称	单位	单价（元）	消　耗　量
人工	综合工日	工日	140.00	0.057
材料	标签纸(综合)	m	7.11	0.100
	接线铜端子头	个	0.30	2.000
	线号套管(综合)	m	0.60	0.040
	其他材料费占材料费	%	—	5.000
机械	手持式万用表	台班	4.07	0.083
	线号打印机	台班	3.96	0.011

375

工作内容：电线剥头、打印字码、校线、套线号、压接或焊接端子头、配线、捆扎。　　计量单位：10m

定　额　编　号				A6-9-40
项　目　名　称				盘柜配线
基　　　价（元）				32.45
其中	人　工　费（元）			19.04
	材　料　费（元）			12.50
	机　械　费（元）			0.91
名　　　　称	单位	单价（元）	消　　耗　　量	
人工 综合工日	工日	140.00	0.136	
材料 标签纸(综合)	m	7.11	0.500	
钢精扎头 1～5号	包	2.19	0.200	
塑料线夹 φ15	个	0.49	3.000	
铁砂布	张	0.85	0.100	
铜芯塑料绝缘电线 BV-1×1.5mm²	m	0.60	10.500	
线号套管(综合)	m	0.60	0.100	
其他材料费占材料费	%	—	5.000	
机械 手持式万用表	台班	4.07	0.199	
线号打印机	台班	3.96	0.026	

第十章 仪表附件安装制作

第十章 反事件件文教制作

说　　明

一、本章内容包括仪表阀门安装与研磨，仪表支架制作与安装，辅助容器、附件制作与安装及取源部件制作与安装。

二、本章包括以下工作内容：

1. 仪表阀门：领取、清洗、试压、焊接或法兰连接、螺纹连接、卡套连接、焊接、接头安装；阀门研磨包括试压和研磨及准备工作。

2. 仪表支吊架安装、仪表立柱、桥架立柱和托臂安装、穿墙密封架安装、冲孔板/槽安装。

3. 辅助容器及附件制作与安装：辅助容器、水封、水源分配器、防雨罩、排污漏斗、压力表高温保护器、压力表高温散热器，制作包括领运、下料、组装、焊接、除锈、刷漆等，安装包括搬运、定位、打眼、本体固定。

4. 取源部件配合安装内容包括取源部件提供、配合定位、焊接、固定。

工程量计算规则

一、取源部件配合安装以"个"为计量单位，安装执行第八册《工业管道工程》相应项目。

二、辅助容器、水封和排污漏斗制作与安装以"个"为计量单位。

三、仪表阀门安装以"个"为计量单位。需要进行研磨的阀门以"个"为计量单位。口径大于 50mm 的阀门执行第八册《工业管道工程》相应项目。

四、气源分配器制作按供气点 6 点、12 点，分为碳钢（镀锌）、黄铜、不锈钢材质，以"个"为计量单位。

五、排污漏斗与防雨罩制作与安装以"10 个"为计量单位。防雨罩用于仪表和保护保温箱，计算工程量时不区分大小，主材费按实际计算。

六、双杆吊架、冲孔板／槽、电缆穿墙密封架均是成品件。双杆吊架以"对"为计量单位，如单杆安装，以二分之一计算工程量；冲孔板／槽是电缆或管路的固定件，以"m"为计量单位；电缆穿墙密封架安装不分大小，按"个"为计量单位，制作执行第四册《电气设备安装工程》相应项目。

七、仪表立柱按"10 根"作为计量单位，每个 1.5m 长，立柱材料费按实际计算。

八、双杆吊架按图纸设计以"5 对"作为计量单位计算，如实际为单杆安装，定额子目乘以系数 0.5。

一、仪表阀门安装与研磨

工作内容：清洗、试压、焊接或法兰连接、螺纹连接、卡套连接、焊接、接头安装。　　　　　计量单位：个

定　额　编　号			A6-10-1	A6-10-2	A6-10-3
项　目　名　称			焊接式阀门(DN50以下)		法兰式阀门安装(DN50以下)
			碳钢	不锈钢	
基　　　价（元）			21.84	28.11	49.45
其中	人　工　费（元）		16.24	18.62	11.20
	材　料　费（元）		0.87	2.48	37.83
	机　械　费（元）		4.73	7.01	0.42
名　　　称	单位	单价（元）	消　　耗　　量		
人工	综合工日	工日	140.00	0.116	0.133	0.080
材料	阀门	个	—	(1.000)	(1.000)	(1.000)
	不锈钢焊条	kg	38.46	—	0.020	—
	低碳钢焊条	kg	6.84	0.040	—	—
	镀锌六角螺栓带螺母 M8×75	套	0.34	—	—	8.000
	法兰带垫片 DN50以内	套	16.38	—	—	2.000
	棉纱头	kg	6.00	0.020	—	0.020
	清洁剂 500mL	瓶	8.66	0.050	—	0.050
	铈钨棒	g	0.38	—	0.150	—
	酸洗膏	kg	6.56	—	0.020	—
	细白布	m	3.08	—	0.010	—
	氩气	m³	19.59	—	0.070	—
	其他材料费占材料费	%	—	5.000	5.000	5.000
机械	试压泵 10MPa	台班	21.11	0.021	0.025	0.020
	氩弧焊机 500A	台班	92.58	—	0.070	—
	直流弧焊机 20kV·A	台班	71.43	0.060		

工作内容：清洗、试压、焊接或法兰连接、螺纹连接、卡套连接、焊接、接头安装。　　　　　计量单位：个

定　额　编　号					A6-10-4	A6-10-5
项　目　名　称					取压根部阀	
					碳钢	不锈钢
基　　　　价（元）					24.86	32.79
其中	人　工　费（元）				12.88	15.12
	材　料　费（元）				11.49	12.58
	机　械　费（元）				0.49	5.09
名　　称		单位	单价（元）		消　耗　量	
人工	综合工日	工日	140.00		0.092	0.108
材料	阀门	个	—		(1.000)	(1.000)
	不锈钢焊条	kg	38.46		—	0.010
	棉纱头	kg	6.00		0.020	—
	铈钨棒	g	0.38		—	0.120
	酸洗膏	kg	6.56		—	0.015
	碳钢气焊条	kg	9.06		0.042	—
	细白布	m	3.08		—	0.010
	氩气	m³	19.59		—	0.060
	氧气	m³	3.63		0.007	—
	仪表阀垫片	个	0.85		2.000	2.000
	仪表接头	套	8.55		1.000	1.000
	乙炔气	kg	10.45		0.016	—
	其他材料费占材料费	%	—		5.000	5.000
机械	试压泵 10MPa	台班	21.11		0.023	0.022
	氩弧焊机 500A	台班	92.58		—	0.050

工作内容：清洗、试压、焊接或法兰连接、螺纹连接、卡套连接、焊接、接头安装。　　　　计量单位：个

定 额 编 号			A6-10-6	A6-10-7	A6-10-8
项 目 名 称			外螺纹阀门		
			碳钢	不锈钢	铜
基 价（元）			37.03	43.58	43.78
其中	人 工 费（元）		15.82	16.94	17.36
	材 料 费（元）		20.79	20.88	20.63
	机 械 费（元）		0.42	5.76	5.79
名 称	单位	单价（元）	消 耗 量		
人工 综合工日	工日	140.00	0.113	0.121	0.124
材料 阀门	个	—	(1.000)	(1.000)	(1.000)
不锈钢焊条	kg	38.46	—	0.010	—
棉纱头	kg	6.00	0.050	—	—
清洁剂 500mL	瓶	8.66	0.050	—	—
铈钨棒	g	0.38	—	0.050	0.024
酸洗膏	kg	6.56	—	0.010	—
碳钢气焊条	kg	9.06	0.010	—	—
铜氩弧焊丝	kg	41.03	—	—	0.014
细白布	m	3.08	—	0.010	0.010
氩气	m³	19.59	—	0.030	0.012
氧气	m³	3.63	0.020	—	—
仪表阀垫片	个	0.85	2.000	2.000	2.000
仪表接头	套	8.55	2.000	2.000	2.000
乙炔气	kg	10.45	0.010	—	—
其他材料费占材料费	%	—	5.000	5.000	5.000
机械 电动空气压缩机 0.3m³/min	台班	30.70	—	—	0.011
试压泵 10MPa	台班	21.11	0.020	0.023	0.017
氩弧焊机 500A	台班	92.58	—	0.057	0.055

383

工作内容：清洗、试压、焊接或法兰连接、螺纹连接、卡套连接、焊接、接头安装。　　　　计量单位：个

定　额　编　号				A6-10-9	A6-10-10	A6-10-11
项　目　名　称				内螺纹阀门		
				碳钢	不锈钢	铜
基　　价（元）				32.27	32.31	31.94
其中	人　工　费（元）			10.92	11.90	11.48
	材　料　费（元）			20.82	19.80	19.80
	机　械　费（元）			0.53	0.61	0.66
名　　称		单位	单价（元）	消　　耗　　量		
人工	综合工日	工日	140.00	0.078	0.085	0.082
材料	阀门	个	—	(1.000)	(1.000)	(1.000)
	聚四氟乙烯生料带	m	0.13	0.200	0.200	0.200
	棉纱头	kg	6.00	0.050	—	—
	清洁剂 500mL	瓶	8.66	0.050	—	—
	碳钢气焊条	kg	9.06	0.010	—	—
	细白布	m	3.08	—	0.010	0.010
	氧气	m³	3.63	0.020	—	—
	仪表阀垫片	个	0.85	2.000	2.000	2.000
	仪表接头	套	8.55	2.000	2.000	2.000
	乙炔气	kg	10.45	0.010	—	—
	其他材料费占材料费	%	—	5.000	5.000	5.000
机械	电动空气压缩机 0.3m³/min	台班	30.70	—	—	0.009
	试压泵 10MPa	台班	21.11	0.025	0.029	0.018

工作内容：清洗、试压、焊接或法兰连接、螺纹连接、卡套连接、焊接、接头安装。　　　　计量单位：个

定　额　编　号				A6-10-12	A6-10-13
项　目　名　称				卡套式阀门	气源球阀
基　　价（元）				25.28	23.95
其中	人　工　费（元）			6.58	5.46
	材　料　费（元）			18.14	17.97
	机　械　费（元）			0.56	0.52
名　　称		单位	单价（元）	消　耗　量	
人工	综合工日	工日	140.00	0.047	0.039
材料	阀门	个	—	(1.000)	(1.000)
	聚四氟乙烯生料带	m	0.13	—	0.100
	清洁剂 500mL	瓶	8.66	0.020	—
	仪表接头	套	8.55	2.000	2.000
	其他材料费占材料费	%	—	5.000	5.000
机械	电动空气压缩机 0.6m³/min	台班	37.30	0.015	0.014

工作内容：清洗、试压、焊接或法兰连接、螺纹连接、卡套连接、焊接、接头安装。　　　　　计量单位：个

定　额　编　号				A6-10-14	A6-10-15
项　目　名　称				三阀组、五阀组	
				碳钢	不锈钢
基　　　　价（元）				71.66	87.44
其中	人　工　费（元）			20.30	21.42
	材　料　费（元）			51.36	57.60
	机　械　费（元）			—	8.42
名　　　称		单位	单价（元）	消　　耗　　量	
人工	综合工日	工日	140.00	0.145	0.153
材料	阀门	个	—	(1.000)	(1.000)
	不锈钢焊条	kg	38.46	—	0.100
	棉纱头	kg	6.00	0.050	—
	清洁剂 500mL	瓶	8.66	0.050	—
	铈钨棒	g	0.38	—	0.340
	酸洗膏	kg	6.56	—	0.050
	碳钢气焊条	kg	9.06	0.060	—
	细白布	m	3.08	—	0.010
	氩气	m³	19.59	—	0.180
	氧气	m³	3.63	0.060	—
	仪表阀垫片	个	0.85	5.000	5.000
	仪表接头	套	8.55	5.000	5.000
	乙炔气	kg	10.45	0.040	—
	其他材料费占材料费	%	—	5.000	5.000
机械	氩弧焊机 500A	台班	92.58	—	0.091

工作内容：清洗、试压、焊接或法兰连接、螺纹连接、卡套连接、焊接、接头安装。 计量单位：个

定 额 编 号					A6-10-16	A6-10-17
项 目 名 称					高压角阀(DN6)	表用阀门研磨
基 价 （元）					84.51	16.39
其中	人 工 费（元）				15.40	11.20
	材 料 费（元）				68.65	4.77
	机 械 费（元）				0.46	0.42
名 称		单位	单价（元）		消 耗 量	
人工	综合工日	工日	140.00		0.110	0.080
材料	阀门	个	—		(1.000)	—
	高压管件	套	—		(2.000)	—
	凡尔砂	kg	15.38		—	0.200
	高强螺栓	套	3.41		4.000	—
	棉纱头	kg	6.00		—	0.100
	清洁剂 500mL	瓶	8.66		0.050	0.100
	透镜垫	个	25.64		2.000	—
	细白布	m	3.08		0.010	—
	其他材料费占材料费	%	—		5.000	5.000
机械	试压泵 10MPa	台班	21.11		—	0.020
	试压泵 35MPa	台班	22.97		0.020	—

二、仪表支架制作与安装

工作内容：准备、运输、组装、安装、焊接或螺栓固定。

计量单位：个

定　额　编　号			A6-10-18	A6-10-19
项　目　名　称			托臂安装（臂长mm以内）	
			500	800
基　　　价（元）			34.94	42.64
其中	人　工　费（元）		31.64	39.34
	材　料　费（元）		3.30	3.30
	机　械　费（元）		—	—
名　　称	单位	单价（元）	消　耗　量	
人工	综合工日	工日	140.00	0.226	0.281
材料	桥架支撑	个	—	(1.000)	(1.000)
	冲击钻头 φ16	个	9.40	0.040	0.040
	电	kW·h	0.68	0.600	0.600
	棉纱头	kg	6.00	0.050	0.050
	膨胀螺栓 M10~16(综合)	套	1.03	2.000	2.000
	其他材料费占材料费	%	—	5.000	5.000

388

工作内容：准备、运输、组装、安装、焊接或螺栓固定。

计量单位：个

定 额 编 号				A6-10-20	A6-10-21	A6-10-22
项 目 名 称				桥架立柱安装(高mm以内)		
				1000	2500	4000
基 价（元）				55.48	95.20	163.24
其中	人 工 费（元）			47.04	71.12	100.24
	材 料 费（元）			7.01	7.01	7.32
	机 械 费（元）			1.43	17.07	55.68
名 称		单位	单价（元）	消 耗 量		
人工	综合工日	工日	140.00	0.336	0.508	0.716
材料	桥架立柱	个	—	(1.000)	(1.000)	(1.000)
	冲击钻头 φ16	个	9.40	0.080	0.080	0.080
	低碳钢焊条	kg	6.84	0.100	0.100	0.100
	电	kW·h	0.68	1.200	1.200	1.200
	棉纱头	kg	6.00	0.050	0.050	0.100
	膨胀螺栓 M10～16(综合)	套	1.03	4.000	4.000	4.000
	其他材料费占材料费	%	—	5.000	5.000	5.000
机械	汽车式起重机 16t	台班	958.70	—	—	0.036
	载重汽车 4t	台班	408.97	—	0.040	0.050
	直流弧焊机 20kV·A	台班	71.43	0.020	0.010	0.010

389

工作内容：下料、组对、焊接、防腐、立柱的底板和加强板焊接、固定。

计量单位：5对

定 额 编 号				A6-10-23
项 目 名 称				仪表支吊架安装
				双杆吊架安装
基 价（元）				210.61
其中	人 工 费（元）			208.74
	材 料 费（元）			1.87
	机 械 费（元）			—
	名 称	单位	单价（元）	消 耗 量
人工	综合工日	工日	140.00	1.491
材料	双杆吊架	对	—	(5.000)
	冲击钻头 φ12	个	6.75	0.020
	电	kW·h	0.68	1.200
	棉纱头	kg	6.00	0.050
	膨胀螺栓 M10~16(综合)	套	1.03	0.510
	其他材料费占材料费	%	—	5.000

390

工作内容：下料、组对、焊接、防腐、立柱的底板和加强板焊接、固定。 计量单位：个

定　额　编　号					A6-10-24
项　目　名　称					仪表支吊架安装
					电缆穿墙密封架安装
基　　　价（元）					148.74
其中	人　工　费（元）				143.92
	材　料　费（元）				1.96
	机　械　费（元）				2.86
名　　称		单位	单价（元）	消　耗　量	
人工	综合工日	工日	140.00	1.028	
材料	穿墙密封架	个	—	(1.000)	
	冲击钻头　φ12	个	6.75	0.010	
	低碳钢焊条	kg	6.84	0.150	
	电	kW·h	0.68	0.200	
	六角螺栓 M6～10×20～70	套	0.17	2.000	
	棉纱头	kg	6.00	0.050	
	其他材料费占材料费	%	—	5.000	
机械	直流弧焊机 20kV·A	台班	71.43	0.040	

工作内容：下料、组对、焊接、防腐、立柱的底板和加强板焊接、固定。 计量单位：m

定 额 编 号				A6-10-25
项 目 名 称				仪表支吊架安装
				冲孔板/槽安装
基 价（元）				13.51
其中	人 工 费（元）			12.88
	材 料 费（元）			0.63
	机 械 费（元）			—
名 称	单位	单价(元)	消 耗 量	
人工	综合工日	工日	140.00	0.092
材料	冲孔板	m	—	(1.050)
	电	kW·h	0.68	0.200
	六角螺栓 M6～10×20～70	套	0.17	2.000
	棉纱头	kg	6.00	0.020
	其他材料费占材料费	%	—	5.000

工作内容：下料、组对、焊接、防腐、立柱的底板和加强板焊接、固定。　　　　　　　计量单位：10根

定　额　编　号				A6-10-26	A6-10-27
项　目　名　称				仪表立柱	
				制作	安装
基　　价（元）				915.24	190.15
其中	人　工　费（元）			383.04	133.84
	材　料　费（元）			486.51	43.69
	机　械　费（元）			45.69	12.62
名　　称		单位	单价（元）	消　耗　量	
人工	综合工日	工日	140.00	2.736	0.956
材料	仪表立柱 2″×1500	个	—	—	(10.000)
	冲击钻头 φ12	个	6.75	—	0.020
	低碳钢焊条	kg	6.84	0.500	0.050
	电	kW·h	0.68	3.000	2.000
	镀锌钢管 DN50	m	21.00	15.040	—
	酚醛防锈漆	kg	6.15	1.000	—
	酚醛调和漆	kg	7.90	0.400	—
	棉纱头	kg	6.00	0.200	0.100
	膨胀螺栓 M10～16(综合)	套	1.03	—	38.000
	热轧厚钢板 δ10	kg	3.20	39.300	—
	溶剂汽油 200号	kg	5.64	0.200	—
	砂轮片 φ100	片	1.71	0.050	0.020
	砂轮片 φ400	片	8.97	0.050	—
	铁砂布	张	0.85	4.000	—
	氧气	m³	3.63	0.080	—
	乙炔气	kg	10.45	0.040	—
	其他材料费占材料费	%	—	5.000	5.000
机械	砂轮切割机 350mm	台班	22.38	0.600	0.500
	砂轮切割机 400mm	台班	24.71	1.000	—
	台式钻床 16mm	台班	4.07	0.100	—
	直流弧焊机 20kV·A	台班	71.43	0.100	0.020

三、辅助容器、附件制作与安装

工作内容：制作：准备、划线、下料切割、钻孔、组对、焊接、焊接头、密封试验、碳钢除锈防腐刷漆、清洗、不锈钢酸洗、本体固定。

计量单位：个

定　额　编　号			A6-10-28	A6-10-29	A6-10-30
项　目　名　称			辅助容器制作		辅助容器安装
			碳钢	不锈钢	
基　　　价（元）			215.94	242.33	47.02
其中	人　工　费（元）		136.78	155.40	42.42
	材　料　费（元）		69.17	60.52	4.60
	机　械　费（元）		9.99	26.41	—
名　　　称	单位	单价（元）	消　　耗　　量		
人工 综合工日	工日	140.00	0.977	1.110	0.303
材料 U型螺栓 M10×108	套	3.47	—	—	1.000
不锈钢焊条	kg	38.46	—	0.017	—
冲击钻头 φ10	个	5.98	—	—	0.010
低碳钢焊条	kg	6.84	0.200	—	—
电	kW·h	0.68	4.000	2.000	1.000
酚醛防锈漆	kg	6.15	0.200	—	—
酚醛调和漆	kg	7.90	0.200	—	—
聚四氟乙烯生料带	m	0.13	—	—	0.600
棉纱头	kg	6.00	0.100	0.050	—
汽油	kg	6.77	0.100	—	—
砂轮片 φ100	片	1.71	0.010	0.012	—
砂轮片 φ400	片	8.97	0.005	0.007	—
铈钨棒	g	0.38	—	0.056	—
酸洗膏	kg	6.56	—	0.050	—
碳钢气焊条	kg	9.06	0.120	—	0.010
铁砂布	张	0.85	1.000	1.000	—
无缝钢管 φ100	m	55.56	0.500	0.500	—
氩气	m³	19.59	—	0.030	—
氧气	m³	3.63	0.260	—	—
仪表接头	套	8.55	3.000	3.000	—
乙炔气	kg	10.45	0.100	—	—
油漆溶剂油	kg	2.62	0.100	—	—
钻头 φ6～13	个	2.14	0.010	0.010	—
其他材料费占材料费	%	—	5.000	5.000	5.000
机械 电动空气压缩机 0.6m³/min	台班	37.30	0.222	0.258	—
砂轮切割机 350mm	台班	22.38	0.050	0.100	—
试压泵 6MPa	台班	19.60	0.030	0.034	—
氩弧焊机 500A	台班	92.58	—	0.150	—

工作内容：制作：准备、划线、下料切割、钻孔、组对、焊接、焊接头、密封试验、碳钢除锈防腐刷漆、清洗、不锈钢酸洗、本体固定。

计量单位：个

定　额　编　号			A6-10-31	A6-10-32	A6-10-33
项　目　名　称			水封制作		水封安装
			碳钢	不锈钢	
基　　价（元）			127.65	162.98	37.32
其中	人　工　费（元）		81.06	105.28	34.30
	材　料　费（元）		29.73	22.96	3.02
	机　械　费（元）		16.86	34.74	—
名　　称	单位	单价（元）	消　　耗　　量		
人工 综合工日	工日	140.00	0.579	0.752	0.245
材料 不锈钢焊条	kg	38.46	—	0.017	—
冲击钻头 φ10	个	5.98	—	—	0.040
低碳钢焊条	kg	6.84	0.300	—	—
电	kW·h	0.68	2.000	2.000	1.000
酚醛防锈漆	kg	6.15	0.250	—	—
酚醛调和漆	kg	7.90	0.250	—	—
钢板	kg	3.17	5.000	5.000	—
聚四氟乙烯生料带	m	0.13	—	—	0.600
六角螺栓 M6～10×20～70	套	0.17	—	—	4.000
棉纱头	kg	6.00	0.300	0.200	—
膨胀螺栓 M10	套	0.25	—	—	4.000
汽油	kg	6.77	0.150	—	—
砂轮片 φ100	片	1.71	0.015	0.018	—
砂轮片 φ400	片	8.97	0.010	0.012	—
铈钨棒	g	0.38	—	0.056	—
酸洗膏	kg	6.56	—	0.050	—
碳钢气焊条	kg	9.06	0.020	—	0.010
铁砂布	张	0.85	2.000	2.000	—
氩气	m³	19.59	—	0.030	—
氧气	m³	3.63	0.040	—	—
乙炔气	kg	10.45	0.015	—	0.010
油漆溶剂油	kg	2.62	0.150	—	—
钻头 φ6～13	个	2.14	0.015	0.015	—
其他材料费占材料费	%	—	5.000	5.000	5.000
机械 砂轮切割机 350mm	台班	22.38	0.100	0.150	—
试压泵 6MPa	台班	19.60	0.017	0.022	—
氩弧焊机 500A	台班	92.58	—	0.180	—
直流弧焊机 20kV·A	台班	71.43	0.200	0.200	—

工作内容：准备、划线、下料切割、钻孔、组对、焊接、焊接头、密封试验、碳钢除锈防腐刷漆、清洗、
不锈钢酸洗、本体固定。

计量单位：个

定 额 编 号				A6-10-34	A6-10-35	A6-10-36
项 目 名 称				气源分配器制作(供气6点)		
				碳钢	黄铜	不锈钢
基 价（元）				213.39	214.97	227.27
其中	人 工 费（元）			113.82	123.90	133.14
	材 料 费（元）			89.85	62.84	65.90
	机 械 费（元）			9.72	28.23	28.23
名 称		单位	单价(元)	消 耗 量		
人工	综合工日	工日	140.00	0.813	0.885	0.951
材料	不锈钢管	m	—	—	—	(1.720)
	镀锌钢管 DN6～50	m	—	(1.720)	—	—
	法兰 DN40(配螺栓垫片)	套	—	(1.000)	(1.000)	(1.000)
	黄铜管 DN6～50	m	—	—	(1.720)	—
	不锈钢焊条	kg	38.46	—	—	0.099
	电	kW·h	0.68	2.000	2.000	2.000
	酚醛防锈漆	kg	6.15	0.150	—	—
	酚醛调和漆	kg	7.90	0.150	—	—
	棉纱头	kg	6.00	0.200	0.200	0.200
	砂轮片 φ100	片	1.71	0.020	0.020	0.020
	砂轮片 φ400	片	8.97	0.020	0.020	0.020
	铈钨棒	g	0.38	—	0.014	0.067
	酸洗膏	kg	6.56	—	—	0.060
	碳钢气焊条	kg	9.06	0.096	—	—
	铁砂布	张	0.85	1.000	1.000	1.000
	铜焊粉	kg	29.00	0.840	—	—
	铜氩弧焊丝	kg	41.03	—	0.084	—
	氩气	m³	19.59	—	0.071	0.180
	氧气	m³	3.63	0.252	—	—
	仪表接头	套	8.55	6.000	6.000	6.000
	乙炔气	kg	10.45	0.096	—	—
	油漆溶剂油	kg	2.62	0.500	—	—
	钻头 φ6～13	个	2.14	0.040	0.040	0.040
	其他材料费占材料费	%	—	5.000	5.000	5.000
机械	电动空气压缩机 0.6m³/min	台班	37.30	0.068	0.068	0.068
	砂轮切割机 350mm	台班	22.38	0.100	0.100	0.100
	砂轮切割机 400mm	台班	24.71	0.200	0.200	0.200
	氩弧焊机 500A	台班	92.58	—	0.200	0.200

工作内容：准备、划线、下料切割、钻孔、组对、焊接、焊接头、密封试验、碳钢除锈防腐刷漆、清洗、
不锈钢酸洗、本体固定。

计量单位：个

定 额 编 号			A6-10-37	A6-10-38	A6-10-39
项 目 名 称			气源分配器制作(供气12点)		
			碳钢	黄铜	不锈钢
基 价 （元）			322.41	404.63	350.87
其中	人 工 费 （元）		177.80	184.52	186.90
	材 料 费 （元）		129.55	172.65	116.51
	机 械 费 （元）		15.06	47.46	47.46
名 称	单位	单价（元）	消 耗 量		
人工 综合工日	工日	140.00	1.270	1.318	1.335
材料 不锈钢管	m	—	—	—	(3.240)
镀锌钢管 DN6～50	m	—	(3.240)	—	(1.000)
法兰 DN40(配螺栓垫片)	套	—	(1.000)	(1.000)	(1.000)
黄铜管 DN6～50	m	—	—	(3.240)	—
不锈钢焊条	kg	38.46	—	—	0.020
电	kW·h	0.68	3.000	3.000	3.000
酚醛防锈漆	kg	6.15	0.300	—	—
酚醛调和漆	kg	7.90	0.600	—	—
棉纱头	kg	6.00	0.300	0.300	0.300
砂轮片 φ100	片	1.71	0.025	0.025	0.025
砂轮片 φ400	片	8.97	0.030	0.030	0.030
铈钨棒	g	0.38	—	0.028	0.134
酸洗膏	kg	6.56	—	—	0.100
碳钢气焊条	kg	9.06	0.192	—	—
铁砂布	张	0.85	2.000	2.000	2.000
铜焊粉	kg	29.00	—	1.680	—
铜氩弧焊丝	kg	41.03	—	0.162	—
氩气	m³	19.59	—	0.014	0.036
氧气	m³	3.63	0.504	0.020	0.020
仪表接头	套	8.55	12.000	12.000	12.000
乙炔气	kg	10.45	0.192	0.010	0.010
油漆溶剂油	kg	2.62	1.000	—	—
钻头 φ6～13	个	2.14	0.070	0.070	0.070
其他材料费占材料费	%	—	5.000	5.000	5.000
机械 电动空气压缩机 0.6m³/min	台班	37.30	0.109	0.109	0.109
砂轮切割机 350mm	台班	22.38	0.160	0.160	0.160
砂轮切割机 400mm	台班	24.71	0.300	0.300	0.300
氩弧焊机 500A	台班	92.58	—	0.350	0.350

工作内容：准备、划线、下料切割、钻孔、组对、焊接、焊接头、密封试验、碳钢除锈防腐刷漆、清洗、不锈钢酸洗、本体固定。

计量单位：个

定 额 编 号				A6-10-40	A6-10-41	A6-10-42
项 目 名 称				气源分配器安装	压力表过压保护器安装	压力表高温散热器安装
基 价（元）				75.90	24.38	33.62
其中	人 工 费（元）			41.86	24.22	33.46
	材 料 费（元）			34.04	0.16	0.16
	机 械 费（元）			—	—	—
名 称		单位	单价（元）	消 耗 量		
人工	综合工日	工日	140.00	0.299	0.173	0.239
材料	气源分配器	台	—	(1.000)	—	—
	U型螺栓 M10×108	套	3.47	1.000	—	—
	冲击钻头 φ10	个	5.98	0.018	—	—
	低碳钢焊条	kg	6.84	0.032	—	—
	电	kW·h	0.68	0.500	—	—
	聚四氟乙烯生料带	m	0.13	1.000	—	—
	六角螺栓 M6～10×20～70	套	0.17	8.000	—	—
	棉纱头	kg	6.00	0.050	—	—
	膨胀螺栓 M10	套	0.25	2.000	—	—
	位号牌	个	2.14	12.000	—	—
	细白布	m	3.08	0.100	0.050	0.050
	其他材料费占材料费	%	—	5.000	5.000	5.000

398

工作内容：准备、划线、下料切割、钻孔、组对、焊接、焊接头、密封试验、碳钢除锈防腐刷漆、清洗、
不锈钢酸洗、本体固定。

计量单位：10个

定 额 编 号			A6-10-43	A6-10-44	A6-10-45
项 目 名 称			排污漏斗制作		排污漏斗安装
			碳钢	不锈钢	
基 价 （元）			488.50	484.29	60.44
其中	人 工 费 （元）		402.36	442.82	56.00
	材 料 费 （元）		47.96	3.29	4.44
	机 械 费 （元）		38.18	38.18	—
名 称	单位	单价（元）	消 耗		量
人工	综合工日	工日	140.00	2.874	3.163	0.400
材料	不锈钢钢板 δ1.0～δ1.5	kg	—	—	(9.230)	—
	电	kW·h	0.68	1.000	1.200	0.300
	酚醛防锈漆	kg	6.15	0.300	—	—
	酚醛调和漆	kg	7.90	0.300	—	—
	棉纱头	kg	6.00	0.100	0.100	0.020
	清洁剂 500mL	瓶	8.66	0.200	—	0.050
	热轧薄钢板 δ1.0～1.5	kg	3.93	9.200	—	—
	砂轮片 φ100	片	1.71	0.010	0.010	—
	碳钢气焊条	kg	9.06	—	—	0.120
	铁砂布	张	0.85	2.000	2.000	—
	氧气	m³	3.63	—	—	0.312
	乙炔气	kg	10.45	—	—	0.120
	油漆溶剂油	kg	2.62	0.220	—	—
	其他材料费占材料费	%	—	5.000	5.000	5.000
机械	剪板机 6.3×2000mm	台班	243.71	0.150	0.150	—
	咬口机 1.5mm	台班	16.25	0.100	0.100	—

工作内容：准备、划线、下料切割、钻孔、组对、焊接、焊接头、密封试验、碳钢除锈防腐刷漆、清洗、不锈钢酸洗、本体固定。

计量单位：10个

定　额　编　号			A6-10-46	A6-10-47	A6-10-48
项　目　名　称			防雨罩制作		防雨罩安装
			碳钢	不锈钢	
基　　　价（元）			1127.73	1097.56	259.50
其中	人　工　费（元）		642.74	715.40	232.82
	材　料　费（元）		365.49	262.53	19.54
	机　械　费（元）		119.50	119.63	7.14
名　　　称	单位	单价（元）	消　　耗　　量		
人工 综合工日	工日	140.00	4.591	5.110	1.663
材料 不锈钢钢板 δ1.0～δ1.5	kg	—	—	(36.300)	—
不锈钢焊条	kg	38.46	—	2.400	—
不锈钢六角螺栓	个	0.09	—	88.000	—
冲击钻头 φ10	个	5.98	—	—	0.050
低碳钢焊条	kg	6.84	2.400	—	0.600
电	kW·h	0.68	6.000	6.000	2.000
酚醛防锈漆	kg	6.15	1.200	—	—
酚醛调和漆	kg	7.90	1.200	—	—
六角螺栓 M6～10×20～70	套	0.17	88.000	—	20.000
棉纱头	kg	6.00	0.500	0.500	0.100
膨胀螺栓 M10	套	0.25	—	—	20.000
清洁剂 500mL	瓶	8.66	0.800	—	0.150
热轧薄钢板 δ1.0～1.5	kg	3.93	36.300	—	—
砂轮片 φ100	片	1.71	0.030	0.030	—
铁砂布	张	0.85	4.000	5.000	3.000
型钢	kg	3.70	37.400	37.400	—
油漆溶剂油	kg	2.62	0.500	—	—
钻头 φ6～13	个	2.14	0.020	0.020	—
其他材料费占材料费	%	—	5.000	5.000	5.000
机械 剪板机 6.3×2000mm	台班	243.71	0.400	0.400	—
台式钻床 16mm	台班	4.07	0.100	0.100	—
咬口机 1.5mm	台班	16.25	0.250	0.250	—
折方机 1.5×2000mm	台班	13.58	0.240	0.250	—
直流弧焊机 20kV·A	台班	71.43	0.200	0.200	0.100

四、取源部件制作与安装

工作内容：取源部件提供、配合定位、焊接、固定。

计量单位：个

定 额 编 号			A6-10-49	A6-10-50	A6-10-51
项 目 名 称			取源部件配合安装	温度计套管安装	
				碳钢	不锈钢
基 价（元）			9.96	32.80	41.93
其中	人 工 费（元）		9.10	19.88	23.24
	材 料 费（元）		0.86	10.78	14.99
	机 械 费（元）		—	2.14	3.70
名 称	单位	单价（元）	消 耗 量		
人工	综合工日	工日	140.00	0.065	0.142	0.166
材料	不锈钢焊条	kg	38.46	—	—	0.050
	低碳钢焊条	kg	6.84	—	0.080	—
	棉纱头	kg	6.00	0.050	0.050	—
	清洁剂 500mL	瓶	8.66	0.060	0.100	0.100
	铈钨棒	g	0.38	—	—	0.220
	温度计套管	个	8.55	—	1.000	1.000
	细白布	m	3.08	—	—	0.100
	氩气	m³	19.59	—	—	0.130
	其他材料费占材料费	%	—	5.000	5.000	5.000
机械	氩弧焊机 500A	台班	92.58	—	—	0.040
	直流弧焊机 20kV·A	台班	71.43	—	0.030	—

工作内容：取源部件提供、配合定位、焊接、固定。

计量单位：10个

定　额　编　号			A6-10-52	A6-10-53	A6-10-54
项　目　名　称			压力表弯制作		压力表弯安装
			碳钢	不锈钢	
基　　　价（元）			195.82	257.10	134.46
其中	人　工　费（元）		95.76	122.78	34.16
	材　料　费（元）		100.06	106.55	100.30
	机　械　费（元）		—	27.77	—
名　　　称	单位	单价（元）	消　　耗　　量		
人工 综合工日	工日	140.00	0.684	0.877	0.244
材　　料 不锈钢管	m	—	—	(7.000)	
无缝钢管冷拔(综合)	m	—	(7.000)	—	
不锈钢焊条	kg	38.46	—	0.140	
电	kW·h	0.68	0.250	0.500	
酚醛防锈漆	kg	6.15	0.150		
酚醛调和漆	kg	7.90	0.250		0.100
钢锯条	条	0.34	0.100	0.200	
棉纱头	kg	6.00	0.100	—	0.050
清洁剂 500mL	瓶	8.66	0.100	—	0.050
砂轮片 φ400	片	8.97	0.010	0.010	
铈钨棒	g	0.38	—	0.100	
碳钢气焊条	kg	9.06	0.100		
铁砂布	张	0.85	0.050	0.050	
细白布	m	3.08	—	0.070	
压力表表弯	个	9.40			10.000
氩气	m³	19.59	—	0.500	
氧气	m³	3.63	0.500	—	
仪表接头	套	8.55	10.000	10.000	
乙炔气	kg	10.45	0.190	—	
油漆溶剂油	kg	2.62	0.150	—	
其他材料费占材料费	%	—	5.000	5.000	5.000
机械 氩弧焊机 500A	台班	92.58	—	0.300	

工作内容：取源部件提供、配合定位、焊接、固定。

计量单位：10个

定 额 编 号			A6-10-55	A6-10-56
项 目 名 称			均压环制作安装(套)	
			方形	圆形
基 价（元）			503.01	638.11
其中	人 工 费（元）		405.72	558.88
	材 料 费（元）		95.55	76.82
	机 械 费（元）		1.74	2.41
名 称	单位	单价（元）	消 耗 量	
人工	综合工日	工日	140.00	2.898	3.992
材料	管件 DN15以下	套	—	(18.000)	(16.000)
	丝堵 DN20	个	—	(16.000)	(10.000)
	无缝钢管冷拔(综合)	m	—	(1.600)	(1.600)
	电	kW·h	0.68	2.000	1.000
	镀锌锁紧螺母 M20×3	个	0.41	10.000	8.000
	酚醛防锈漆	kg	6.15	0.250	0.250
	酚醛调和漆	kg	7.90	0.150	0.150
	钢锯条	条	0.34	2.000	1.000
	焊接钢管(综合)	m	5.66	12.400	10.350
	厚漆	kg	8.55	0.100	0.050
	机油	kg	19.66	0.200	0.050
	汽油	kg	6.77	0.500	0.500
	砂轮片 φ400	片	8.97	0.020	0.020
	碳钢气焊条	kg	9.06	0.050	—
	铁砂布	张	0.85	1.250	1.500
	氧气	m³	3.63	0.100	—
	乙炔气	kg	10.45	0.040	—
	油漆溶剂油	kg	2.62	0.500	0.500
	其他材料费占材料费	%	—	5.000	5.000
机械	试压泵 2.5MPa	台班	14.62	0.119	0.165

403